西村幸夫 風景論ノート

景観法・町並み・再生

西村幸夫 著

鹿島出版会

はしがき

　本書は，私がここ5, 6年，求めに応じて書いてきた小文のうち主として都市景観に関連したものを集めたものである。この期間というのはちょうど景観法が構想され，成立し，その後各地において景観計画が策定されていく時期にあたっている。したがって，文章の書きぶりはその時点での景観施策の進展に即したものとなっている。言い換えると，今から見ると扱っている情報に限界があったり，議論の力点が重複したり，あるいは少しずつ移動したりしているということである。今となってはやや的はずれな現状認識や甘い将来展望を語っているところもあることは否めない。

　こうした文章をひとつにまとめることには少なからずためらいもあったが，景観法やその後の各地での景観条例の動きに直接間接に関わってきたものとして，これはある意味では都市の風景に関する同時代史という意味も持つのではないかと思い，ここに上梓する次第である。流動的な状況を反映して，議論の主題も仮称風景基本法の必要性を訴えるところから，各地での景観計画の新しい試みの紹介まで，時代とともに移ってきている。時代の証言としての意味合いもあるので，文章の加筆訂正は必要最小限にとどめた。

　また，筆者の論考における力点の置き所の変化は，各地で急速にひろまりつつある景観施策の試みの多様な展開の様子を映し出すものでもあると考え，時代の変化をあとづけるためにも，収録にあたってもとの論考の発表年月を記すことにした。執筆時点は発表のさらに数カ月から，書籍の場合のように1年ほど前ということにもなるので，ご留意願いたいと思う。

　この時期はまた，都市再生特別措置法が制定され，まちづくり三法が改正された時期でもある。さらには日本の総人口が増加から減少へと転じるまさしく変曲点でもあった。このような大転換の時代に将来をあやまたず論じることができるか否か，はなはだ心許ないが，広く問題を提起し，私見ではあっても議論の方向性を示すことは都市計画の現場に関わるものとして果たすべき責務だとも考えた。

　もとより菲才の身であるので，思慮の浅さからくる思わぬ誤解や無理解も避けられないと覚悟している。ましてや1世紀にそう何度もないような大変革の時代である。方向性のおおきな錯誤もあながちないとはいえないかもしれない。心配し始めるときりがないが，叱正を糧にして，あらためて進路を確かめ，これからもこの道を歩んでいきたい。

本書は3つのパートから成っている。

第1部「都市風景の恢復と景観まちづくり」は，景観法制定前後から今日に至るその時々の景観施策論をまとめたものである。議論に重複も少なくないが，ご寛恕願いたいと思う。なお，このうち「景観まちづくりの課題と展開」は中島直人氏との共著であるが，論述の基本的構成は筆者のものなので，氏の了解を得て，執筆分担を明らかにして収めることとした。

第1部が景観に関する制度論を中心にとりまとめたものであるのに対して，第2部「地域資産の顕在化と町並み保全型まちづくり」は，地域で具体的に景観施策を立てる際の実体的な中身に関する方法論を主としてまとめたものである。そのうち特に「町並み保全型まちづくり」と呼ばれるような保全型の施策を軸に論を展開している。

第3部「都市の再生とコモンズの復権」は，都市再生論議が多くの場合経済浮揚策の一環としてのみ論じられることを危惧し，都市再生とは都市環境の再生を論じるべきであるという主張を機会あるたびに行ったものをまとめたものである。さらにその先に，都市空間を市民共有のコモンズと考えるところからひろがる公共性の議論が今後のまちづくりの鍵になると考え，試論を展開したものを収めた。

本書はまた，2000年に刊行した『西村幸夫 都市論ノート』の続編といった性格を持っている。その後，9.11があり，世界を取り巻く情勢も一変した。日本の政治・経済状況も様変わりである。問題意識は変わらないものの，筆者のスタンスも力点の置き所も幾分かは変化しただろう。したがって両書は対のものではあるが，それぞれに独立した小論集でもある。今回も前著同様，鹿島出版会に編集の労をとっていただいた。同出版会の橋口聖一氏には繋がりがありつつ独立している2冊の本の性格をうまく活かした編集をしていただいた。記して謝したい。

最後に，本書のもととなった拙稿を掲載する機会を与えてくださった雑誌や書籍の編集者の方々，これらの論考のもととなった活動や議論をともにしてきた専門家や各地の活動家，研究室のメンバーに感謝の意を表したい。辿っていくべき道はまだまだ遙かに遠いが，志を同じくする仲間がいれば，今少しは，これまでの努力もその先へ向けて続けられるものだとつくづく思う。

2008年2月

西村 幸夫

西村幸夫 風景論ノート・目次

はしがき

第1部
都市風景の恢復と景観まちづくり

「都市風景」の生成 —————————————— 2
  破壊・変革を通して「都市風景」を認識する
  廃仏毀釈の波：1860年代
  市区改正の波：1880年代
  地域開発の波：1900年代
  制御すべきものとしての都市と都市美の発見：1920年代
  戦災前後の混乱：1940年代
  高度経済成長の波：1960年代
  バブル経済前後の波：1990年代
  都市風景の恢復とコモンズとしての都市空間

都市の風景とまちづくり —————————————— 12
  西欧における「風景」の誕生と都市
  日本の都市美を巡る状況
  美しいまちづくりへ向けて続出する条例
  新しい施策目標としての都市の「魅力」

美しい都市景観形成に向けて —————————————— 19
  都市競争力の総合指標としての「魅力」
  21世紀の都市行政課題としての美しい都市づくり
  美観規制の強化・詳細化
  美的基準の共有化
  景観まちづくり運動へ

転換点にある日本の都市景観行政とその今後のあり方 ― 27
 都市景観行政のこれまで
 現在の都市景観行政の課題
 これからの都市景観行政のあり方
 総合的な環境指標としての都市景観の重要性はさらに高まっていく

景観緑三法制定の意義 ――― 39
 美しさの追究
 都市環境の質のコントロール
 地方分権型の計画
 緑地保全と緑化推進の計画統合
 相続税の適正評価
 景観緑三法をどのように活かしていくか――これからの課題

景観法をまちづくりに活かすために ――― 50
 「景観法」とそのユニークさ
 まちづくりと都市計画はどう違うか
 景観法はまちづくりを前提としている
 景観法をまちづくりに活かすための課題

景観法をめぐる近年の動き ――― 58
 景観法制定以後を三つの視点からみる
 景観法下の制度の整備
 景観法を契機に整えられる仕組みの環境
 景観に関する世論の盛り上がりと都市計画における対応

景観まちづくりの課題と展開 ――― 71
 風景認識の5段階論
 「ふつうのまち」から「特別のまち」への転移はどのようにして可能か
 意識化のプロセスをデザインする
 新宿区のフィールド・スタディから
 「景色はみんなのもの」という視点とまちづくり
 「風景はわたしのもの」という視点と景観利益
 「風景はわたしたちのもの」というコモンズ

なぜ景観整備なのか，その先はどこへいくのか ———— 85
　景観法に基づく景観計画および景観地区の動き
　眺望景観の保全施策
　裾野を広げる景観配慮の動き
　景観がもたらす魅力の価値を分析する

都市における景観アセスメントの現段階 ———— 94
　環境アセスメントの中の景観問題
　都市計画コントロールの中の景観問題
　景観法下の景観アセスメントの可能性
　都市における景観アセスメントの実際

オホーツクの「風景おこし」———— 104
　オホーツクのまちづくり
　上湧別町でスタート
　煉瓦の「発見」
　ワークショップの感想
　オホーツクの「風景おこし」

路上の青空は誰のものか ———— 110
　電線類地中化の五カ年計画
　無電柱化の公共性とは
　電灯の歴史に見る議論

第2部
地域資産の顕在化と町並み保全型まちづくり

歴史・文化遺産とその背後にあるシステム ———— 120
　これまでのオーセンティシティの考え方
　新しいオーセンティシティの考え方
　インテグリティの登場
　文化的景観
　日本における文化的景観
　背後の黒子から主役のひとりへ

都市アメニティの保全方策 ———— 127
都市アメニティ保全のための政策的ツール
アメニティ保全の規制施策
都市空間の質の保全
インセンティブの付与
協定や契約による保全

都市空間の再生とアメニティ ———— 134
アメニティ概念とその発展
　イギリス英語としてのアメニティ／アメリカにおける美観／アメニティ・ソサエティの台頭と現在／今日のアメニティ概念
計画コントロールにおけるアメニティの視点
　アメニティの保全と創出／歴史文化遺産の保全／自然風景の保護／屋外広告物の規制／良好な都市環境の保全／美しい都市景観の創出
アメニティをめぐるまちづくり
　環境保全型の運動／開発反対型の運動／地域環境の再生に向けて／都市環境再生の課題とアメニティ

町並み保全型まちづくり ———— 159
町並み保全型まちづくりとは
「町並み」の再発見
「保全」の考え方
町並みからまちづくりへ
今，何ができるか——町並み保全型まちづくりの未来
ビジョンの共有
ビジョンを物語へと構築する
ビジョンを現実のものとするために
マスタープラン型の計画を超えて
ビジョンは遍在する

都市保全計画という構想 ———— 170
「都市保全計画」という名前の講義
新しい視点からの都市計画
教科書をつくる
時代は動く

欧米先進国の都市保全施策と日本への示唆 ——— 175
都市計画の一環としての古都保存：イギリス
詳細で多様な保全施策の重層的展開：フランス
地方分権の中の文化遺産保存と風景計画：ドイツ
面の保全から始まる施策の多様な展開：アメリカ
欧米先進国から見た日本の都市保全施策の課題

世界遺産とまちづくり ——— 183
世界文化遺産の暫定リストの改定論議
新しい文化財概念の広がり
世界遺産とまちづくり
白川郷の例
石見銀山の例
これからへの指針

第3部
都市の再生とコモンズの復権

本当の都市のルネサンスとは何か ——— 192
21世紀の都市を構想する
「強者の時代」の20世紀から21世紀の新しい常識の確立へ
都市環境の善とは
21世紀の「郊外」と「中心市街地」
都市のルネサンスの実現に向けて

都市再生：欧米の新潮流と日本 ——— 198
ワールドトレードセンター跡地をめぐって
バッテリーパークシティの教訓
アメリカでの都市再生の動き
ヨーロッパの都市再生の論点

都市環境の再生──都心の再興と都市計画の転換へ向けて ── 210

人口減少のもとでの新しいパラダイムへの転換
　人口増大に対処するための20世紀の都市計画／縦割り行政の浸透／事業推進型の都市計画／迫られる都市計画のパラダイム転換／コミュニティの復活と地方分権／都市の縮退現象への対処／詳細かつ厳格な計画規制へ

都市計画システムの再構築
　市民参加と「諒解達成型」プロセスの重要性／参加と公開の原則／参加を支援する仕組みの整備／規制力強化の原則／ゾーニングの問題点／資産評価システムの改善

中心市街地の再生戦略──市街地再生へ向けたロードマップを
　郊外化の阻止／都心商業地域の魅力再生／公共交通機関の強化／都市型住宅のプロトタイプ確立へ／文化情報の発信基地化／個性を活かした景観整備／地域コミュニティを重視した再生型のまちづくり

「生きられた空間」と都市再生──賑わいのある都市空間の創造 ── 235

賑わいの再生を目指して
「観光まちづくり」とは
臨海地区の賑わい戦略
上野地区の賑わい戦略
「生きられた空間」としての都市──コモンズからの都市再生

コモンズとしての都市 ── 242

都市空間の再生へ向けて
　問題を抱えた日本の都市空間／変化のための変曲点に到達

都市空間を規定するもの
　都市空間の三つの原理──居住原理・経済原理・統治原理／三つの原理相互間の相克／統治原理としての近代都市計画

まちづくりがもたらす新しいコモンズ
　居住原理からの再点検を／日本型都市計画とまちづくり／まちづくりの展開／まちづくりと新しい公共性／都市風景として現れるもの／文化の孵卵器としての都市

人が地域をつくり，地域が人をつくる――― 259
 東京集中とスローライフ
 ライフスタイルとしての郊外
 情報化社会の地域構造とは

初出一覧 269
索 引 271

第 1 部

都市風景の恢復と景観まちづくり

「都市風景」の生成

幕末に描かれた歌川広重晩年の傑作『江戸名所百景』などを見ると，明らかに近世にも「都市風景」と呼ばれる観念が確実存在していたことがわかる。そしてそれは，多くの浮世絵に共通して表現されているように，季節や時刻の情景，あるいは特定の生業や行事，活動と結びついた移ろいゆく情緒的なものであった。地形や自然風物が斬新な視点から十分に表現されているのと比較すると，都市の風景はむしろ背景として描かれており，都市生活を輝かせる舞台であるといった風情が強く感じられる。

対するに，明治以降の近代日本において，移り変わる都市風景の時代にあって，そのような時代に即応した近代的な都市風景の概念というものがあったといえるのか，あったとするとそれはどのようなものであったといえるのか，それは近世の「都市風景」観とどのように違うのかをここでは問うてみたい。

一言で言うと，時代の変革期にあたって，都市風景の観念は守るべきものとしての「風景」を否が応でも意識の上にのぼらせずにはおかないという側面があった。これまで当然だと思っていたものが壊されたり，滅びたりする場面に直面することによって初めて「当たり前」というこれまで意識することもなかった感覚が白日の下にさらされることになる。初めて「当たり前」の風景が意識化される契機を与えられることになるのだ。

同時に，新しい都市の建設は創るべきものとしての都市風景，来るべき時代を指し示すような都市風景のあり方を刺激することになる。都市風景の問題提起に未来を見ようとするのである。

いずれにしても，時代の歯車の大きな変化が，守るべきものとしての都市風景と創るべきものとしての都市風景という相異なる二つの風景の

図1-1　歌川広重『名所江戸百景』のうち，歌舞伎のメッカを描いた「猿わか町よるの景」(左)と日本橋川に面する河岸の賑わいを描いた「鎧の渡し小網町」(右)

側面を浮き立たせることになる。

破壊・変革を通して「都市風景」を認識する

　明治以降の近代化の歴史の中で都市風景がどのように感得されていったかを振り返るとき，定期的に押し寄せる波のような都市環境の破壊・変革の嵐がそれぞれに風景観の構築に影響を及ぼしてきたことがわかる。その波はおおよそ20年ごとにこの国を襲ってきたのである。すなわち，1860年代の廃仏毀釈の波，1880年代の市区改正の波，1900年代の地域開発の波，1920年代の都市計画の成立，1940年代の戦災前後の混乱，1960年代の高度成長の波，そして1990年代のバブル経済前後の波である。そのたびに，都市風景観は，守るべきものと創るべきものとの間を揺れ動いてきた[1]。

廃仏毀釈の波：1860年代

　古器旧物破壊の嵐は明治維新前後に吹き荒れたが，そのなかでも都市の風景にとって影響が大きかったものに城郭の破壊がある。

　1873年1月の太政官達によって144城19要害126陣屋の廃城が決定し，その多くが民間に払い下げられ，積極的に精算されてしまった。封建制の旧弊の象徴と見なされたことも災いした。この結果，日本の主要都市の構造の基本となっていただけではなく，その景観を決定づけていた近世の城郭が失われたのだ。

　これ以降，城跡や城山は都市にとって重要なオープンスペースとしてその役割を果たし続けたとはいえ，都市構造の軸とは考えられなくなってしまった。都市風景はその象徴的なシンボルを失ったのである。城郭は単なる記念的建造物というにとどまらず，地形を表象したランドマークであり，庶民にとっても都市の誇りであった。のちに，城郭に匹敵する都市のシンボルはついに生まれなかった。現在ですら，城郭を復元しようという声は多くの都市において市民の共通の願望となっている。廃仏毀釈の荒波のなかで，日本の大都市は都市のシルエットを失ってしまったのである。そしていまだにその痛手から回復していないように見える。

　他方，幕末からの廃仏毀釈の運動に加えて1871年1月に出された社寺の所有地の上知令は社寺の疲弊を招いた。社寺の経営を支えていた田畑の国有化が断行されたのである。このことが社寺境内地の保全を目論む1873年の太政官布達による公園の設置をもたらした。また，古社寺とその社叢の風景を維持することは為政者の権限を正当化するためにも必要とされるようになる。これが1880年に始まる古社寺保存会として制度化される。わが

写真1-1　1910年頃の一丁倫敦。右手前が三菱一号館，現在の東京フォーラムのあたりから馬場先通りを皇居の方を向いている。(出典：石黒敬章編『明治・大正・昭和東京写真大集成』新潮社，2001年，p.56)

国において歴史的な風景を保全する施策の端緒がここにある。古社寺の疲弊を通して，守るべきものとしての都市風景が強く意識されることになった。

市区改正の波：1880年代

　都市の構造を全面的に改変して，都市風景の欧化を遂行するという政策が組織的にとられるようになるのが1880年代である。市区改正審査会の議論の中で「洋風美観の一勝区を造出すべきなり」[2]と主張されたのは1884年のことだった。1889年には東京の市区改正設計が告示されている。丸の内の一丁倫敦の建設がスタートするのは1892年のことである。

　田山花袋は『東京の三十年』(1917年)の中で30年前の東京の市区改正の様子を，「土蔵造りの家屋は日に減って，外国風の建物は日増に加わって行った」と述べ，「新しい都市の要求は，漲るようにあたりに満ちわた」り，「昔の江戸は日に日に破壊されつつあった」[3]と回想している。

　過去を否定し，旧弊を糺すことが「近代化」であり，市区も「改正」されねばならないというのがわが国における都市計画の出発点の発想であった。あり得べきものとしての欧風の町並みが都市風景として次第に成立するようになり，目標として定立されつつあった。目標としての都市風景とは「洋風美観の一勝区」として観念されていたのである。まさしく創るべき都市風景の時代であった。

地域開発の波：1900年代

　1900年前後は日本における産業革命の時代である。それはまた，全国各地に鉄道がはりめぐらされ，地域開発が進行していった時代でもあっ

た．誰もこれまでに経験したこともない蒸気機関車のスピードは，日本人の距離に関する観念に変革を迫ることになる．風景に関する感覚も当然ながらこれまでとは異なったものになっていっただろう．

　国木田独歩の作品集『武蔵野』（1901年）の刊行などによってもたらされた「郊外風景」の発見[4]や地域開発のなかで湧き起こる史蹟保存などの愛郷運動に，当時の風景観を見ることができる．ドイツの郷土保護運動のハイマートシュッツが，留学生であった植物学者の三好学などによってわが国に紹介され，日本版のハイマートシュッツ運動である史蹟名勝天然紀念物保存協会（1911年）や各地の保勝会の活動などが展開されるようになる．

　大規模に変わりゆく地域開発の波の中で都市風景の理念は，むしろ不易なもののなかにこそ都市や地域の依拠すべき姿を求めていったといえる．ここでは再び守るべき都市風景が前面に出てきているのである．

制御すべきものとしての都市と都市美の発見：1920年代

　1919年に都市計画法と，建築基準法の前身である市街地建築物法が制定され，都市における建物単体の規制が可能となる時代がやってきた．そして建物規制の根拠の一つとして，安全や衛生と並んで「美観」が採り上げられていたのである．それが法制度上に結実したものとして，美観地区・風致地区がある．いずれも1919年に生まれている．1925年には東京に都市美研究会が発足，翌年に都市美協会と改称して，戦前の全国的な都市美運動の拠点として活動を始めている．都市美協会は広告物取締法の改正や街路照明統制，電柱整理，城の濠などの風致保存等に関する建議や請願などを行っている．彼らの言う「都市美」とは，文字通り都市景観の整序を意味していた．すなわち創るべき都市風景であった．

　1920年代頃から，郊外部の計画的開発や耕地整理・土地区画整理などによる宅地化の進行が見られるようになる．東京では，関東大震災以降，郊外への住宅立地が加速されることとなった．この時期の風景観に影響を与えた書籍として，小田内通敏『帝都と近郊』（1918年）や橡内吉胤『日本都市風景』（1934年）などがあげられる．特に後者は個々の都市の情景を観照の対象として記述するのみならず，欧州と比較してわが国では都市風景の観念が薄弱であることを慨嘆し，都市の風格を論じるという当時として

図1-2　橡内吉胤『日本都市風景』（時潮社，1934年）より，函館に描かれた新旧の仮想の町並み風景

は異色の都市風景論を展開している。「吾々が活動し，吾々が住むところの都市の機体を調和的に修整し，産業的に経済的に健康的に娯楽的に実に活々とした愉快なところにして，もって吾々の日常生活の基調を高めてゆくところに根をはる」[5]と橡内が表現する都市芸術（シビックアート）はそのまま都市風景にもあてはまる。こうした方向へ向けた建設活動が美しさをもたらすのだと橡内は続けている。

戦災前後の混乱：1940年代

　戦時下の総動員態勢，戦災，そして敗戦後の混乱を通して，日本の都市風景は壊滅的な打撃を被った。それは単に物理的な打撃であっただけではなく，精神構造に影響を及ぼすような打撃であった。要するに，日本人は戦災前後の混乱の中で，都市風景に対する公共的なセンスを失ってしまったのである。そのことは，例えば坂口安吾の『日本文化私観』（1942年）の中の次のような主張に端的に表現されている。「法隆寺も平等院も焼けてしまって一向に困らぬ，必要ならば，法隆寺を取り壊しして停車場をつくるがいい，我が民族の光栄ある文化や伝統は，そのことによって決して滅びはしないのである。武蔵野の静かな落日はなくなったが，累々たるバラックの屋根に夕日が落ち，埃のために晴れた日も曇り，月夜の景観に代ってネオン・サインが光っている。ここに我々の実際の生活が魂を下ろしている限り，これが美しくなくて，何であろうか」[6]。

　現実主義，プラグマティズムのなかに真実があり，美もそこにこそ根拠を持つという主張である。背後にある敗戦と戦後の混乱という厳しい現実が（安吾の文章は戦前のものではあるが），こうした乾いた現実主義を抜き差しならないものとしていたのである。

　細やかな気配りと繊細な文化を持つはずの国民が，そして公衆道徳も比較的遵守している国民が，なぜこうした無秩序な都市風景に対して無感覚でいられるのか，を問う声は海外からの訪問客からよく聞かれる。その答えはここにあるのではないか。つまり，日本人一般がコモンズの感覚を喪失してしまったわけではない，都市風景がコモンズの対象とはならなくなってしまったところに問題が所在しているのだ。

　戦後復興を緊急かつ安価に果たさなければならなかった日本人には，例えば，バラックを隣近所に配慮して建てるといった感覚，あるいはバラックではなく長持ちするより上質の建物を建てるという思慮を働かせる精神的経済的余裕がなかったのである。都市風景は公共的なものではなくなってしまった。

　私有財産の権限が強かったから都市風景が混乱したのではない。都市風

景を公共的なものだと感得できなくなったことによって，結果として私有財産の権利の膨張を抑える心理的メカニズムが機能しなくなったのである。

高度経済成長の波：1960年代

　戦後の都市風景が抱える一貫した課題は，いかにコモンズとしての感覚を取り戻すことができるかということであった。ところが1950年代後半から始まる日本の高度経済成長は，まことに不都合なことに，逆に問題を拡散する方向に作用した。

　すなわち，1960年代から始まる人口の急激な都市集中のため，無計画な郊外が虫食い的に拡がった。都市の地域コミュニティのつながりも急速に薄れていった。地価も高騰し，計画的な都市整備がますます困難になっていった。1963年の都市計画法の改正によってそれまでの絶対高さ規制に代わって容積率による密度規制が導入され，都市のスカイラインを維持することも不可能になってしまった。

　これらの現象が複合して，都市風景の公共性を発想することを著しく困難にした。都市の景観は個々の建設活動の結果にすぎず，それ以上の何ものでもない，したがって個々の土地建物は都市風景の統一性や調和といった曖昧な概念に制約される必要はない，という主張が通説となってしまったのである。

　この時代に，財産権は憲法に保証された不可侵の権利だという社会通念が固定化されていった。憲法29条「財産権は，これを侵してはならない」には，次の条文が続いていることがあまりに多くの場合に忘れられていった。すなわち憲法第29条の2「財産権の内容は，公共の福祉に適合するやうに，法律でこれを定める」，そして同第29条の3「私有財産は，正当な補償の下に，これを公共のために用ひることができる」。

　都市風景を守ることが「公共の福祉に適合する」ような場合があるということ，都市風景が公共性を持ち得るということを人々は考えることを停止してしまったのである。

　この時代の都市風景観に大きな一石を投じたのは，歴史的町並みの保存運動である[7]。1960年代前半に始まる町並み保存運動の初期のスローガンは「町並みはみんなのもの」というものであった。

　ここには二つの重要な理念が存在する。一つは，「町並み」というものが観念のうえでも実体上も存在するということである。これは「都市風景」の存在を意識していることに他ならない。もう一つは，その町並みが「みんなのもの」であるという公共性を有しているということを明白に主張し

ていることである。

　町並み保存運動というのは，コモンズとしての都市風景を(再)獲得する運動だったのである。言い換えると，守るべきなのは都市風景の公共性だった。そしてそれは，高度経済成長によって守るべき町並みが徐々に失われていくという犠牲の上にようやく人々が気づいた価値だったのである。

バブル経済前後の波：1990年代

　バブル経済まっただ中の1980年代後半の時期，再び都市風景の新しい展開が始まる。それまでの守るべきものとしての重要な（つまり数少ない）都市風景，という問題の立て方から一歩出て，好調な経済を背景に，よりよい都市風景は手間と暇とお金を投資して作り上げていくべきものだという考え方である。都市景観の誘導を目的とした都市景観条例と呼ばれる一連の自主条例の制定が目立ち始めるのもこの時期である。

　都市風景は，認識の対象であることから操作の対象として考えられるようになった。これはある意味では都市風景を内部化する作業であり，従来受動的に考えられがちであった風景の問題を，関与の問題として意識化することにつながったという意味では評価できる変化ではあった。

　しかし一方では，予算にものをいわせた高規格の素材やあらずもがなの饒舌な意匠などが蔓延し，景観整備とは付加的な予算と努力の追加によって達成できる政策課題であるという浅薄な認識が拡大したという点では，理念上での成果に乏しい時代であったといわざるを得ない。

　経済上の繁栄は，それぞれの都市に確かに小綺麗でファッショナブルな目抜き通りを生み出すことには寄与したかもしれない。日本の都市風景は

写真1-2　巨大化した建築架構空間の一例としての六本木ヒルズ。ここではよりよい都市空間を建築的な構造物として提供するという姿勢が一貫している。──これは都市に対する20世紀的なアプローチである。

徐々にではあるが，洗練されていったともいえるだろう。

　しかし，そのことは個々の改善努力の単純な寄せ集めにすぎず，右肩上がりの経済のもとでそれぞれの具体的なプロジェクトごとにそろばん勘定の合った開発事業の単純な集積にすぎなかった。もちろん個々のプロジェクトには評価すべきものは少なくないが，社会全体を見渡すと，個別の努力の総和が都市をよりよい方向へ向かわせるという高度成長期以来の幸福な予定調和の幻想がいまだに命脈を保っていたといえる。都市環境に介入することによって，より望ましい（あるいはよりましな）世界を創り出すことができるという足し算的な世界観から脱却していないのである。

　この時点では，コモンズの意識が都市風景の面で生まれてくるという幸せな結末を祝うことは，残念ながらできなかった。肥大化したのは建築架構空間であって，コモンズの空間ではなかった。

都市風景の恢復とコモンズとしての都市空間

　21世紀に入り，都市風景を巡る議論も大きな構造改革の波にさらされている。人口減少下で縮退する都市域，後退するハードな都市整備と同時に前面に出てきたソフトな都市マネジメントの問題，足し算のまちづくりから引き算のまちづくりへの動き，官と民の役割分担の変化と新しい公共理念の出現，景観法の成立，先細る都市財政と地方分権の推進など，従来とは異なった状況が各方面で出現してきている。そうした波が洗い出す新しい都市風景像とはどのようなものであろうか。

　まず第一に，20世紀の環境改変の波がいずれも都市環境の破壊，都市風景の混乱を招いてきたという反省に立って，21世紀は都市環境再生の世紀としなければならない。我々に課せられたこうした課題に対して意識的になることである。アトム化した都市風景の恢復が目指されなければならない。

　タテワリのなかで個々の組織や人間が最善を尽くせば，その総和がよりよい都市環境・都市風景へと結実するという専門家中心の足し算型パラダイムから脱却して，総和を意識したヨコツナギのアマチュアリズムから出発しなければならない。それは都市計画による法治主義からまちづくりによる民治主義への移行であり，数値基準から性能基準へのシフトであり，性悪説から性善説への転換である。

　その時，都市風景は，生活者主体の視点から，すべてのタテワリの領域を包み込み，統合する恰好の手がかりである。都市風景の前では，一介の生活者であることが専門家に対してより強い説得力を持つこともあり得るのだ。都市風景のもとで，ヨコツナギによる専門領域を超えた環境統合の

可能性が芽吹くのである。そこに新しいコモンズを垣間見ることもできるのではないか。

　では，都市風景が公共性を取り戻すとは具体的にはどのようなことを通して可能なのか，日々変化を遂げている生き物のような都市がなんらかのものを共有するということは夢想に終わるのではないか——こうした問いかけに対してどのような回答を用意することができるのだろうか。

　もちろん今日，都市にとってのランドマークやモニュメントがいつの時代にもまして重要であることは疑いがない。都市には依って立つシンボルが必要なのである。都市のシルエットや周辺の山並みとその眺望なども貴重な都市の共有財産である。失われた風景が貴重であるとすれば，その再生を企図することも必要だろう。

　しかし，それだけではない。歩行者天国や祭礼時に実感できるような「通り」の空間感覚，すなわち普段はクルマに占領されている街路を居住者や歩行者の手に取り戻すことができたという実感，そして街路という公共空間におのずと湧き出してくるソーシャル・ライフ，こうしたコモンズの感覚を都市生活者が再び獲得することから出発する必要がある。

　都市の中での居場所をそれぞれの人が共有している実感を持てるような戦略を，まちづくりのなかで埋め込んでいかなければならない。グループ・ホームやコレクティブ・ハウジングなどの住み方が注目を集めるようになったのも，居場所の共有の実感を多くの人が求めているからだろう。突き詰めていうと，人々は次第に空間の公共性を希求し始めているのである。

　かつて幕末の頃，広重が『江戸名所百景』において，見所となっている

写真1-3　生きられた都市空間の一例。石川県小松市の中心市街地のアーケード街で「お旅まつり」の子供歌舞伎の上演に見入る人々。ここでは通りは舞台であり，同時に観客席である。熱い視線が交錯する劇場なのである。

風景を生け捕っていると同時に近景で生活の実感を見事にブレンドしたとき，同時代人たちはそこに描かれた都市風景をみずからの生活実感と重ね合わせて，日常の都市風景の点描として納得したに違いない。

その時，感得された都市の心象風景はまさしく当時の江戸に生活する庶民に共有された生きたコモンズの空間だったのだろう。

近代化のなかで，我々は都市風景をあまりに即物的に捉えすぎたのかもしれない。守るべきものと捉えるにしても，創るべきものとして捉えるにしても，都市風景を都市生活者の共有物として思えるような認識のあり方を再獲得することが21世紀の都市風景に最初に課された課題だといえる。

注
(1) 日本における歴史的環境の破壊と保全の動きについては，西村幸夫『都市保全計画』東京大学出版会，2004年，pp47-212を参照。
(2) 藤森照信『明治の東京計画』岩波書店，1982年
(3) 田山花袋『東京の三十年』岩波文庫，1981年，pp97-98
(4) 国木田独歩による風景の「発見」に関しては，柄谷行人『日本近代文学の起源』講談社，1980年および加藤典洋『日本風景論』講談社，1990年などに詳しい。
(5) 橡内吉胤『日本都市風景』時潮社，1934年，p29
(6) 坂口安吾『日本文化私観』評論社，1968年，pp37-38
(7) 歴史的町並みの保存運動の実際に関しては，西村幸夫・埒正浩『証言・町並み保存』学芸出版社，2007年に当事者の肉声が収められている。

（2005年10月）

都市の風景とまちづくり

西欧における「風景」の誕生と都市

　一般に「風景」という言葉は16世紀末にオランダで生まれたといわれてきた[1]。オランダ語のlandschapはもともと「農家や囲われた畑の集合、時々は小さな領地や統治単位」という平凡な場所を意味していたという[2]。これが近隣の国にもたらされた。イギリスへは16世紀の終わり頃に入ってきて、英語のlandscapeという言葉が生まれた。オックスフォード英語大辞典（OED第2版）によると、英語のlandscapeが土地の風景の意味で用いられたのは1632年が最初であるという。

　しかし、近年の欧州諸語の中世辞書研究の成果によってこうした通念は改められつつある[3]。つまりオランダ語のlandschapは中世オランダ語、古フランク語の地方、地域を意味するlantscapに起源を持ち、13世紀以来の歴史を有する。landschapが国や地方を描いた絵画を意味するようになるのは15世紀末のようである。すなわちオランダ語では、国や地方を表す言葉であるlandschapが15世紀末に、それだけではなく、知覚される国や地方の範囲という意味から、国や地方を描いた絵、すなわち風景画をも意味するようになっていった。いわば風景が発見されたのである。

　このことはドイツ語のlandschaftという言葉にもほぼあてはまる。つまり、13世紀から存在していたlandschaftの語が後に16世紀になって国や地方だけでなく、それを描いた絵画にまで意味を拡げたようである。

　英語のlandscapeはどうかというと、古英語で地方を意味するlandscipeなどの語が17世紀初頭にオランダから入ってきたlandschapというかたちで風景画の意味を取り込み、1725年には現在のlandscapeという綴りが確認されるという。風景画と共に風景の概念がイギリスにもたらされたのだろう[4]。

　一方、フランス語で風景を意味するpaysageは国や地方を意味するpaysから出

図1-3　初期フランドル風景画の代表作ともいえるピーテル・ブリューゲルの「雪中の狩人」(1565年)

た言葉ではあるが，16世紀半ばに画家の間で風景そのものや風景画の意味で用いられるようになり（当時はpaisageと綴られたようである），それがそのまま一般に定着していったとされる。イタリア語のpaesaggioやスペイン語のpaisageはフランス語のpaysageに由来している。

いずれにしても風景は風景画と共に人々の意識にのぼるようになり，ヨーロッパ諸語の用語として定着していったのである。

図1-4 ヴェドゥータ（都市景観画）の第一人者カナレットによる「ヴェネツィアの大運河」（1734年頃）

P.カンポレージはその著書『風景の誕生』の中で，16世紀のイタリアには今日的な意味での風景paesaggioは存在せず，あるのは土地の姿paeseであったと述べている(5)。周辺の環境は美しさよりも経済的価値の方が圧倒的に勝っていたという。「美しい眺め」を意味するベルヴェデーレという名前を持った館は当時存在していたので，眺望を評価する視点は存在していたといえるが，「美しい土地」ベル・パエーザとして称揚されたのは一般的に田園であり，都市ではなかった。

風景概念の誕生は，風景画という絵画のジャンルがどのようにして成立していったかという美術史の視点からも見ることができる。風景画の生成に関する名著『風景画論』(6)においてケネス・クラークは，近代風景画の源流を15世紀初頭における時祷書の細密画に求めているが，そこで描かれているのは常に，遠く地平線まで続く土地の風景だった。特定の場所の地誌的関心に根ざす16世紀の初期フランドル風景画の画題はやはり，遠望する景色だった（図1-3）。こうした視線の先に科学的な透視図への関心が生まれてくるのはそう不思議ではない。

ケネス・クラークはまた，現代風景画の源の一つである17世紀のオランダ風景画に触れて，その起源を当時のオランダ社会に求めている。スペインからの独立を果たした当時のオランダは，市民階級が力を持つ，欧州随一の豊かなプロテスタント国家であった。その市民の眼が宗教画ではなく，風景画を要求したというのである。科学の発達による自然観察の時代風潮がそれを後押ししたと述べている。描かれていたのも当初は自然の風景であり，17世紀半ばになってようやく町や建築の風景画を完成させたとしている。オランダ人の眼も，まずは土地の風景を見ていたのである。風景landschapというオランダ語の生成の過程と呼応する事実ではないか。都市の肖像画ともいえるヴェドゥータ（都市景観画）がヴェネツィアを中心として隆盛を極めるのも18世紀のことである。

このように都市は当初，遠景は別にして，風景の対象ではなかったのである。それが都市や都市内の街路を対象として，例えば英語でtownscapeやcityscape, streetscapeなどといわれるようになるのは，いつのことだろうか。

　OEDによると，townscapeの初出は1880年，cityscapeは1856年，いずれも19世紀にlandscapeの類推から生まれてきている。比較的新しい言葉なのである。そしてこのことは，都市計画の生成の歴史と奇妙に符合している。

　さらに言うと，skylineという言葉も，従来の「地上と空から出会うライン」(OED) という意味を超えて，建物群のシルエットという意味を獲得するのは高層ビルが建ち始める1880年代のニューヨークからだという[7]。

　対するlandscapeは，同じくオックスフォード英語辞典によると，内陸の風景を描いた絵画（肖像画や海の絵と区別したもの）という意味のオランダ語を移入したものだと記されている。英語では，風景という言葉，すなわち風景という概念が風景画というジャンルをもたらしたのではなく，風景画の成立が風景の意識をもたらしたのである。

　その際の風景とは土地の風光であり，都市の景観ではなかった。都市の景観は，西欧人がつくるべき作品として都市を見るようになったところに胚胎したのである。

日本の都市美を巡る状況

　このように，西欧の先進諸国では都市景観の意識と都市美の意識は並行して生まれてきた。都市美施策はまた，即物的かつ静態的であった。モノそのものがその背景にある諸活動を反映させているので，モノをコントロールすることによって十分に効果を発揮できるといった判断があったのだろう。その背景には，風景画に端を発する風光観照の静態的な感性があったのかもしれない。

　対する日本の都市美を巡る行政施策は，生活と密着した動態的なものであるところにその特色がある。

　市街地建築物法制定前夜の状況については本書39頁以下に述べているので，ここでは戦後に限って見てみよう。

　荒廃した戦後の都市風景の中で，都市美に関する施策は首都景観問題としてまず，採り上げられることになる。早くも1953年の建設省営繕局による『中央官衙計画報告』において，美観が留意事項のうちに見える。中央官衙計画とは，総理府の首都建設委員会において1952年7月9日に決定された，中央官衙地区整備に関する計画（首都計画の一部）によって定め

られた区域と基本方針の作成作業のなかで考慮された事項を取りまとめた計画書である。基本事項の調査研究には丹下健三（当時東京大学助教授）および武基雄（当時早稲田大学助教授）が携わっている。

『中央官衙計画報告』の第1輯[1]のはしがきに、「この地域内の建築計画は、防火、景観その他都市計画上の問題、官衙群としての特殊の問題を考慮しつつなされるべき」であると述べ、続けて「このように、中央官衙地域の環境整備は、むしろ、中央官衙地域、皇居並びにそれらの周辺、丸の内界隈を含めた地域を美観地区として指定し、首都中心部の美観を維持し、環境整備したいものである」[8]と結んでいる。

同様の議論は、1959年に首都圏整備委員会が刊行した『首都の景観対策について』と題した報告書[9]でも繰り返されている。同報告書は、首都の市街地整備に関して、各種施設が機能運営上支障がないことを目的とすることに加えて、「これらの諸施設の形態およびその相互関係が首都の景観を形成し、また、これが市民の生活に対し心理的にも重大な影響を及ぼすものである点に鑑み、市街地の景観整備にも十分留意する必要がある」[10]と冒頭に述べている。

しかし、これ以降、国法レベルで都市美を議論することはなくなり、時代は社会資本の量的充足へ向けて急傾斜に突き進んでいく。この時代に、細々とではあるものの都市美に向けた施策と取り組んでいったのは意欲あるいくつかの地方自治体であった。

「美」を地方条例にうたうことは二つの流れから始まった。一つは、1968年の倉敷市伝統美観保存条例に始まる「美観」保存の流れである。以降、柳川市（1971年）や松江市（1973年）で同名の条例の制定が相次いだ。このほか平戸市では風致保存条例（1972年）が制定されている。こうした歴史的環境保全関連の条例は、1975年に文化財保護法が改正され、伝統的建造物群保存地区制度が創設されてからは伝統的建造物群保存地区保存条例として公布されることが一般的となり、美観をことさら前面に押し出した条例はほとんど見られなくなる。

もう一方は、1969年の宮崎県沿道修景美化条例に端を発する沿道修景美化をうたう条例である。宮崎交通の創始者、岩切章太郎はすでに1936年から日南海岸などの観光地整備のために景観に配慮した植栽などを進めていたが、これに呼応して1962

写真1-4　宮崎市中心部、橘通りの沿道の景観。フェニックスの並木が南国らしさを引き出している。

年からは宮崎県が沿道修景美化事業を開始し，1969年にはわが国初の景観整備の法令として，沿道修景美化条例を制定している。宮崎県条例の目的は植栽による沿道の美化であり，建築物の規制は対象となっていない。同条例に続いて，長野県妙高高原町（1971年），鹿児島県与論町（1974年），東京都八丈町（1975年），新潟県入広瀬村（1977年）などで同様の修景美化条例が制定された。

その後，1980年代後半から建築物の規制を直接の目的とした，いわゆる都市景観条例の制定が全国各地で行われるようになり，バブル崩壊以降も衰えを見せていない。景観関連の自主条例は，2004年段階で500を超える自治体に拡がっている。

美しいまちづくりへ向けて続出する条例

なかでも注目すべきことに，1992年を境にして，「美しい」もしくは「きれいな」まちをつくることをうたった条例が急に出現していることで，その後一貫して各地で制定が相次いでいる。事業費を上乗せして高品質の都市空間を整備していくことを主眼としたバブル期の景観整備事業的な発想から一歩退いて，豊かな緑やゴミのない清潔さ，癒しのライスタイルなど，より広い意味で自分たちの住む環境をよりよくしていく努力を「美しいまちづくり」や自分たちの「まちをきれいにする」という名称を持った条例で表現しているということができる。

条例の名称に「美しい」もしくは「きれいな」まちをつくるという標題を掲げているものは，1992年から2002年にかけて124件にのぼっている。大別すると，従来の景観条例と同趣旨のもの（例えば，さいたま市美しいまちづくり景観条例）に加えて，空き缶等の散乱防止による環境美化を目指すもの（例えば，小矢部市をきれいにするまちづくり条例，都留市まちをきれいにする条例など），ゴミ対策に加えて糞害，雑草の繁茂防止を対象としているもの（例えば，大垣市美しいまちづくり条例），さらに放置自動車を採り上げているもの（例えば，姫路のまちを美しくする条例），落書き防止（例えば，奈良県落書きのない美しい奈良をつくる条例）など，身近な生活環境の維持や生活様式の改善のようなソフトな施策へ目を向ける傾向を強めているようである。

一部では，さらに総合的に環境全般の保全を目指す条例も現れてきている。例えば，芦屋市緑豊かな美しいまちづくり条例は，環境計画の立案，環境への負荷の軽減，環境学習の推進，公害の防止，自然環境の保全，緑化の推進，清潔なまちづくり，騒音などの迷惑防止による住みよいまちづくりなど，広範な対象を扱っており，これらが総合して「緑豊かな美しい」

まちができるという構図をとっている。「美しさ」を環境全般にまで広げて捉えようとしているのである。こうした「美」の扱い方は従来にはなかったといえる。

ここ数年は都市生活の面のみならず、広域的な連携が要求される眺望の維持や河川の清流確保のための条例も増加しつつある。

新しい施策目標としての都市の「魅力」

なぜ、バブル以降の時期に「美しい」とか「きれい」といったキーワードで括れるような条例が頻出してくるのか。

行政側の財政難もあるが、都市の景観という物理的なテーマに、その背後にある生活や文化といったいわゆるソフトパワーを絡めて考えることへとものの見方が拡がってきているといえるのではないだろうか。そしてそれが「美」や「きれいさ」「清流」といった用語で表現されているのである。そこに共通しているものは、物的なだけでは納まらないより広範で、その分だけ曖昧にならざるを得ない環境評価の指針があるだろうということである。それは、一言で言うと都市の「魅力」ということになる。

当然といえば当然ではあるが、都市を比較するときの視点が、エコノミストの用いるような経済指標や記念碑的建築物や場所のランドマーク性などの個々の情報から、商業や文化のソフトパワーを含んだ「魅力」へと移ってきている[11]。都市間競争の主要なテーマも、そのための新しい都市施策のあり方も、魅力的な都市をどう創っていくかという点に絞られてきているのである。

都市風景の問題は、言ってみれば、都市の魅力を演出するための主要な要素として考えられるようになってきたのである。これは行政にとどまった話ではない。近年、都心回帰の傾向が強まり、大型のマンションの建設ラッシュが各地で摩擦を起こしているが、景観を盾に反対運動を起こしている各地の住民にとっても、守るべきなのは景観に結果的に反映されている地域環境の幅広い魅力なのであって、それを限定する用語や手だてがないために景観問題を前面に押し立てているという面が強い。

こうした動きが、ここ10年ほどの間に「美しさ」「きれいさ」という言葉によって集約されようとしている。関東大震災後に広まり始めた民間の都市美運動が、バブル後に美の条例の花盛りというかたちでまた一層の拡大を示す。ある種の危機が美の意識を覚醒させるということがあるのだろうか。そしてそれはまちづくりを目指している。

なぜなら今日、まちの美しさはトップダウンで与えることはできないからである。どういう状態が「美しい」ということなのかに関しても、合意

が形成されていなければならない。

　英語の風景という言葉が風景画から生まれ，西欧の都市風景は都市の美意識と軌を一にして生成してきたという事実のひそみにならっていうならば，日本の都市風景は，変転の都市を生きることの中から意識化されていったといえる。その背景に動態的な都市認識があった。

　ここからまちづくりへのみちは遠くない。なぜなら，現状をボトムアップでつき動かす力こそまちづくりの力なのだから。都市風景が意識化されてきたということは，都市風景が変わり始めたということである。……願わくば好ましい方向へ。

注
(1) 内田芳明『風景とは何か―構想力としての都市』，朝日選書，1992年，p.51。オックスフォード英語辞典もlandscapeの語源として，オランダ語のlandchapをあげ，次いで古英語と古スコットランド語をあげている。
(2) Yi-Fu Tuan, *Topophilia : A Study of Environmental Perception, Attitudes, and Values*, Prentice-Hall, 1974，イーフー・トゥアン著，小野有五ほか訳『トポフィリア』せりか書房，1992年，p226。
(3) Franceschi, C., *Du mot payage et de ses equivalents dans cinq langues europeennes*, Collot, M. ed., Les enjeuux du paysage, OUSIA, Bruxelles, 1997
(4) Franceschiは上掲書において，イギリスには16世紀末には風景画という意味のlan-skipという語が出現したが，この語は18世紀まで使用され，その後消滅したとしている。この語はOEDにもそのように紹介されている。
(5) Camporesi.P., *Le Belle Contrade*, Garzanti Editore, 1992，ピエーロ・カンポレージ著，中山悦子訳『風景の誕生―イタリアの美しき里』，筑摩書房，1997年，p.6。
(6) Kenneth Clark, *Landscape into Art*, new ed., 1976，ケネス・クラーク著，佐々木英也訳『風景画論（改訂版）』岩崎美術社，1998年。特に，第2章「事実の風景」参照。
(7) Thomas van Leeuwen, The Skyward Trend of Thought : Metaphysics of the American Skyscraper, AHA BOOKS, Amsterdam, 1986，トーマス・ファン・レーウェン著，三宅理一他訳『摩天楼とアメリカの欲望―バビロンを夢見たニューヨーク』工作舎，2006年，pp.163-166。
(8) 建設省営繕局『中央官衙計画報告』第1輯［1］，1953年4月，pp.1－3。なお，当時皇居周辺の美観地区は，地区指定自体は戦前から継続していたものの，規制内容が効力を失い，実質的な規制は行われていない状況であった。
(9) 首都圏整備委員会首都交通問題委員会刊行『首都の景観対策について』1959年11月9日。
(10) 『同上』p.1。
(11) 例えば，Joseph S. Nye, Jr., Soft Power, *The Means to Success in World Politics*, Public Affairs, 2004，ジョセフ・S・ナイ著，山岡洋一訳『ソフト・パワー』日本経済新聞社，2004年。副題には「21世紀国際政治を制する見えざる力」とある。ナイは強制・制裁に依拠するハードパワーではなく，魅力や価値観に基礎を置くソフトパワーの重要性を力説している。

（2005年2月）

美しい都市景観形成に向けて

都市競争力の総合指標としての「魅力」

　OECD（経済協力開発機構）は2000年11月，日本の都市政策に関する勧告を取りまとめ，理事会の承認を経て公表した[1]。前回1986年の対日都市レビューから14年ぶり2回目の勧告である。

　先進国による対日レビューというと，1984年に明らかになったEC（欧州協同体）委員会の『対日経済戦略報告書』の中に記載されていた「日本人は，西欧人にしてみれば，ウサギ小屋rabbit hutchesより少しましな程度の家に住む仕事中毒症患者workaholicsたちの国だ」という強烈な指摘がまず頭に浮かぶ。ウサギ小屋という表現は，その後ながらく日本の住宅事情を外から評価した端的な表現として定着していった。日本人は「ウサギ小屋」という表現にみずからの住宅環境を相対化する視点を見た。

　1980年に設立されたOECD都市問題特別グループによる各国の都市政策に対する一連の調査研究・提言は，より専門的な立場からの客観的発言といえる。その勧告は「ウサギ小屋」発言ほどジャーナリスティックな意味でのインパクトを持たないかもしれないが，大きな示唆を我々に与えてくれる。

　1980年代のOECDグループの主な関心は，都市の成長誘導政策，他の経済政策との調整，都心部の衰退に対抗する再活性化問題などにあった。1986年の対日都市レビューにおいても，これらの問題に加え，都市整備における官民協力問題などが関心の中心であり，本稿で対象としている都市の景観問題などに関してはほとんど言及されていないのである[2]。

　そして，2000年のレビューである。この勧告の最大の柱の一つに，規制の再構築restructuring regulationsがあげられている。都市デザインの質は都市の魅力を保持するために必要不可欠であり，都市の競争力を保持するためにも適切な規制の強化を実施しなければならないと強調している。OECD加盟国の多くは日本より一段と厳しい規制を実施しており，日本の規制は緩すぎるというのである。

　これは，都市の土地の有効利用を促進するためと称して規制緩和を唱える都市経済学者らの大合唱に対する痛烈な反対論となっている。その時の

写真1-5　都市の魅力は，この場合，ケヤキ並木とそれに不調和でない建物群に大きく依拠している。つまり，都市のインフラが全体（都市の魅力を）を規定しているのである。（東京・表参道）

写真1-6　一方，表参道を一歩入ると，背後にはこのような人のぬくもりがある混在の町並みが広がる。これも都市の魅力のひとつ。いわゆる裏原宿の風景。中央の道は旧渋谷川にふたをかけて作られた。

論拠として持ち出されているスローガンが都市の「魅力」である。例えば，対日勧告に先立って1999年に国内3都市において行われたOECD都市政策セミナーは「都市の魅力の再構築」と銘打たれていた。

今後の都市政策のあり方を図るために「都市魅力」というはなはだ曖昧な概念を持ち出してきている背景には，都市基盤の整備や制度改革だけでは必ずしも魅力ある都市へと変貌できないという現実がある。良好な都市環境や都市景観，さらに住みやすい生活環境などが総合して都市の魅力が形成され，その魅力こそが都市に人や産業や資金を，引きつける磁石となっているのである。すなわち，都市競争力の総合指標として，都市の「魅力」があるのだ。

こうした考え方は「ウサギ小屋」を巡る議論においても，80年代のOECDレポートにおいても，正面から論じられることはなかった。まさしく21世紀の都市行政の視点である。

21世紀の都市行政課題としての美しい都市づくり

「都市魅力」へ向けた最も明快なアプローチとして，美しい都市づくりということがある。歴史や文化を実感し，豊かな自然環境を活かした美しい都市風景を保持し，創造していくことは，21世紀の都市行政の最大のテーマの一つである。すでに2000年3月の時点でのアンケートにおいて，美しいまちなみや景観の形成を重視していると答えている自治体は全体の78％に達している[3]。一方，1998年の世論調査において日本の町並みや景観について肯定的な評価の23％に対して，否定的な評価は48％にのぼっている[4]。これらのデータを紹介している平成12年度版の『建設白書』は副題に「活力と美しい環境を創造し，…」と掲げ，美しい景観の形成を

初めて都市政策の課題として正面から取り上げているのである。
　「都市魅力」の課題を前にして，美しい都市景観形成という問題の立て方をすることが重要なのは，都市景観問題の中に都市の総合性と地域性，そして感性の問題がすべて含まれているからである。
　見えるものすべてが都市の景観要素となるのであるから，都市景観の問題は部局を横断して総合的に取り組まなければならない課題である。都市の風景はそれぞれの都市ごとに固有であるから，都市景観の問題は基礎となる自治体が独自に取り組まなければならない。さらに美観に関わる問題であるから，時代精神やライフスタイル，デザインなどと直接関わることになる。これはまさしく新しい時代の課題である。
　21世紀の行政課題として美しい都市づくりがあげられることに大方の異論はないとしても，何をもって美しい都市といい，どのようにしてそこに到達するのかというwhatとhowの点に関しては，これまでほとんど共通した認識は形成されてこなかった。この点に関して，以下，美観規制の強化・美的基準の共有化・景観まちづくりの運動化という3点を中心に触れてみたい。

美観規制の強化・詳細化

　美しい景観を個々のプロジェクトのレベルで実現するためのモデル的な事業制度や助成制度は，1980年代より各方面において徐々に形成されてきた。そしてその成果として，都心部の目抜き通りや歴史的な町並み地区において景観整備が進み，多くの人々が以前よりも魅力にあふれた都市景観が形成されつつあることを実感している。もちろん個々の建物の建設にかけられた労力とコストが，特に都心部において相対的に向上してきた結果，質の高い建築空間が実現してきているという点も多大な貢献をなしている。
　しかし，都市景観の過半をなす一般的な住宅地や近隣型の商業地の景観は，総体として見た場合，必ずしも向上しているとは言い難い。個々のプロジェクトや補助事業を越えたより広範な建築コントロールが実施されなければ，都市の魅力を底上げすることは困難である。このことはOECD都市レビューが強調しているとおりである。
　すでに1割近い自治体で景観関連の条例が施行されており，さらに近年では都市景観だけでなく，田園景観の重要性にも関心が高まって来つつある[5]。しかし，これらの規制誘導措置の大部分は財産権の侵害に配慮して微温的なものにとどまるか，顕彰的あるいは奨励的なアメの施策に終始しているというのが偽らざる現実だろう。「弱い公共介入」と「強い土地所

有」という日本の都市行政をめぐる根元的な構図にここでも出会うことになる(6)。

　わが国において美しい都市景観形成へ向けた都市行政施策を考えるとき，一定の民主的な手続きを経て，特例的な協議の場を保証しつつ，建物の形態規制を強化すべきである。現行の建築物規制は建蔽率と容積率の最高限度を定めることが中心となっているが，これでは出来上がってくる街路景観を効果的に誘導するには限界がある。それぞれの街路や地区の特性に応じて建物の軒高の上限，壁面線の位置指定などを細かく定めることが必要である。景観上重要な地区に関しては，建物の色彩や屋外広告物の規模形状，主要な建築意匠に関しても協議する場が必要になってくる。

　これらの規制を従来の建築確認制度と連動させ，日本型の建築許可制度を構築する必要がある。規制の根拠となるべき景観の調和や保全，良好な景観の創造に関して法令でうたうべきである。欧米ではそうした例は少なくない。例えば，ドイツ連邦建設法典（1987年）は第37条において建築物とその周辺の調和を図ることを明記している。フランスでは都市計画全国規則RNUにおいて，都市計画の目的のひとつとして「自然及び景観の保護を確実にすること」（法典L110条）がうたわれている。イタリア共和国憲法（1947年）第9条は歴史芸術遺産と並んで国家の風景を保護することをうたっているのである。

　わが国の当面の課題として，景観に関する基本法を制定し，行政の責務と事業者の責務を明確にすべきだろう。将来的には，土地利用規制の中に周辺との景観上の調和条項を入れることや，建築確認行政と景観行政とを連動させることなども必要だろう。

　周知のように，欧米各国の景観関連の規制はわが国と比較にならないほど厳しい。日本で最も厳格な景観規制を実施しているのは伝統的建造物群保存地区であるが，それにしても欧米都市の通常の建築規制程度でしかない(7)。2000年のOECD都市レビューが規制の再構築を強調している背景には，欧米都市のこうした状況がある。

　もちろん機械的な規制強化だけでは不十分である。建築許可制度が事業者に不当な不利益をもたらさないような，不服審査請求等の救済措置が制度の中に組み込まれている必要がある。さらに，こうした建築審査にあたる専門家が行政内外に配置できるような人事や資格のシステムが確立されなければならないだろう。そしてこれら建築審査のプロセス全体が市民に対して開かれていなければならない。

　何よりも建築物規制の具体的数値を，土地固有の権利として考えるのではなく，都市の環境と景観形成のための協議の前提条件，合理的な議論の

末の規制値変更の可能性をも含む前提条件であると考える風土を育てていくことが肝要である。これこそ都市行政の目標であるべきだろう。

美的基準の共有化

　美観規制の強化・詳細化によって景観整備の手法はある程度確立するだろうが、それはhowを整えるにとどまり、美観のwhatを明らかにすることはまた別の問題である。現在までの各種の都市景観条例をみても、景観形成基準として明文化されているものの大半は周辺環境と調和することというレベルにとどまっており、積極的に地域の空間像を提示するものにはなっていない。

　こうした状況を越えて、美的基準を明確に示し、多くの市民が共有することが求められるが、いったいそうしたことはわが国の現実において可能なのだろうか。

　欧米とは異なり、わが国の都市景観は乱雑であり、依拠すべき手がかりはすでに失われたとする建築家を中心とした意見がある。一方で、仮に美的基準があったとしても、それは専門家が定めるものではなく、市場の選択の中で淘汰されるべきであるという都市経済学者の主張もある。美という主観的な問題は行政になじまないのではないかという行政マンの危惧もある。美的基準を上から定めるのはファッショであるという市民の声もある。こうした四面楚歌の中で、美的基準の問題をどのように考えればいいのだろうか。

　手がかりがないわけではない。第一に、都市を読解することから到達できる基準がある。地形や地勢、植生や生態系などの自然的要素、道路パターンや沿道の建造物群、シンボリックなモニュメントや山々の眺望などの空間的要素、商業活動や日常生活、農林業や工業などの活動的要素、そしてそれらすべてが歴史的に推移してきたことを読み取る歴史的要素、これらの総合的な理解のうえに立って、都市や地区の将来像が構築されなければならない。細部にわたる地域の市街地像が具体的な空間的言語で記述されることが必要である。これこそ本来的な意味での都市マスタープランであり、地区詳細計画の依って立つべき地区像である。詳細なゾーニングの根拠となるべきものでもある。それは必ずしも美的な基準ではないかもしれないが、地域の将来像という意味では明らかに依拠すべき基準であるといえる[8]。

　第二に、それぞれの地域における従来からの建築の作法を記述していくと、大都市の都心部や新興の郊外部など変化が大きな所を除けば、一連の建築規範とでもいうべきものが存在する場合が多い。都市型社会の復権、

長期にわたる安定成長とストック重視型の都市整備等が中心的な課題となるであろう今後の都市行政の推移を考えると、こうした地域の建築規範を尊重したまちづくりこそ主流となるべきだろう。アレグザンダー流のパタン・ランゲージが多くの自治体において景観のガイドラインや手引きとして採用されているが、これも単に作法集として捉えるのではなく、建設行為の規範として捉え、将来の建築許可行政に連動させることが必要だろう。

写真1-7 景観まちづくりのためのワークショップのひとこま。周到な準備とオープンな雰囲気がまちづくりの気運を盛り上げる。（富山市八尾町）

　第三に、民主的な議論によって合意に到達できる基準というものがあり得る。これまでに締結されてきた建築協定や自主的なまちづくり協定、景観協定さらには伝統的建造物群保存地区などの地区画定の多くは、いかに行政主導であれ地区住民間のある程度納得いくまでの民主的な議論の積み重ねのうえに成り立ってきたといえる。市民によるオープンな議論によって、何がその地域にふさわしいかということに関して一定の基準に到達することはあながち不可能ではないのである。地域が合意した基準がすなわち地域の美的基準であるともいえる。地域の美的基準は地域の人々によって共有されなければ機能を発揮し得ないのであるから、むしろこうした民主的な議論は意識の共有へ向けた必要条件でもある。

　つまり、美的基準とはアプリオリのものとして静態的に存在するのではなく、地区理解の中から生成し、共感を得ていくなかで確立していく動態的なものなのである。

景観まちづくり運動へ

　美的基準に関するこのような理解から、景観まちづくり運動へ至る論理は容易にたどれるだろう。美しい都市景観へ向けた都市行政のあり方とは、究極的には景観まちづくりという運動論のなかで語られるべきものなのである。美観規制の強化もそれを支持する世論がなければ成立しない。美的基準もわが国の場合、議論の中で固まっていくという性格が強い。基本には景観に関するまちづくり運動の存在が不可欠である。都市行政の立場からするならば、景観まちづくり運動を育むような行政システムのあり方が重要になってくる。

　しからば、景観まちづくり運動を育む都市行政のあり方とはいかなるも

のなのか。最も重要なのは，景観規制に関する個々の決定プロセスを透明化し，民の声を聞く余地を制度化することである。現在，各地の自治体における景観行政の最も効果的な部分は計画初期の段階で事業者と行う事前協議の部分であろう。建築確認申請が出されてからでは手遅れだということで，条例などによって規定された事前協議が実施されている。しかしその内容は事前協議という性格上，ブラックボックス化しており，行政手続き上も，市民参加のうえからも不自然な形態をとっているといわざるを得ない。ブラックボックスとなっているために，実務上は担当職員にすべての判断が任せられることになってしまい，行政システム上も，市民に適切な情報が伝わらないという点からも不適切である。他方，情報が欠如することによって，市民側は景観まちづくりの建設的な発言者・担い手として自らを組織化し，向上させる機会を逸しているのである。

特定街区などの都市計画決定手続き等にも同様の問題点を指摘できる。

建築確認行政を拡充した将来の建築許可行政においては，イギリスのplanning permissionシステムを参考にして，少なくとも大規模な開発に関しては，基本構想（または基本設計）段階の建築許可と実施設計段階での建築許可との二本立てにすべきではないだろうか。実施設計段階では，主として建物の安全性に関わる建築基準法関連の審査を行い，前段の建築許可では土地利用や建物利用，ゾーニングの特例などの審査に加え，都市景観上の審査に重点を置くことが考えられる。

こうして現在の事前協議の段階を法定の建築許可プロセスの中に組み込むことができるならば，その内容を公開し，広く市民の意見を参考にすることもできるだろう。審議プロセスが公表され，納税者の権利として市民がその過程に意見を差し挟むことができるとすると，市民による景観まちづくりは明確な目標を定めることができるようになり，美的基準の議論も一挙に深まるだろう。

例えば，新規に建築される建物の建築許可の審議をそのために取り壊されることになる旧建物との比較考量において議論することになるとすると，新しく計画されている建物がいかに旧来にも増してよりよく都市景観に寄与することになるのかを審議の過程で明らかにしなければならなくなる。これこそまさしくアカウンタビリティの問題である。都市景観の議論を広範に繰り広げることによって，事業者も行政もそして市民も，美しい都市景観のあり方に対する認識を深化させることになる。

景観まちづくり運動は，こうした開かれた都市行政プロセスによってさらに力を蓄えることになる。同時に高揚した景観まちづくり運動から力を得て，21世紀の都市行政は美観規制の強化，美観基準の共有化という課

題を果たすことになるのである。

　このようにして美しい都市景観形成のwhatとhowには，動態的な運動論によって答えることが可能となる。OECDの対日都市政策勧告の都市魅力の再構築という課題に関する回答も，少なくとも都市景観問題に関する限り，究極のところ，景観まちづくりという運動に寄与するものとして都市行政を構築していくという，はなはだ日本的なものになるのではないかと現時点では思っている。

注
(1) OECDの対日都市政策勧告の概要はhttp://www.moc.go.jp/city/index.htmlに掲載されている。
(2) 1980年代のOECD都市問題特別グループの議論については，例えばOECD編，沢本守幸監訳『都市その再生の条件』（ぎょうせい，1984年），都市政策研究会編『OECD都市レビュー：21世紀「都市の時代」を読む』（鹿島出版会，1985年）などに詳しい。
(3) 建設省編『建設白書2000』（ぎょうせい，2000年），143頁。
(4) 同上，138頁。
(5) 例えば農水省は1992年に美しいむらづくり特別対策を創設し，同年第一回美しい日本のむら景観コンテストを実施した。また，1999年7月には「日本の棚田百選」(117市町村134地区)を発表した。棚田や千枚田を史蹟や名勝として指定する動きも目立ってきた。1999年に成立した「食料・農業・農村基本法」でも田園における自然環境の安全や良好な景観の形成は法の目的のひとつひとつとしてあげられている。
(6) この点に関しては，例えば日米比較をもとに論じた寺尾美子「都市基盤整備にみるわが国近代法の限界」，『現代の法9 都市と法』（岩波書店，1997年）を参照。
(7) 欧米都市の景観関連規制の具体例に関しては，西村幸夫＋町並み研究会編「都市の風景計画—欧米の景観コントロール　手法と実際」（学芸出版社，2000年）に詳しい。
(8) この点に関しては，西村幸夫「21世紀の都市像に向けて都市計画に求められるもの」，簑原敬編『都市計画の挑戦』（学芸出版社，2000年）所収において言及している。

(2001年1月)

転換点にある日本の都市景観行政と
その今後のあり方

　2002年12月18日に言い渡しがあった国立のマンション建築撤去等請求事件の東京地裁判決において、大学通りに面した棟の高さ20mを超える部分の撤去が命じられ、周辺住民の景観利益は法律上保護されるべきものであるという判断が下されたことは、これからの都市景観行政を考えるうえで画期的なことであった。本稿の執筆は、この判決が直接の契機となったものといえるが、これ以外にもいくつかの論評がすでに公にされている[1]。

　確かに東京地裁判決は画期的ではあるが、決して突然偶発的に生まれたわけではない。前年の2001年12月4日には、国立の同マンションは違法建築であるとして、東京都に対して除去命令等を求めた行政訴訟の東京地裁判決が言い渡され、都が是正命令を出さないことは違法とする判断が示された。判決文の中で景観利益に触れ、一定の条件下においては景観利益は法的保護に値すると判断している。これは「景観を享受する住民の利益が権利＝景観権として保護されることをはじめて判示したものである」[2]とされている。

　さらに、2003年の3月31日には、名古屋地裁において名古屋市東区白壁地区の町並み保存地区内に建築中の高さ30mの高層マンションの20mを超

写真1-8　国立市のマンション訴訟の敷地の建築前の様子（東京海上火災（株）の計算機センター）（左）
（出典：国立市資料）と竣工後の景観（右）

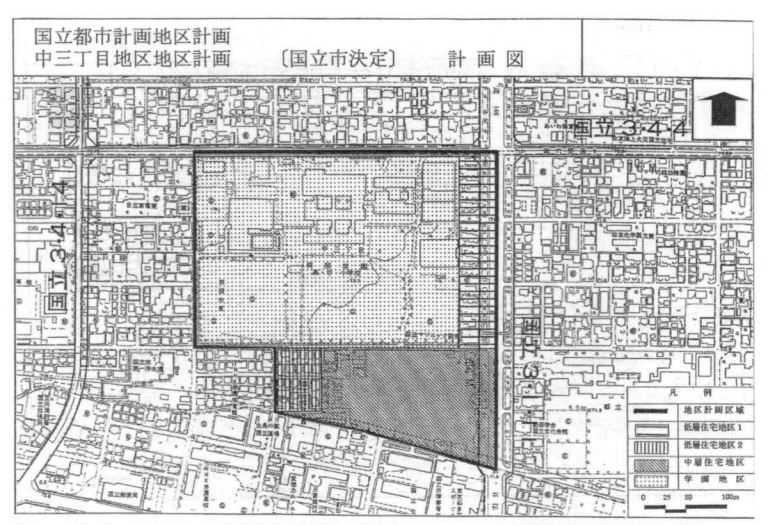

図1-5 国立市の中三丁目地区地区計画。高層マンション計画敷地を含む地区に高さ10m、20mの規制がかけられた。同地区計画は国立市都市計画審議会において2000年1月21日に決定、同1月31日に同地区の建築条令が市議会で可決成立。高層マンションは、その直前、2000年1月5日に建築確認がおりていた。(出典：国立市資料)

　える部分の建築を禁止する仮処分が決定した。20mの高さを示した指導要綱を根拠に、国立と同様の趣旨で住民らの景観利益を認めたのである。決定文は次のように言う。「白壁町筋は、ここに住む地権者らが、白壁町筋の景観を維持しようとして自ら高さ20mを超える建物を建築しないという土地利用上の犠牲を払いながら、長い期間にわたって低層建物を中心とする町並みや景観を保護し、かつ社会通念上も、その景観が良好なものとして継承され、その所有する土地に付加価値を生み出したものというべきであるので、…白壁町筋の地権者らは、従来の土地所有権から派生するものとして白壁町筋の景観を自ら維持する義務を負うとともに、その維持を相互に求める利益（景観利益）を有するに至ったというべきである」(2003.3.31名古屋地裁決定)[3]。

　国立とまったく同じ論理のもとに景観利益が法的保護に値する利益として認められている。国立は決して例外ではない。景観を守るために確かに例外的な努力を払ってきたところがほかにもある。

　今、まさしく日本の都市景観行政は転換点にある。この時点で、これまでの都市景観行政史を振り返ることによって、今日我々が置かれた位置を再確認し、これからの都市景観行政のあり方を展望することには意味があるだろう。

都市景観行政のこれまで

　これまでの都市景観行政を振り返ってみると，そこに共通したいくつかの傾向を見出すことができる。それは，行政が常に部分的なもの，特殊なもの，モデル的なものから始まって次第に全体的なもの，一般的なものへと広がってきたという点，高度経済成長やバブルといった都市環境の激変期を契機に生まれてきているといった点である。

　戦前の風致や美観はさておき，戦後の高度成長期からの都市景観行政といえる施策を拾うと，次のようないくつかの山を見ることができる。

　第一に，高度成長へのアンチテーゼの強い色彩のもとに1960年代に始まり，1973年のオイルショックを経て，1975年の文化財保護法の改正によって伝統的建造物群保存地区というかたちで，国によって制度化された歴史的町並み保存の山である。この山は時期的にも盛り上がりのプロセスも，公害防止や日照権確立をめざす生活環境保全の諸施策の山と不思議にほとんど符合している。高度経済成長による環境破壊が水や土壌を汚染したように，日照を奪い，都市生活環境の悪化を招き，歴史的建造物の破壊をもたらしたのである。高度成長による環境破壊への対処策の一環として歴史的環境の保全施策が各地で試みられ，それがついに国の制度改変へとつながったのである。

　しかし一方で，一般的な市街地や郊外のスプロール住宅地では，景観行政といえるようなものはほとんど見られなかった。

　第二に，1970年代のナショナル・ミニマム充足という量の議論から，80年代に入ってアメニティの実現という質の議論へと政策目標が転換していくなかで，都市空間の個性を発揮し，質の向上を問う各種施策が国，地方ともに次々と打ち出されてくるという山である。

　国レベルでは，1980年代は先導的奨励的なモデル事業花盛りの時期だった。例えば，画一化を避け，地域の個性を重視することを狙ったモデル事業として歴史的地区環境整備街路事業（1982年創設，現在は身近なまちづくり支援街路事業の一部）や地域住宅計画（HOPE計画，1982年創設）などがある。都市空間の質の向上を目的としたモデル事業には，シンボルロード整備事業（1984年創設）や街なみ整備促進事業（1988年創設，現在は街なみ環境整備事業）などがある。

　一方，自治体レベルでは，京都市市街地景観条例（1972年）や神戸市都市景観条例（1978年）などの市街地景観全般のコントロールを目指す先進的な条例が次第に広く紹介されるようになり，1980年代末のバブル期へ向けて，良好な（すなわち当時の感覚では予算の手厚い）都市景観の創造へ向けた都市景観条例が各地で制定されるようになっていく。都市景

観条例制定のピークは90年代前半であり，その後もそれほど衰えず今日に至っている。

さらには，都市デザインの実践によって個性的で魅力のある都市景観を形成していこうという自治体の試みは1970年代初頭の横浜市に端を発し，1980年代に入り，大中規模都市の都心部の整備を中心に全国に広まっていく。

第三の山はバブル崩壊後にやってくる。山というよりはむしろ転機というべきかもしれないが，1990年代半ばから国・地方双方の財政事情の悪化によって，豪華主義の都市景観形成型の大規模事業は次第に影を潜めるようになってくる。それに伴って都市景観行政は，予算の重点配備による事業推進という官主導の景観形成から，民間主導の活動へとその軸足を移していく。一方では景観まちづくりとでもいうべき合意形成型のローカル・ルールづくりを中心にボトムアップで漸進的に景観改善・保全を進めていこうという動きがあり，もう一方では規制緩和による民間主導のプロジェクト推進によって既成市街地内に新たな公共空間を供給していこうという動きがある。もちろん，いずれの動きとも早くは1980年代から先進的な試みは続けられてはいたが，都市景観行政の大きな山として認められるのはやはり1990年代の半ば以降だといえる。

このように，大まかにいって日本の都市景観行政は三つの山を経て今日に至っているのである。

現在の都市景観行政の課題

以上，都市景観行政の流れを時間軸に沿って見てきたが，これを行政施策の分野別に分けると，プロジェクト先導型で自ら良好な都市景観の形成を行っていこうという施策と，コントロール先導型で民間の建設行為を間接的に規制していくことによって，自ら都市施設をデザインするわけではないが，結果的に地区の景観を一定方向に規制誘導していくという施策とに分類することができる。

本論では主に後者を中心に検討する。

(1) 都市景観条例の課題

規制誘導型の都市景観行政は根拠となる都市景観条例や要綱，指針などをもとに実施されることになる。都市景観条例に関する2000年の国土交通省調査（2001年3月発表）によると，全国の地方公共団体のうち，景観条例を持つもの339団体，要綱を持つもの129団体となっている[4]。全国の地方公共団体の約15％が景観に関するなんらかのローカル・ルールを持っているのである（ただし，この数字には自然環境を中心とした景観保

全施策を有する条例等も含まれており，都市景観に限定するとその数はやや少なくなる）。

同調査によると，景観条例の内容として規定されているものは，多い順に①景観審議会，②（大規模）建築物の届出，指導，勧告制度，③景観形成地区または重点地区，④補助・助成（建築物，植栽などのハードへの助成），⑤景観形成基準，修景ガイドライン等，⑥景観に関する表彰制度（景観賞など），⑦景観形成基本計画，同じく同数の⑦として補助・助成（協議会，市民活動などソフトへの助成），⑨景観上重要な建築物（歴史的建築物等）の指定，⑩景観形成方針，同じく同数の⑩に景観協議会，市民組織の認定，⑫景観アドバイザー制度，専門家制度，となっている[5]。

しかし，問題はこうしたローカル・ルールの規制力とその運用実態である。

従来は具体的な根拠法を持たない景観条例によって財産権を制限することに憲法上の疑義があると考えられるため，条例による規制や誘導手法は指導や助言，勧告，条例に従わない場合の氏名の公表など，ほとんどの場合，微温的な措置にとどまっている。全体の底上げよりもむしろ，顕彰制度や助成制度などによる先駆的なものの引き上げが施策の軸となっているといえる。ムチよりもアメが中心の行政なのである。都市景観という「質」を取り扱う施策である限り，環境アセスメントなどによって許容できる環境変化の「量」を目安とする施策とは根本的に相違しているといわざるを得ない側面がある。

また，都市景観のコントロールは一定の計画に従って構想されなければならないが，そうしたいわゆる都市景観基本計画は行政による任意の計画であり，法定の都市計画に上乗せされた指針にすぎない。法定都市計画によって定められている用途地域や容積率，建蔽率，その他の地域地区指定との有機的な連携がほとんどとられていないのが現状である。したがって，首長や行政担当者の意向，時の財政状況に左右されやすく，継続的な行政施策を望むことが困難だという問題点も有している。

こうした障害を反映してか，市町村の景観条例の活用・運用実績を見ると，計画策定や地区指定，景観形成基準など，一度策定すれば当面責任を果たしたといえる施策に関しては2/3以上の自治体で実施されているのに対して，継続的な取り組みや予算措置が必要な建築物の指導・勧告や景観重要建築物の指定，各種助成や表彰といった施策の実績は半分以下に落ちている[6]。

(2) 課題を克服するための様々な工夫

近年，景観条例の規制力の弱さを補うために種々の工夫も凝らされてき

ている。

　その一つは、景観条例等による指定地区とは別に、どうしても規制を強化したい部分に関しては他の根拠法によって規制をかけるという手法である。例えば、倉敷市は倉敷川周辺の重要伝統的建造物群保存地区の周辺の景観保全のための制度として、伝統美観保存条例（1968年）による伝統美観保存地区（当初は美観地区、歴史的には同地区制度の方が伝統的建造物群保存地区制度よりも長い歴史を有するので、伝統的建造物群保存地区の周辺保全という機能はのちに付加されたことになる）および伝統的建造物群保存地区背景保存条例（1990年）による背景保存地区の制度を有しているが、いずれも自主条例による地区指定であるため、強い強制力が与えられていない。高層ビルの建設を強行されるとその阻止に限界があることから、そのような現実に直面した倉敷市は急遽、建築基準法に定める美観地区を指定するための建築条例である美観地区景観条例を2000年に制定している。このほか、法定の都市計画である高度地区や特別用途地区の指定を景観的な配慮のもとに行っている事例が、松本市、京都市、丸亀市、太宰府市などで見ることができるようになってきた[7]。

　これらに加え、風致地区や美観地区などに関する委任条例と独自の自主条例を連携させ、一体的に運用する仕組みの条例も各地で見られるようになってきた[8]。

　さらにそれを先に進めると、自治体の条例制定権の判断にまで立ち至ることになる。例えば、真鶴町まちづくり条例（1993年）のように、身の丈にあったダウンゾーニングを織り込んだ詳細なまちづくり計画を策定することによって開発を未然に防ぎ、さらに事業者に対する事前協議、指導、助言、勧告に至るプロセスに住民説明会や住民との協定の仕組みを導

写真1-9　倉敷川にかかる中橋からの風景。中央奥の背景部分の高さが規制されている。

入し，合意が形成されない場合には公聴会の開催，議会による議決等を経ることによって手厚いデュープロセスを踏み，係争になった場合に備えるという仕組みを整えていくという方途まで生まれてきている[9]。

透明な意思決定プロセスに関しては，例えば千代田区では景観まちづくり条例（1998年）のもとでの景観まちづくり審議会が丸ビルや東京駅八重洲口駅ビルの再開発，秋葉原の再開発など景観上重要な案件を取り上げ，事業者に直接説明を求めるだけでなく，これを一般に公開し，さらに傍聴者に対して意見陳述の機会を与えるなどの開かれた審議を混乱なく実施している。

写真1-10　千代田区景観まちづくり条例による審議会風景。重要案件については，事業者による説明のあと，質疑応答，意見交換がなされる。審議は公開され，オブザーバーにも意見を表明する機会が与えられている。

国法と自治体の条例との関係については行政法学者の間にも様々な議論がある[10]。ここではその詳細に立ち入る余裕はないが，とりわけ2000年の地方分権一括法の施行による機関委任事務の廃止，都市計画の自治事務化以降，自治体の自主条例の位置づけは格段に強まってきている。ようやく自治体の専決事項として都市景観行政が本格的に取り組まれるべき状況が整ってきたといえるだろう。

(3) 近年の社会状況が指し示すもの

近年の都市景観を巡る社会状況を見渡すと，追い風と逆風とが一緒に吹いているような状況である。

地方分権の波は条例による景観コントロール行政をより強化していくよすがとなるだろう。未線引きの都市計画区域内に広範に存在している白地地区に従来かけられてきた極端に緩い密度規制（建蔽率70％，容積率400％，これは都心商業地区並みである）や都市計画区域外の建築物には従来まったく適用されなかった形態規制は，1992年の法改正によって規制を実施することが可能となった。これを皮切りに，特別用途地区の内容の自由化（1998年），白地地区における準都市計画区域および特定用途制限地域の導入，市町村が独自で決定できる地区計画の内容の拡大（いずれも2000年）など，都市景観行政に大きな影響を及ぼす制度の詳細化，分権化の改革が進められつつある。

確かに規制のためのメニューは増え，都市計画制度は変化しつつあるが，ベースとなる規制が緩いうえ，景観に資する制度改革の動きは緩慢であり，国立のマンション問題のような地区レベルでの景観問題にスピーデ

ィに対処できるほどに詳細でフットワークがいいというところからはほど遠い。また，制度の改変自体，都市再生のための規制緩和をうたい文句としている側面も強いので，かえって厳しい都市景観上の軋轢を生み出す場合も少なくない。各所で頻発する高層マンションに対する反対運動は，その証である。

　世論は良好な住環境を守ることを訴えているが，その背後にはこれまで享受してきた親しみのある，美しい都市景観を守りたいという意識がある。世論も追い風なのである。

　一方では，自治体は財政難にあえぎ，質の高い都市空間を自ら造っていくための予算措置に汲々としている。美の問題は不要不急の問題だとしてまた後回しにされかねないのである。さらに1998年の建築基準法の改正によって，建築確認が民間の指定機関でも行えるようになり，建築確認事務と都市景観行政とを連動させる仕組みはほとんど機能しなくなってきた。従来行われてきた行政指導による都市景観の緩やかな誘導が岐路に差しかかっている。行政手続法による縛りが問題をさらに困難にしている。

　問題の本質は，都市景観という優れた空間の質に関わるコントロールは当然ながら手間と時間がかかるはずであるのに，社会は大きな政府（むしろ'適正規模'の政府か）を望まず，ただでさえか細い自治体の施策をさらに制約する方向に制度改革が進んでいるという点である。ところが一方で都市景観に関する市民意識は次第に盛り上がり，景観利益を法的保護に値するものとする判示まで現れてくるという時代になりつつある。

　現行の都市計画制度と，よりよい都市景観を希求する市民意識を満足させる望むべき制度との間には埋めなければならない深い溝がある。これが，今日の状況である。こうした状況を超克する方途があるのだろうか。

これからの都市景観行政のあり方
(1) 詳細都市計画の確立を

　国立や名古屋・白壁地区の判決は確かに画期的ではあるが，事業者の立場に立つと，公法上は問題のない建物が，民事のうえで特に景観を根拠に否定されるのでは，事業成立を事前に予見することができなくなり，土地購入のメカニズムが正常に機能しなくなるという危機感を持つことになる[11]。このギャップは，そもそも都市計画の分野で公法と私法とがかけ離れた価値基準を持っていることに起因する。都市計画法や建築基準法など公法上の規制があまりに緩いのである。

　これまでの都市計画・建築指導行政は，急激な都市化と不足している行政の専門職員をなんとかやり繰りしながら計画立案・建築指導にあたるた

めに，全体を緩くして平均点の悪さには目をつぶり，看過できないほど劣悪なものだけは排除するといういわば劣等生型の行政システムを取らざるを得なかった。しかし，市民意識の方は劣等生型を卒業し，欧米の優等生型のクオリティ・オブ・ライフを求めるものに変化してきている。司法の場もそれを次第に認めるまでになってきたのだ。しかし，都市計画・建築指導行政は旧態依然である。都市景観行政というにはおこがましい状況なのである。

　より厳密で詳細な都市計画を立案し，実施することによって両者の溝を埋めていくことは行政の責務である。そうすれば事業者も安心して良好な都市開発プロジェクトに邁進できるというものだ。

　ここでいうより詳細な都市計画とは，例えば，街区ごとの将来イメージをはっきり持った計画づくりであり，そのための制度改革である。一戸建ての住宅しか許容すべきでない地区に対しては，最低限の敷地規模と一戸建てという住宅様式を課せばいいのである。現行の都市計画はそうなっていない。敷地規模100m^{2}でも10,000m^{2}でも第1種低層住居専用地域ならば例えば建蔽率40％，容積率60％といった規制値は同じなのである（若干の数値のメニューは用意されているが，個々の敷地規模とは無関係である）。そうすると，出来上がる建物の様式や形態は敷地規模ごとに大きく異なることになる。ここには都市景観上の配慮は全くないといわなければならない。

　また，大規模な土地の所有権移転の際にこうした詳細なスタディを行えば，地区の将来の地獄絵も容易に想像できる。そもそも国立の場合，業者が主張するように高さ20mでは本当に十分な住戸が供給できないか否かに関しては，官民いずれの側も真剣に詰めた検討はされていなかったようである。こうした基礎的なスタディや代替案の検討抜きで，実際の容積や高さが決められていくとしたら，結末はかなり怪しいものにならざるを得ない。地獄絵を正確に描き，それを未然に防止するための合理的な用途地域指定の変更，密度規制の変更が機敏に行われるならば，土地の売り主だけが高値で売り抜けて得をするという事態も避けられるだろう。国立や名古屋市白壁町で本来必要だったのはこうした制度だったのである。

　せめて当面は，地区ごとに合意のとれる程度の絶対高さ規制や壁面線等の規制を，地区計画や高度地区などの手法を使ってこまめにかけていく必要があろう。そして事実こうした景観保全につながる環境保全型の地区計画は，ここのところ増加傾向にある[12]。また，東京23区では用途地区の見直しと併せて高層マンション防止策・景観保全策の一環として絶対高さ規制を強化する動きが顕在化しつつある。例えば江戸川区では，区の面積

の5分の1にあたる約1,000haの土地を対象に16mの絶対高さ規制を導入する計画であるという[13]。

(2) 土地利用と景観保全・創造の二本立ての都市施策を

　詳細な都市計画を推進するのはなるほど理想的ではあるが、途上国型の大雑把なわが国の計画制度を今すぐに精緻化することは不可能に近い。とすると、当面は現行の都市計画制度を受け継ぎながら、都市景観の面でなんらかのチェックが機能するシステムを並行して構築することが必要となる。つまり、建物の建築にあたって、単体の安全性に関しては建築基準法を満たし、土地利用に関しては都市計画法をクリアし、さらに地区の都市景観上は別の基準を満足しなければならない、という複数のチェックシステムを準備するのである。

　ドイツの都市計画システムが建蔽地を対象とする基本計画（Fプラン）と地区詳細計画（Bプラン）と非建蔽地を主としてカバーする同等の計画、すわなち広域レベルの風景計画（Lプラン）と地区レベルの緑地整備計画（Gプラン）との整合を要求していることが参考になる。連邦建設法典はFプランとLプラン、BプランとGプランが整合することを義務づけているのである。ちょうど人工的土地利用と自然的土地利用の両面から都市の計画をチェックするのである。

　土地利用と景観保全・創造の異なった二つの視点から都市開発をレビューする仕組みを整えることが、当面の日本の課題となるだろう。

(3) 景観に関する基本法の制定を

　土地利用調整と並ぶ都市開発事前評価の視点として都市景観形成という観点が立てられるためには、その法的根拠が必要である。それが風景基本法（仮称）である。都市景観のみならず、国土の多様な風景を守り、育てていくためには、現今の景観条例に確固とした法的根拠を与え、国土全般にわたる様々なレベルでの基本計画を確立するための根拠法として風景基本法は機能することになる。

　風景基本法において、国のみならず地方公共団体の風景の保全、改善および創造に関する責務を明記し、一定の要件を満たす景観規制を地区を画定して実施する場合には、そこで保持される風景を享受する権利を認めることが必要である。

　かつて、土地基本法や環境基本法において、地方公共団体に一定の役割と責務が与えられたように、国の規定がナショナル・ミニマムの確保など全国的な見地に立ってなされるのに対して、地方にはそれぞれ固有のローカル・ルールの存在がありうべきことを風景基本法はうたうべきである。

　風景基本法のもとで、全国一斉に一定の法的拘束力を持った風景基本計

画が策定されていくとすると，都市計画と風景計画の二本立てのコントロールが実現するだけでなく，計画立案のための専門家や住民組織などの育成も進んでいくに違いない。都市景観行政に不可欠のひとづくりが進むのである。

(4) 既往の法制度に景観の視点を

新しい基本法を制定するのと並んで，都市計画法や建築基準法，大規模店舗立地法など，都市計画関連の従来の法律の目的におしなべて「景観の保全，改善又は創造」を加えるべきである。現実にドイツ，フランス，イタリアなど欧州大陸の諸国は景観の保全を国法レベルでうたっているのである。欧州では，行政の裁量を大幅に認めるイギリスの都市計画制度のみがこうした規定を持っていない。アメリカでも国家環境政策法（1969年）では，国は「すべてのアメリカ国民に安全で健康的，生産的並びに美的に及び文化的に心地よい環境を保障する」[14]と明記しているのである。

近年，河川法や海岸法，港湾法が改正され，法の目的もしくはそれと関連した配慮事項のうちに環境保全が加えられたことによって，新しい環境保全施策の展開が可能となったことは記憶に新しい。

総合的な環境指標としての都市景観の重要性はさらに高まっていく

良好な都市景観は単に美的に好ましいだけでなく，土地に実際の経済的な付加価値を与えるということを学問的にも実証していかなければならない。都市景観は今後，総合的な環境指標としてその重要性をますます高めていくだろう。市民にとってまさしく「一目瞭然」であるので，広範な市民参加の契機としても，都市景観は今後さらに重要視されていくことは疑いがない。

願わくば，公法的には合法ではあるが，民事裁判では別の判断が出るといった過渡期の状況はなるべく早く乗り越えられることを望みたい。公法のルールをせめて一般市民の健全な常識を満足させる程度にまで深化，詳細化する必要がある。課題は多いが，進むべき方向は見えてきている。これが今日の都市景観行政を巡る状況である。

注
(1) 例えば，「特集 国立から景観問題を考える」『地域開発』第464号（2003.5），淡路剛久「景観権の生成と国立・大学通り訴訟判決」，『ジュリスト』第1240号，2003年3月1日，68-78頁など。
(2) 淡路剛久「環境民事訴訟の展開」，『法学教室』第269号（2003.2），33頁。
(3) ただしこの地裁決定は，のちに高裁によってくつがえされ，建築差止めの仮処分は却下された。
(4) 国土交通省『景観に関する規制誘導のあり方に関する調査報告書』2001年，3頁。

(5) 同上，10頁。市町村条例についての調査結果である。都道府県条例では計画の枠組みとしての規定が優先し，次いで補助・助成の規定，最後に単体や組織の指定・認定に関する規定となっている（同，15頁）。
(6) 同上，10頁。
(7) これらの地区指定等の詳細は西村幸夫＋町並み研究会編著『日本の風景計画-都市の景観コントロール：到達点と将来展望』学芸出版社，2003年に紹介されている。
(8) 小林重敬編著『条例による総合的まちづくり』学芸出版社，2002年に詳しい。もちろんこうした傾向は景観行政に限らず，土地利用調整等のまちづくり全般に及んでいる。
(9) 五十嵐敬喜他『美の条例—いきづく町をつくる』学芸出版社，1996年に詳しい。
(10) 例えば，成田頼明編著『都市づくり条例の諸問題』第一法規出版，1992年，阿部泰隆『行政の法システム（下）』有斐閣，1992年，北村喜宣『自治体環境行政法』良書普及会，1997年などを参照。
(11) 森川誠「国立景観裁判について」『地域開発』第464号，2003年5月，6-7頁。森川氏は（社）不動産協会主任調査役として，マンション業界を代弁する立場でこの論考を執筆している。
(12) 例えば，偕楽園に隣接した良好な住宅地に15mの高さ制限を課した常磐元山地区地区計画（水戸市，1996年），青山通りから明治神宮に至るケヤキ並木の沿道に30mの高さ規制を課した表参道地区地区計画（渋谷区，2002年）など。
(13) 日本経済新聞2003年3月5日朝刊（首都圏版）。
(14) 42 USC s.4321

（2003年7月）

景観緑三法制定の意義

　景観法をはじめとするいわゆる景観緑三法が2004年6月11日に参議院にて可決，成立した。本稿では，これらの新しい法律の意義を，三法の成立が意味するものに立ち戻って考えてみたい。そして，これからこれらの法律をどのように活かしていくべきなのかを論じる。

美しさの追究
　景観法の目玉はなんといっても景観地区の導入であるが，これは従来の美観地区を発展的に解消したものであるともいえる。美観地区という，その名からも強い思い入れが感じられる地区制度がどのようにして作られてきたかを思うとき，景観地区は美しい街路景観を創り出そうという百年来の思いの実現のための仕組みとして新しく登場してきたといえるのである。
　美観地区制度は，現在の建築基準法の前身である市街地建築物法によって1919年に導入された地区制度である。同年に都市計画法も初めて立法化されたので，1919年は新しい都市計画行政の出発の年であった。このとき生まれた地区制度は，都市計画法による用途地域である住居・商業・工業の3地域と風致地区，風紀地区（これは結局指定されなかった），そして市街地建築物法に根拠を持つ美観地区，高度地区，防火地区の5地区だった。
　市街地建築物法以前にも建築法規作成の試みは行われている。このうち，最も包括的な法案を作成したものとして，6年余の検討を経て，1913年に建築学会が成案をものした東京市建築條例案がある。これは1906年，当時の東京市長であった尾崎行雄が建築学会へ委嘱したもので，同年11月5日付けの尾崎市長から辰野金吾建築学会長への依頼文が残されている。これには「建築條例起稿ニ付イテノ尾崎市長ノ希望」という文書が添付され，まず制定すべき項目を検討したのち，細目について制定して欲しい旨の要望が書かれている。
　それは次のように書かれていた。
　「建築ノ美観

写真1-11　大正初年，建築條例案起草委員会が議論していた頃の丸の内一丁倫敦周辺，仲通りの風景。三菱12，13号館が見える。(出典：三菱地所設計資料)

　　建築ノ衛生
　　建築ノ経済
　　建築ノ防火
　　建築ノ耐震」。

　注目すべきなのは，列挙された細目の項目の筆頭に「建築ノ美観」がうたわれている点である。つまり，日本における最初の建築條例案の出発点の筆頭に「建築ノ美観」があったのだ。

　建築学会内に設置された建築條例案起稿委員会の委員長は，丸の内一丁倫敦(ロンドン)の設計者，曾根達蔵であった。曾根の夢も一丁倫敦のような街路美の実現であった。條例案の検討の中で一貫して「道路ノ美観及衛生」という章が置かれていた。この章は最終案では「街上ノ体裁」という名称で残され，総説にあたる第1編に続く第2編「道路ニ面スル建物」の章の一つとされていた。

　市街地建築物法において実現した「美観地区」は，まさしくこの「街上ノ体裁」を整えるための地区制度だった。市街地建築物法がまっさきに設定した地区制度がこの美観地区であったというところにも，尾崎行雄市長が望んだ「建築ノ美観」を実現しようという心意気が伝わってくる。長丁場の法律論議を経由してなお生き残ってきたのである。

　そして今回の景観地区への美観地区制度の発展的解消である。おおよそ百年前の尾崎行雄東京市長の希望と建築條例案起稿委員会の曾根達蔵委員長の建築家としての夢とが，新しいかたちで命を与えられたのである。これこそ景観法の歴史的な意義である。

都市環境の質のコントロール

　制度としての景観法の最大の眼目は，景観地区における認定制度の創設であろう。都市の美観を追究するという百年来の夢も，具体的な手法を欠いている限りは単なる夢想にしかすぎない。これまで各地で制定されてきた景観条例は，理想は高いものの，具体的な規制手法の面では，事前協議のプロセスだけが建築物の確認申請の手続きと連動しているのみで，建築確認の対象法令となっているわけではなかった。

　それが今回，景観地区においては，建築物の高さの最高限度や壁面線の位置，建築物の敷地面積の最低限度などに関しては建築確認の対象となるほか，建築物の形態意匠の制限に関しては，確認申請とは別に建築物の計画に関して市町村長から認定を受けなければならないという新しい仕組みを導入している。

　景観地区の制度がどの程度普及するかはこれからの問題であるが，その量的な拡大の議論の前に，認定という制度が建築確認とは別の仕組みとして導入されたこと，そして建築確認と認定証の交付とが揃って初めて建築を開始できるという法的な取り決めが，少なくとも景観地区という特定の地区に関しては行えるようになったことの意義は決して過小評価すべきではない。これは，日本の建築行政において，前例のない建築許可制度に道を拓くものとして重要である。

　本来，建築物というものは「建築物の敷地，構造，設備及び用途に関する最低の基準」（建築基準法第1条）を満たせばどこでも建築が認められるというものではないはずである。建築物は，それが建つ場所に調和したものであるべきだ。場所柄をわきまえない建築物は，たとえ建築物に関する最低限の基準を満たしていたとしても許されるべきではない。

　つまり建築物単体としての安全基準と建築物群の調和の基準とは，本来まったく別に組み立てられるべきものなのである。もちろん調和の度合いは，地域によっても異なる。人々の思い入れも地域によって違っているだろう。建築の「基準」といった画一的な規制はなじまないとすると，建築物の質と周辺との調和を評価する新しい定規が必要となる。それが今回，認定制度として案出されたのである。

　景観法によると，景観地区において認定証が交付されない建築物は建築工事に取りかかることができないとされている。たとえ建築確認が下りているとしても，工事に着手できないのである。この規定に違反した場合，工事の停止や違反是正措置を命ずることができるだけでなく，違反建築物の設計者，工事管理者，工事の請負人，さらには当該建築物の取引をした宅地建物取引業者まで，業務の停止処分等の措置を講じることができると

規定されている。従来の建築基準法違反の建築物に対するのと同等の取り扱いである。これが実際に履行されるならば，景観地区の建築物の質の維持に大きな力を発揮することになるだろう。

　こうした決意もさることながら，意義深いのは，少なくとも景観地区においては，建築物のコントロールにあたって建築基準法による建築確認だけを最後の砦とするのではなく，これと並行して建築物の質のコントロールを行う認定制度を導入したことそのものである。ここにおいて，国法レベルで初めて，建築確認と認定というダブルトラックの建築許可制度が生まれたのである。

　建築物の質のコントロールは，当然ながら，周辺環境や周りに建つほかの建築物の規模や水準に依存することになる。つまり，それぞれの地域ごとの固有の基準が必要とされる。個別単体の数値基準では測れないとするならば，全国一律的な建築確認によるシステムは動かないことになる。従来，建築確認を最後の砦として，様々な規則を確認対象法令とすることによって建築物に関わるルールの遵守を求めてきた建築行政のあり方に，別の路線が挿入されたのである。

　もともと，建築物がある特定の場所に建てられる場合，建築物単体としての安全性を満たす最低基準の他に，周辺環境との調和条項を満たす必要があるというのは，欧米先進国の建築許可制度の基本である。例えば，フランスでは，都市計画の一般的規則である都市計画全国規則RNUにおい

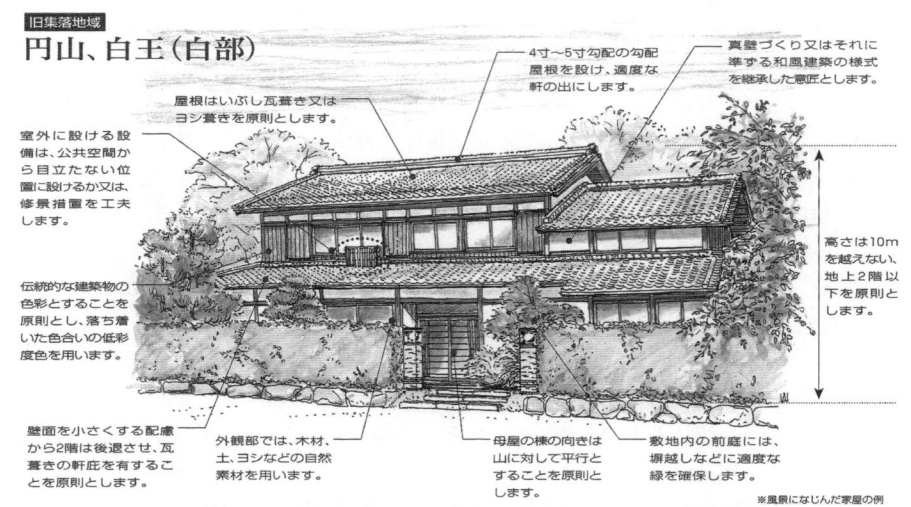

図1-6　滋賀県近江八幡市が制定した日本初の法定景観計画である「水郷風景計画」によって定められた「風景形成基準」の例（出典：近江八幡市パンフレット）

て，都市計画の目的の一つに「自然及び景観の保護」が明記されており（法典L110条），「建築物の立地，建築意匠，規模又は外観が，近隣地の特性又は利益，景勝地，自然又は都市の景観，並びにモニュメンタルな眺望の保全」を損なう恐れのあるときには建築を許可しないか建築許可に条件を付与することが認められている（法典R111-21条）。ドイツにおいても，連邦建設法典34条には，「建築利用の方法・規模，建築手法，土地面積が近隣にうまく調和するか否か」が建築許可の基準としてあげられている。慣習法の国イギリスには明文的な規定はないが，アメニティに有害であることが計画申請を不許可にする一般的な理由の一つとなっていることはよく知られている。

日本においてもようやく，こうした周辺環境と調和した建築物を推奨していくシステムが，景観法による景観地区において導入されることになったのである。景観地区は景観上相当な特色を有している地区が指定されると考えられるので，上に述べたようなダブルトラックが一般的な建築ルールとして確立したわけではない。これからも並行するトラックの充実が望まれるが，なんといっても今までにない新しいトラックが生まれたことは事実である。都市環境の質のコントロールは建築確認制度とは別のところに確立されなければならないと筆者は考えているが，その第一歩が踏み出されたことは意義深い。

地方分権型の計画

景観法の目的として最も重要なことは，地方公共団体が制定してきた景観条例に法的な根拠を与えるということである。同時に行われた屋外広告物法の改正においても，都道府県から基礎自治体に広告物規制の権限のいくつかを委譲することは主要な目的の一つであった。

良好な景観形成・保全に熱心な自治体を支援するための法的なツールを整備することが景観法の目的であるといえる。

従来の都市計画は，用途地域制度や容積率・建蔽率の規制に象徴されるように，国が制度の大枠を決めるのみならず，詳細なメニューまで用意し，地方はそのなかから地域の実情を考慮して特定の数値基準などを選択するという仕組みをとってきた。

近年，特別用途地区のメニュー撤廃に見られるように，土地利用規制の中身まで地方に委ねる例が現れてきたが，今回の景観法はこれをさらに進めて，景観規制の方法や規制手法まで含めて，大枠のあり方自体を景観行政団体に預けたという点で画期的だといえる。

もちろん，景観法は法定の景観計画や都市計画として定められる景観地

区の制度，法に基づく景観協定や景観整備機構の位置づけなど，法律として明文規定を定めることによって，良好な景観形成に向けた具体的なツールを持った推進法としての性格を明確にしており，その意味ではツールのメニューを用意しているといえないことはない。しかし，規制の内容や規制の方法などそれ以上の制度設計は地方公共団体に任されているのである。

明らかに，その背景には各地で500を超える自主条例としての景観条例の積み重ねがある。憲法で保障された財産権を犯さないように，毅然とした厳罰主義で個別の開発規制にあたることが困難であるという制約のなか，それぞれの自治体が工夫を凝らして，事前協議のプロセスの中で事業者に協力を要請する細かな仕組みを作り上げてきたのである。こうした工夫に今回直接的な法的根拠が与えられた。地域が主導する都市計画の一つのあり方がここで示された。

ただし，景観条例を制定している地方公共団体は現在でも全体の15%弱でしかない，まだまだ少数派である。景観条例は持っていても，先進都市の条例の単純なコピーである場合も少なくない。運用実績を精査すると，行政トップや担当者の熱意に大きく左右されているという傾向も見受けられる。地方分権型の計画とはいっても，まだまだ地方の足腰は弱いのだ。

こうした事態を前向きに捉えると，実効性のある委任条例としての景観条例の施行を危ぶむというより，景観法を契機に，地方分権の計画立案と規制内容の掘り下げとそこへ向けた合意形成を各地の自治体がお互いに知恵を競い合っていく，またとない機会が与えられたとも考えられる。

景観の問題は，一般市民にもわかりやすく，関心も高いので，市民からの提案制度や計画立案プロセスにおける市民参画を工夫することによって，大きな世論の盛り上がりが期待できる。都市計画における合意形成の新しい実験場が与えられたともいえるのである。

さらにいうと，市民の側にとっても，これまで以上に計画規制の枠組みや内容にまで踏み込んで参画ができる可能性が拡がった。市民活動団体は景観整備機構の制度をうまく利用することができる。公益的な活動を組織化していくことが活動に目標を与えることにつながるようになる。景観法を契機に，市民活動は新しいステージにワンランク上昇することも可能だといえるだろう。これは地方分権から自治体内分権へ進む道でもある。

緑地保全と緑化推進の計画統合

景観緑三法のもう一つの意義は，緑地の政策に関して，緑地保全と緑化

推進の施策との統合が一歩進んだことである。

　これまでも緑地の確保に関する施策は，既存の緑の保全，民有地・公共空間の緑化の推進，都市公園等の整備など，各方面にわたって行われてきたが，反面，施策がそれぞれの部局ごとに実施され，統合的な政策運営が行われてきたとは言い難い面もなくはなかった。緑に関してより統合的な政策運営を実施すべきであるという提言は，これまでにも幾度かなされてきた。近年では例えば，社会資本整備審議会の答申「都市再生ビジョン」（平成15年12月24日）においても，都市再生への10のアクションプランの一つとして「良好な景観と豊かな緑の形成に関する総合的な政策を確立する」ことが強調されている。

　こうした流れを受けて，今回の法改正では，従来の都市緑地保全法がその名も「都市緑地法」へと衣替えし，急激なスプロールに対処するために緊急避難的に創設された従来の緑地保全地区に代表されるような，凍結的で厳格な都市緑地の保存施策のみならず，幅広い都市緑地の保全と形成に

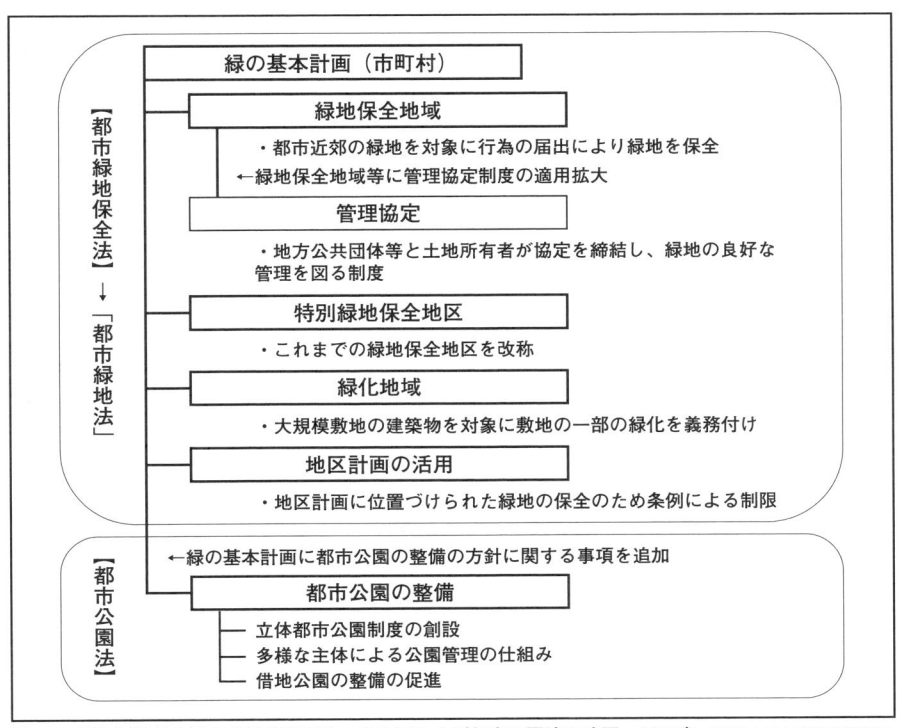

図1-7　都市緑地保全法から都市緑地法への改正および都市公園法の改正，2004年（出典：国土交通省資料に一部加筆）

関わるより間口の広い法律制度として改正されたのである。

具体的には，届出制によってより広範な緑地を保全するための緑地保全地域の創設（これに伴い現行の緑地保全地区は特別緑地保全地区に改称），緑化率という概念を導入して大規模敷地の一部の緑化を推進する緑化地域を設けることが決まった。これらの地域制度は都市計画における地域地区制の一つとして定められることになる。

また，法定の地区計画において，建築物の緑化率規制および樹林地等の保全のために一定行為の許可制が導入されることになったほか，立体公園の制度を導入し，新たな公園の設置を可能とすることによって，緑化のさらなる推進を図ることとしている。

法定の緑の基本計画（緑地の保全及び緑化の推進に関する基本計画）においても，緑化地域指定施策や公園施策との緊密な連携が一層求められることになり，緑を守ることと緑を創り出すこととが一体化することによって，緑に関するより戦略的な施策の実施が可能となるだろう。

相続税の適正評価

景観緑三法の法文には現れてはこないものの，非常に重要な一歩が踏み出された点がある。景観法によって景観重要建造物や景観重要樹木の指定が可能となったほか，都市計画法の改正によって，地区計画の法定計画事項の中に，現存する樹林地や草地等の保全に関する事項が追加されたことは先述したが，これに加えて，緑地保全地域内で管理協定が締結されている土地についても，これらの対象となる土地・建物について，相続税の適正評価が実施され，相続税が20〜30％減じられるということが予定されているのである。つまり，景観上重要な建造物や樹木，都市生活上重要な斜面林や里山などの相続税の優遇措置が実現することになるのだ。

もちろん今後，税務当局による具体的な通達を待たなければならないが，実現すると，相続が発生するたびに宅地が更地にされ，あるいは樹林地が宅地造成されて売りに出されてしまうというこれまで繰り返されてきた悲劇が幾分かは押しとどめられることになるだろう。相続税の適正評価を国土美を守るためのインセンティブとして機能させるという発想は，これまでにない画期的なことである。

国民に対して公正な納税義務を課し，所得を捕捉する最終的かつ有効な手段として相続税があるという税制の基本に立ち戻ると，相続税と国土美とはなんの関係もないように見える。

しかし，一見中立である相続税の仕組みが，結果として税納付のための相続資産の売却とそれによる景観破壊をもたらしているとすると，相続税

のあり方そのものが国土の荒廃を進める一つの要因となっているという面も否定できない。

　ちょうど，緩い容積率の設定が資産運用の幅を拡げるだけで誰にも損失を与えていないように見えるけれども，実際は容積率を使い切っていない低層建築物に対する開発圧力として働き，低層であることが多い歴史的建造物の建替え要因としても機能しているのと同じである。

　本来の公正中立ということは，縦割りの制度の枠内の中立性を考えるだけでなく，広くこの国にとって何をなすことが公正なのかと問うところから始めなければならない。制度の手直しによって不当に利益を得たり損害を被るものがあるとしたら，より広い手だてを用いることによって是正のための措置をとらなければならない。

　例えば，今回の相続税の適正評価においても，指定された景観重要建造物や地区計画内の保全緑地の現状変更には厳しい規制がかかることになる。こうした規制を課すことによって所有者に応分の負担を求めることと，相続税の評価減とはバランスさせることが可能なはずである。そしてそうした判断が今回なされようとしている。

　こうした視点はさらに深い意義を有しているといえる。相続税に限らず，一見公正であるように見える制度が別の視点から見ると問題を孕んでいるような場合，どのような制度改変がこの国にとって有益なのか，というより高い次元で判断を行うことによって，柔軟な解法が得られるはずであるという点である。

　ものごとを根本にまで立ち戻って，規制改革の姿勢を貫徹するならば，解決策が見出されないはずはない。そして，景観の問題は，この国が目指すべき柱は何なのか，その一つに美しい国づくりがあるのではないか，ということに立ち戻って内省する契機となる。縦割りの縄張り意識を超えた制度改革を断行するとなると，ものごとの基本に戻ることが必要である。景観はその基本の一つとなり得るのである。

景観緑三法をどのように活かしていくか——これからの課題

　ただし，景観緑三法の制定によって，今日の日本の景観や緑がただちに目に見えて改善されるわけではないないことも事実である。景観緑三法はよりよい景観をこの国に取り戻すための第一歩でしかない。しかし，第一歩が踏み出されない限り，第二歩以後の歩みがあり得ないのもまた事実である。

　景観法をはじめとするこれらの立法をどのように活かしていくべきなのか，現時点で残された課題は何かについて，最後に考えてみたい。

第一に、景観法にいう景観地区が実際に使われていくのかどうか、見守る必要がある。特に、裁量にかかる部分を含んだ認定行為がうまく機能するように、各景観行政団体の工夫が必要になってくる。さもないと一律的な「望ましい」景観に向けた指標の標準化が進行しかねない。これは基準行政による全国的な景観の画一化がこれ以上進行するのを防ぎ、地域固有の風景を取り戻そうという近年の動きに反することになる。

　景観の「質」に関わるコントロールを実施するための工夫は、おそらく、意志決定プロセスの透明化、民主化の仕掛けにかかっている。情報の公表による重要案件の公開審査が要請されるだろう。地域の創意工夫が新しい知恵を共有することに寄与し、日本の景観施策が深化していくという、まさに、地域発の施策開発の実験が求められているのだ。ボールは地方公共団体側に投げられた。どのように投げ返すのかは、地域それぞれの実地の施策によって示していかなければならない。

　第二に、景観計画や新しい緑の基本計画によって提起される計画論が、従来の都市計画マスタープランなどの基本計画とどのような関係を有し、整合性を取りつつも、建蔽地と非建蔽地との「対」の計画として、新しい都市像を描くことができるのか、という問いかけがある。とりわけ、単なる土地利用の調整計画に止まることなく、関連事業のデザイン調整や対象地の管理運営まで含めた動的な実効ある計画を立てることができるのかが問われることになる。

　さらにいうと、こうした基本計画が、絵に描いた餅に終わるのではなく、現実味を帯びるためには、一定の事業によるフォローアップが必要である。各種の交付金や補助金の使途を基本計画と結びつけて、有機的かつ機動的に景観整備の実をあげるような工夫が各自治体に求められることになろう。

　また、基本計画の立案段階で、広範な市民参加がなされる必要がある。景観問題は一般市民にも関心が高いうえ、誰でも意見が言いやすい雰囲気がある。あまり計画手続きや他の計画との整合性にばかり気を取られるのではなく、生活の実感や生活像が先導するような計画の立て方を工夫できないだろうか。

　マスタープランがないと計画が始まらないというのではなく、望ましい生活像を描くことからまちづくりが始まるような、そうしたソフトな夢が都市風景づくりには欲しい。

　第三に、都市再生特別措置法に代表されるような緩和型・事業推進型の都市計画と景観緑三法がねらっているような規制型・計画調和型の都市計画とがしっくりと接合されるのかという問いがある。

片方で巨大プロジェクトをあおっておいて，もう一方で周辺環境に調和したような計画立案を求めるというのはあまりにマッチポンプ的である。地区を限った特定の事業推進型の都市計画であっても，できてくる景観は都市風景の一部なのであり，風景づくりに関わっていることは変わりないはずである。景観法は特定の事業にもあまねく適用される性格のものであり，したがって，特定事業の許認可にあたっては，景観法を根拠とした景観条例の適用を受けるべきである。

　ここのところの運用がスムースに行われるかどうかに注目する必要があるだろう。これはひとことで言うと，都市づくりの大きな構想をいかに風景の観点からチェックできるかということでもある。風景の視点で無駄な公共事業をストップすることも可能になるかもしれない。

　確かに景観法の実現は遅すぎたといえるかもしれない。しかし，何事にも処置できないほどの手遅れというものはありえない。ここが私たちの出発点であると思えるのであるなら，私たちの将来もそれなりに明るくなるのではないか。景観緑三法の成立が意義深いものとなり得るかどうかは，私たちのこれからの努力にかかっているといえるのだ。

参考文献
(1) 鈴木伸治『東京都心部における景観概念の変遷と景観施策の展開に関する研究―東京美観地区を中心として』(東京大学学位論文)，1999年。
(2) 西村幸夫＋町並み研究会『日本の風景計画―都市の景観コントロール 到達点と将来展望』学芸出版社，2003年。

（2004年7月）

景観法をまちづくりに活かすために

「景観法」とそのユニークさ

　景観法という魅力的な名前の法律が成立したのが2004年6月，そして2005年6月から全面施行されている。世論も概ね景観法に好意的で，新聞の社説などでも景観整備への熱い期待を読み取ることができる。景観を直接，法律の名称に掲げた立法はわが国初であり，その意味では新しい法域を開くチャレンジあふれる立法だということができる。

　ただし，都市を中心とした景観の保全や整備がこれまで法律上まったく意識されてこなかったわけではない。例えば，都市計画法は1919年の当初時から，「風致地区」という地区制を導入しており，府県の条例によって風致地区の規制内容を定めるという図式も景観法の趣旨とよく似ている。平行して「美観地区」が，現在の建築基準法の前身である市街地建築物法（1919年）において定められ，大正時代にはすでに，建築群を中心とした「美観」を守るための地区指定が可能となっていたのである。

　しかし，「美観地区」にしても「風致地区」にしても，通常の用途地域に付加的にかかる規制であり，その意味で都市計画法や市街地建築物法の目的からするとやや特殊な地区制であるという側面は否めなかった。

　実際，「美観地区」は戦前に指定されたのは皇居周辺と大阪都心部周辺のみであり，戦後はそれらも有名無実化した。

　「風致地区」は，言葉の本来の意味からいう「風致」と比較するとずいぶん狭く解釈され，主として都市周辺部の緑地保全のために用いられてきた。とりわけ1969年に「風致地区」に関する政令[1]が定められ，建蔽率や，最高高さ，建築物の外壁の後退距離等の標準値が示されると，本来都道府県によって工夫できたはずの規制内容が，この政令に拘束されることになってしまい，景観の基本である形態意匠に関しては言及できないと解釈されるのが一般的になっていった。京都市のように独自の規制を今日まで続けている自治体もなくはないが，例外的存在にとどまっているといわざるを得ない。

　こうした現状の中で登場した景観法は，良好な景観を保全し創造することの意義を明確にうたい，景観規制を実施することを正面から支持してい

る点でこれまでの制度とは大きく異なっている。

　景観法は，その目的からして，景観の「質」の問題に向き合わざるを得ない。そして，景観の質は必ずしも数値基準では図ることができない性格のものである。また，景観の質は，当然，都市ごとにまた地区ごとに異なっている。それらの底上げを企図しているからには，きめ細かな規制誘導の措置が講じられる必要がある。こうした措置は，従来，国法では実施が困難な性格のものであると考えられていたものである。国法は，その性格上，ナショナル・ミニマムを保障することに適しているのであり，ナショナルミニマムを超える部分に関して，地域の実情に合わせて「質」の向上を目指すものに対しては不向きだと考えられてきたからである。

　地域の実情を一番良く知っているのは，当然ながら，基礎自治体である。したがって，景観法は，構造として，基礎的自治体の努力に国が法的に根拠を与え，応援するという構造を取っている。このことは逆に言うと，景観法は努力する気のない自治体とは無縁であることも可能な法律であるということである。こうした仕組みは国法のあり方としてはかなりユニークであろう。景観法は，地方分権時代の法的枠組みを先取りした立法であるということができる。まさしく地方分権時代の申し子として景観法は産まれたのである。

　また同時に，地方自治体としても，景観規制を行政の思うままに実施できるという体制でもないことは明らかである。公共施設の質的改善と民間の建造物の質的改善とではアプローチの方法がまったく異なるが，地域景観のもととなる住宅やオフィス建築などの個々の建造物のコントロールは，居住者や地域関係者の理解を得ない限り実施が不可能である。地域の合意形成というボトムアップのプロセスを経ない限り，民間に対するあらゆる規制ができないのだ。

　こうしたボトムアップの運動をまちづくりと表現することができる。つまり，景観法はその構造上，まちづくりを要請することになる。これはまったくユニークな構造であるというしかない。つまり，国法として全国にあまねくかかることになる法律が，ボトムアップの過程としてのまちづくりを求めているのである。

まちづくりと都市計画はどう違うか

　ところで，ここでいう「まちづくり」は行政用語としての都市計画とはどこが異なっているといえるのだろうか。都市計画にしても住民の合意のものでしか実施できないことは変わりがないはずであり，多くの自治体において「まちづくり課」といったセクションが設けられているではない

か，という声が聞こえてきそうである。事実，国土交通省の中にも「まちづくり推進課」が置かれており，これはかつての都市政策課が衣替えしたものである。

確かに行政側は近年，まちづくりというソフトなアプローチの重要性を認識し，まちづくりへの傾斜を深めてきている。しかし，両者は基本的な姿勢において対極にあるということもまた事実なのである。

では，どこが違うのか。

いかに合意形成が重要だとしても，都市計画の枠組みは法による統治，すなわち法治である。法の下に万人は平等であるから，法の下にある行政施策も公平・平等でなければならない。公平・平等であるためには法の適用は画一的にならざるを得ず，前例にないものは受け入れがたいということになる。法はまた，性悪説に立って，何とか抜け道を捜そうとする輩を阻止することに意識が集中せざるを得ない。

法規制の実施にあたっては，専門部署によるタテワリの行政組織に頼らざるを得ないが，それぞれの部署は独立した専門家チームとして有効に機能していくということになる。また，担当者が代わっても判断がぶれないようにするために規制値は可能な限り数値化されることが望ましく，その数値は申請者側からはクリアすべきぎりぎりの基準と見なされることになる。法規制を遵守するということは必要な最低基準を満たすことを意味するが，その最低基準が最高基準（それ以上の性能は求められていないため，基準値がクリアすべき最高値になってしまう）を意味することになってしまう。それ以上の努力は要求されていないのである。法の目的はしたがって，シビル・ミニマムの確保ということになる。

一方で，「まちづくり」が目指している世界はまったく異なった様相を示している。

まちづくりは基本的に住民間の合意が基礎となっているので，法ではなく合意による統治が目指されることになる。法治に対して，民治ということができようか。基本となるのはそこに実際に住んでいる人々なので，タテワリとは対極にある。生活全般がすべて関心の対象になるのであるから，すべての行政サービスやルールが一体となって意識されることになる。タテワリに対して，ヨコツナギとでもいえる態勢なのである。そしてそれを実践するのは専門家ではなく，住民なのであり，プロフェッショナリズムよりもアマチュアリズムの方が説得力がある。

合意，すなわちステークホルダー間の共通の諒解を達成することがまちづくりの目標なのであるから，そこでの意志決定のプロセスが重要になる。透明かつ柔軟で創意工夫に富んだ合意形成のための努力が大多数の賛

意を勝ち得る鍵となる。数値化された最低基準も重要ではあるが，それを実行することによって達成できる目標のイメージの方がより重要である。目標が意図するまちの質的向上のあり方が，人々をして共通の目標へ向かわしめるのである。

そこで前提とされるのは合意を認め合える良識人としての地域住民であるから，性善説が前提となる。ルールはケースによっては裁量の幅を認めることになるだろう。裁量を働かせる場面では，万人が納得できる透明なプロセスが重要なのである。そうした場面では，数値基準よりも性能基準が重視されることになる。

まちづくりの実践が前提とするのは，「土だんご」のようにネットワークを次第に広げていく地域コミュニティやテーマ型のコミュニティであり，個々ばらばらの個人ではない。これに対して，都市計画が想定する住民参加における住民とは，基本的に平等の権利を有する独立した「砂つぶ」のような個々人である。まちづくりでは個々人が次第に組織化していくことを前提としているのに対して，都市計画では組織化した団体が対象となることはあるとしても，あくまでも前提は法の下に平等な個々人なのであり，こうした個々人を糾合する契機が法制度のうちに仕組まれているわけではない。

このように，まちづくりと都市計画は依って立つ社会へのアプローチ自体が対照的なのである[2]。

景観法はまちづくりを前提としている

ところが景観法は，従来の都市計画行政では想定していないほどにまちづくりに肩入れした法律となっている。

景観法では，景観行政団体（基礎自治体がこれにあたるべきものとして想定されている）が独自に定める条例に根拠を与えるものとして，各種の規制ツールが用意されているのみならず，各自治体が自主的に定めるローカル・ルールの部分とも併せて活用できるように配慮されている。

形態意匠に関する裁量が十分に機能するためには，事前協議における透明な討議プロセスを織り込むことや景観計画自体にボトムアップの声を反映させることが欠かせない。合意がなければ，良い景観も形成されないのであるから，良好な景観に関していかに関係者間の諒解が達成されるかが重要である。その意味でも，景観法は性悪説というよりも性善説に基づいて組み立てられているといえる。

景観整備機構のように，地域住民が自らを組織化することによって制度の中でより大きな役割を担うことができるような仕組みも備えている。

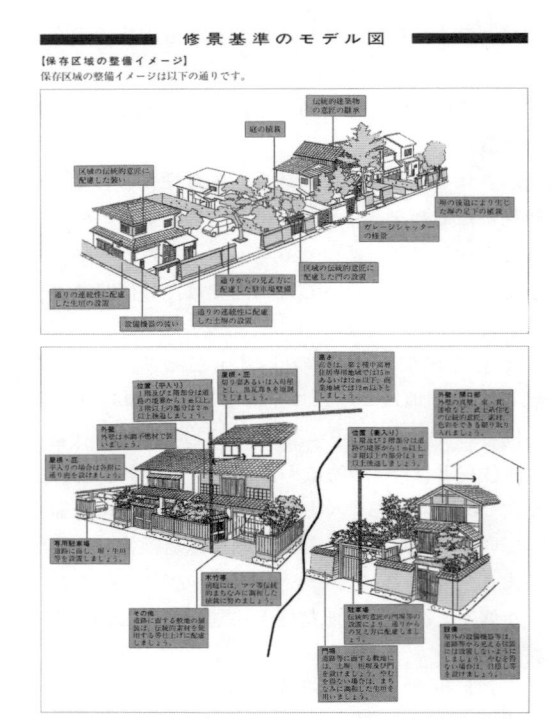

図1-8 景観に関するローカル・ルールの一例。金沢市の御歩町地域のこまちなみ保存の整備イメージ（出典：金沢パンフレット）

　つまり，景観法はまちづくりの思想を前提として組み立てられているのである。

　しかし，ことはそう簡単ではない。法治vs民治という枠組みの中で見るならば，景観法は民治のシステムに期待しつつも，それ自体が法治の制度であるという矛盾を抱えている。景観に関して地域住民の意識が自ら律することができるほどに成熟しているかというと，疑問だといわざるを得ない。

　これまで景観を自らのものとして意識できるような都市計画制度を持たなかった日本では，良好な景観を保ち，創っていくという点で住民の意識が醸成されるような環境にはなかった。例外的な地域で，例外的な努力によって景観問題がようやく表面化してきたというのがわが国の偽らざる現状だろう。

　しかし，都市計画からまちづくりへという大きな潮流は今後も変わらないだろう。まちを統治するというガバナンスのパラダイムが大きく変化しつつある現代において，その遷移のまっただ中に位置づけられているのが

景観法だということもできる。地方分権の申し子はまた，地方分権の産みの苦しみも背負わざるを得ないのである。

景観法をまちづくりに活かすための課題

　景観法をまちづくりを推進するための契機と見なして，今後に活かしていくという観点から，景観法の今後の実質的な運用にあたっての課題をあげる。数多くの課題が列挙できるが，そのうち最も重要なものとして以下の三つの点を指摘したい。

　第一に，「質」のコントロールを実効性のあるものとするために行政の裁量をどのようなかたちで保証できるかという点に関して，自治体それぞれの工夫が求められるという点である。

　景観に関する事前協議を密室での官民のやりとりとするのではなく，可能な限り公開し，透明な審議プロセスの中で，多くの監視の目が行き届くようにすべきである。関係組織への意見照会制度や専門家の参画などが制度として確立していく必要がある。また，景観法の中で積み残しになっている景観アセスメントのあり方を，環境アセスメントとの役割分担も含めて，明確にしなければならない。

　そのなかで，例外を認めず，硬くて画一的，そのくせ基準値が緩いという現在の都市計画の仕組みを変革し，全般的に厳しいが運用は柔軟だという新しい制度運用のあり方を確立していかなければならない。

　そこには全国一律のスタンダードは，当然ながら存在しない。地域の実情に合った工夫に満ちた制度設計が各自治体からもたらされる必要がある。地方分権下のそれぞれの自治体の知恵比べが始まるのである。

　第二に，景観問題を歴史地区や繁華街などの特別な地区だけの問題に限定することなく，地域の普遍的な課題として取り組む姿勢を保持する努力が求められる。

　そのためには小さな合意が制度の中で位置づけられ，評価されるような仕組みが必要である。ゴミの出し方や道路の清掃についての向こう三軒両隣の簡単な約束事であっても景観上の意義はある。こうした合意を力づけるような制度的な助力が必要である。電柱や見苦しい看板などの景観阻害要因に関しても，将来的に自分たちの関与が可能だという手続き上の保証があれば関心も高まるだろう。

　景観上良好な環境のところが居住地としてもビジネス上も価値が高くなるという，資産評価の仕組みを作り上げていかなければならない。そのためには，長期にわたる不動産評価のシステムを開発する必要もある。これまでの不動産の評価法は，あまりに短期の収益ばかりを重視してきたとい

える。こうした変革のためには，不動産鑑定士などの専門家の積極的関与と意識変革も必要となるだろう。

　また，景観計画を立案する際にも，機械的な概念図や景観構造図に満足することなく，具体的なまちの姿やアクションが想定できるような計画となるような工夫が欠かせないだろう。デザインや周辺との調和に目配せをして，より具体的な計画を創りたいものである。重要なスポットや通りに関しては，将来の改善イメージが出せると望ましい。地区の将来像が合意できるかが鍵になる。そのためには，当該地区に関するいくつかの将来シナリオを準備して，地域住民に投げかけるといった手だても必要となってくるだろう。

　第三に，従来の都市計画行政と景観行政をどのようなかたちで接合するかという点に関して，工夫が求められるだけでなく，従来の都市計画行政に変革を迫るという視点を忘れてはならない。先述した不動産評価の問題も，より根源的には将来の開発がいかようにも可能であるといった緩い計画規制の問題がある。

　いくら各地区の美しい将来像を合意することができたとしても，現行の都市計画規制とかけ離れていては実現が困難である。緩い容積率や画一的なその適用を放置していては，景観計画も絵に描いた餅になってしまう。長年実施されない都市計画道路の見直しや中小都市の商業地域の現状とはかけ離れた高い容積率の見直しなど，平行してやるべきことは数多い。都市計画事業の実施にあたっても，景観上のチェックが前提条件とならなければいけない。

写真1-12　愛知県犬山市の城下町の中心部，幅員平均6mの本町通りの町並み。ここに計画されていた幅員16mの都市計画道路2路線，延長合計約2kmが市民の間の長い議論の末，2005年に見直され，現況幅員のままとすることが決まった。今後，無電柱化や舗装の改良などが行われることになる。現在の景観を活かすところから出発する新しい都市計画の考え方である[3]。

景観法の狙いの一つに，建物は周囲と調和するように建てられるべきであるという当たり前の原則を打ち立てることがある。そのために，建築確認制度とは別に形態意匠に関する「認定」制度が導入された。

　「認定」制度がどの程度利用されていくかは今後の推移を見守るしかないが，本来，定められた建築物の最低の基準をクリアしていることを確認するためにある建築確認とは別に，周辺との調和を判断する建築物の質の「認定」制度が確立されることによって，ようやく建物を単体と周辺環境のダブルの視点で判断するという先進国並みのトラックが確立することになる。

　そして質の「認定」という行為は，本来的にボトムアップの世論に支えられていない限り，有効には機能しない。「認定」の仕組みを内実あるものとして育てていくためにも，まちづくりの拡がりは欠かせないのである。

注
(1) 「風致地区内における建築等の規制の基準を定める政令」（1969年12月26日，政令第317号），別添として標準条例が示された。
(2) 都市計画とまちづくりの異同に関しては，本書第3章「コモンズとしての都市」においても対比の図表を用いて触れている。
(3) 犬山市の都市再生の経緯については，犬山市都市整備部監修『よみがえれ城下町―犬山城下町再生への取り組み』風媒社，2006年に詳しい。

（2005年8月）

景観法をめぐる近年の動き

景観法制定以後を三つの視点から見る

　2004年6月11日に景観法が成立し，同18日に公布されて約1年半，2005年6月1日に全面施行されてから約8カ月が経過した時点で，これまでにどのような動きがあったかを振り返ってみたい。動きは三つに分けることができる。第一は，景観法の仕組みが要請する制度を整備していく動きである。第二に，景観法の制定を契機に整えられて来つつある景観形成のより広範な制度や計画の動きである。そして第三に，さらに広く，景観法の制定が世論に及ぼした影響や裁判の判例などに見られる動きである。

景観法下の制度の整備
(1) 景観行政団体

　国土交通省の資料によると，2006年1月15日時点で，景観行政団体の数は198地方公共団体である。このうち，法が景観行政団体としてあらかじめ定めている都道府県，政令市，中核市以外の，都道府県知事との協議・同意を得た市町村は100団体にのぼっている。この数を多いと見るか少ないと見るかは見方が分かれるところではあるが，当初の出足は遅かったものの，最近になってようやく動きが本格化し始め，着実にその数を増やしているということができよう。これまでのアンケートでも景観行政団体となる意向を示している市町村は400団体近くにのぼっており，現在，各地で景観関連の施策の準備が進められている現状を見ると，今後とも多くの景観行政団体が生まれてくるものと思われる。

　現時点で都道府県の同意を得て景観行政団体になっている市町村を概観すると，日光市や小田原市，萩市，近江八幡市，松江市など，これまでも景観行政に力を入れてきた比較的規模の大きな市が中心となっているが，これ以外にも小規模な町村として，神奈川県真鶴町，同大磯町，高知県檮原町，山梨県小菅村，岩手県平泉町などがあげられる。県別に見ると神奈川県，埼玉県，山梨県，愛媛県などが多い。これは大都市圏の住宅地の市町村に景観行政団体となる意向が強いことのほか，愛媛県のように積極的に市町村が景観行政団体となることを推奨していることにもよるといえ

る。今後，県単位でまとめて景観行政団体に同意し，告示する例が増えると思われるので，都道府県別の傾向は変動することが予想される[1]。

　また，高層マンションの計画などが引き金となって景観行政が動き出し，その過程で景観行政団体となったものも少なくない。

　一方，都道府県は一義的に景観行政団体となったが，今後の景観行政の進め方や市町村との景観行政に関する仕切りについて，いくつかの傾向を読みとることができる。

　一つの傾向は，広域自治体として県は景観法によって導入された規制手法を用いながらも，あまり積極的に前面に出るのではなく，むしろ当事者としての市町村を後押ししようとする傾向である。

　例えば，景観法に依拠した初めての県条例として，2004年12月16日に制定された岐阜県景観基本条例は，そうしたスタンスを条例の構造として，よく反映しているといえる。同条例は24条から成る比較的簡潔な条例である。県として付加的な規制をかけるのではなく，景観法第17条第1項が規定する特定届出対象行為の内容を明らかにし，県としての景観形成基本方針を定め，景観形成施策の広域的な調整を「市町村の求めに応じ」（条例第14条第2項）行うことを規定している。景観施策の主人公は市町村であることを明らかにしつつ，自主条例としての創意工夫の部分（例えば，上述した県の景観形成基本方針のほか，知事に対して議会への景観施策の年次報告を義務づけている点（第10条）など）も含んで，幅のあるものとなっている。

　岐阜県はこの条例と並行して，「景観形成ガイドプラン」と「景観形成規制・誘導マニュアル」を作成している。前者は通常作成される基本指針にあたるもので，とりたてて目新しいものではないが，後者は市町村の担当者向けに景観形成に関する施策の展開方策を示すことによって，基礎自治体の支援を行うことを目的として策定された，特色のあるマニュアルとなっている。

　もちろん，本来多様であるべき各地の景観施策に対して，県が手取り足取りのマニュアルを作成することが望ましいことであるか否かに関しては議論が残るところではあるが，マニュアルの存在が景観行政の画一化へ傾斜することがないように自戒する仕組みを取り込んで同マニュアルが利用されるならば，効果も大きいといえるだろう。

　ただし，一方では，都道府県にとっては市町村が景観行政団体になることによって，自らの施策の意義が色あせてしまうことに対する懸念がないわけではないようだ。

(2) 景観臆面・景観地区

　景観法に基づく景観計画は第1号が近江八幡市で、水郷風景計画が2005年7月29日に決定し、同9月1日に施行されている。次いで小田原市が同12月16日に公表、翌年の2月1日に第2号の景観計画を施行予定である。このほか、2006年2月上旬までに長野県、京都市、神戸市で計画が公表されている。

　近江八幡市では、以前から景観条例の制定が模索されていたため、自主条例と委任条例とが別個に策定され、両者相まって具体的な景観施策が展開されるというやや特殊な形態をとっている。自主条例として2005年3月30日に制定された近江八幡市風景づくり条例がある。これによって風景づくり協定や風景資産の推薦・登録、眺望風景の保全、風景づくり活動への支援、風景づくり委員会の設立などが定められている。一方で、近江八幡市景観法による届出行為等に関する条例（2005年6月30日）を定めて、景観法及び市風景づくり条例に基づいて策定される景観計画（近江八幡市では風景計画と呼んでいる）における必要な届出行為などを規定している。

　景観計画第1号となった水郷風景計画は、近江八幡市全域を六つの景観ゾーンに区分したうちの一つであり、今後ほかの景観ゾーンにおいても景

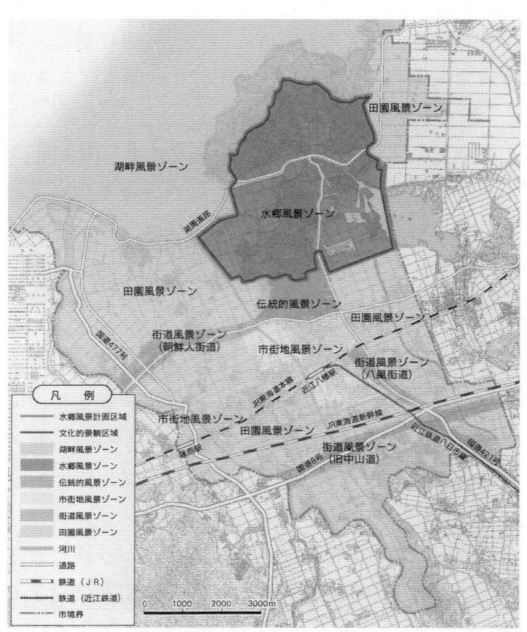

図1-9　近江八幡市内の風景ゾーン区分図。このうち水郷風景ゾーンを対象に水郷風景計画がつくられた。（出典：近江八幡市パンフレット）

観計画(市条例の用語では風景計画)が策定される予定である。景観法でいうところの景観計画区域は，旧集落地区や新住宅地，農地や水面・緑地などさらに五つの地区に分けられ，それぞれに風景形成基準(景観法第8条第2項第3号の良好な景観(市の用語では風景)の形成のための行為の制限に関する事項にあたる)が詳細に定められている。こうした細かな基準を合意するために，数多くの住民集会がもたれた。

小田原市は，従来定めていた都市景観条例(2003年制定)を，景観法の委任条例と自主条例の部分を併せ持った総合的な小田原市都市景観条例として全面改正し(2005年12月16日)，その中で景観計画を位置づけている。小田原市の景観計画は，市域全体を景観計画区域とした初の計画である。かつて都心部に，周辺と不調和な派手な色彩と欧州調のデザインを持ったマンションが建設され，紛争となった経緯があることから，景観計画では，詳細に使用可能な色相と彩度(一部は明度も)が定められている。また，景観計画区域内に景観計画重点区域(景観地区ではない)が画定されているのも特色となっている。

景観法の主たる眼目の一つである景観地区は2006年1月15日時点で，これまでの美観地区から移行した分を除いて，新たに都市計画決定されてはいない。しかし，尾道市などのように景観地区の決定を目指す自治体も現れているところから，遅からず第1号の景観地区が生まれるものと予想される。

このほか，興味深い取り組みとして，愛媛県が2005年11月に定めた

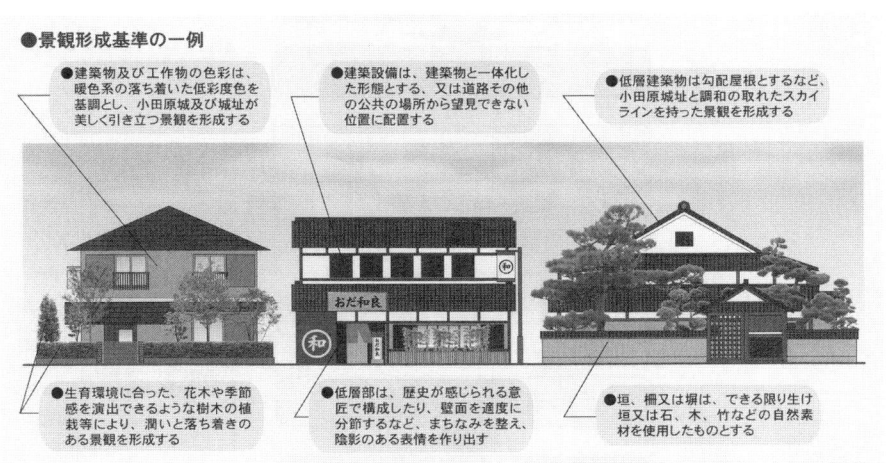

図1-10 小田原市景観計画をもとに定められている景観形成基準の適用例(出典:小田原市パンフレット)

「えひめ景観計画ガイドライン」をあげることができる。多くの県においては，事業者に対する景観配慮事項をまとめたガイドラインを作成することは一般的であるが，愛媛県が作り上げたのは，市町村をユーザーとして想定した景観計画を策定するためのガイドラインなのである。ここにも，景観行政の主人公は市町村であり，県はその支援に回るべきであるという景観法制定以来の趣旨が活かされているといえる。

(3) 景観協議会・景観整備機構

景観協議会として，近江八幡市風景づくり条例のもとに設置された同風景づくり委員会が景観法における景観協議会として機能している。また，木曽川を挟んで愛知県・岐阜県にまたがる地域に関して，犬山市と各務原市の間で景観協議会が設けられている。これは木曽川に張り出した丘の上に建つ国宝犬山城の景観を共有する地域として，さらに鵜飼いで有名な木曽川の沿岸の風景を共有する地域として，相互に景観問題および施策を連絡協議するために設けられたもので，県境を挟んで景観が形成されている多くの他の事例にも参考となる協議会の例であるといえる。

景観整備機構として第1号の京都市景観・まちづくりセンターをはじめとして，NPO法人茨城の暮らしと景観を考える会，社団法人茨城県建築士会などが続いている。2006年1月15日までに合計5法人が景観行政団体

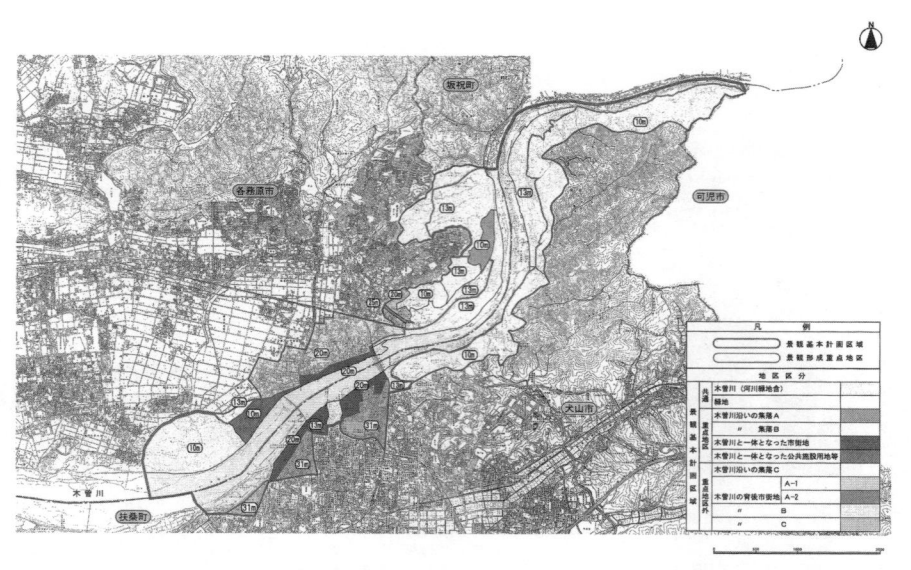

図1-11 「木曽川景観計画」（木曽川景観協議会，2006年）における区域区分と地域別の高さ指針。愛知県犬山市と岐阜県各務原市が県境をまたいで作成した景観計画。両市はまた，一体的な景観協議会を立ち上げている。

の長から景観整備機構として指定されている。

景観法を契機に整えられる仕組みの環境
(1) 行政内部の組織改変

　国土交通省では各地の良好な景観形成の取り組みを支援するため，2005年10月1日に都市・地域整備局内に新たに景観室を設置した。景観室は室長と課長補佐，係長の合計5名態勢で，景観法の施行のほか，法の運用に関する地方公共団体からの相談に応じること，景観計画等の策定にあたっての技術的助言を行うこと，景観法の理念の普及啓発等を行うことをその主たる任務としている。また，国土交通省の各地方整備局の建政部に計画・景観係が2005年4月（関東）および10月（東北，中部，近畿，中国，九州の各地方整備局）に設置された。

　2003年7月目発表された美しい国づくり政策大綱は，国土交通省がこれまでの公共事業が必ずしも国土の景観向上に役立っていなかったことを自ら認め，景観に関わる基本法制を制定することを内外に宣言した点で有名になったが，同大綱は，それ以外にも数多くの政策目標を達成年次つきで明らかにしている。その中で重要な点として，後述する景観形成に関するガイドラインの制定がある。

　一方，景観行政団体となった地方公共団体の動きを見てみると，景観を軸に据えた組織の改編が見られる。中で特筆すべきなのは，鳥取県が従来，生活環境部の中にあった景観自然課（景観づくり係）と都市計画課（計画係，土地利用係）を合体させて，2005年4月1日より新たに景観まちづくり課を設置したことだろう。これまで公共事業を計画・遂行することを中心に考えられていた都市計画を，景観とまちづくりを軸に捉え直すという大胆な発想の転換を行っているのである。公共事業費の削減が大きな政策課題になっている今日，まちづくりを景観から発想するという視点は大いに参考になる。

　もう一つ，現時点での課題をあげるとすると，景観問題が要請するヨコツナギ型の行政事務スタイルを各自治体が確立できるかという点がある。つまり，景観上影響を与えそうなある案件が行政に持ち込まれたとき，それぞれのセクションが与えられた事務をこなし，チェックを重ねながらベルトコンベアに乗ったように次々と担当部局へ送られていく（そしてその結果，それぞれの持ち分では問題がないとしても，総体としては問題があるような建築物がチェックをくぐり抜けてしまうようなことが起きかねない）タテワリ的な行政事務スタイルではなく，案件ごとに関係部局が一同に集まり，問題点を協議するようなヨコツナギ型の仕組みを取れるかどう

かということである。単にポジションを増やしていくような足し算型の行政対応だけでなく、こうした事務スタイルの改善が必要であり、ヨコツナギ型組織運営の細かな進歩こそが景観行政にはふさわしい。

(2) 景観形成ガイドライン

　美しい国づくり政策大綱の発表後、とりわけ2005年度において、国が関係する各種公共事業の実施にあたって景観形成に関する各種のガイドラインが定められてきた。それらは以下のようなものである。「官庁営繕事業における景観形成ガイドライン」（2004年5月）、「航路標準整備事業景観形成ガイドライン」（2004年3月）、「港湾景観形成ガイドライン」（2005年3月）、「住宅・建築物等整備事業に係る景観形成ガイドライン」（2005年3月）、「道路デザイン指針（仮称）」（2005年3月）、景観形成ガイドライン「都市整備に関する事業」（案）（2005年3月）[2]。このほか、現在、河川整備に関する景観形成ガイドラインが策定中である。また、細かなところでは、景観に配慮した防護柵の整備ガイドラインが策定され（2004年3月）、従来ドライバーからの視認性確保を最重要課題として白色等にとされてきた防護柵の色を景観に配慮した色彩に変えることなども国土交通省道路局から提起されている。以上の国土交通省関連のガイドラインのほか、農林水産省は「美の里づくりガイドライン」を2004年8月に定めている[3]。

　これらのガイドラインを見ると、計画立案の考え方にまで踏み込んで解説したものと推奨事例や試行事業をまとめたものとに分けることができる。とりわけ道路、都市整備、港湾、河川などでは力の入った分厚いガイドラインとなっている。例えば景観法制定のお膝元である都市・地域整備局は、都市整備に関するガイドラインの中で、事業推進にあたっての景観形成の基本的考え方を景観法の活用にまで踏み込んで述べた後、市街地再開発事業・土地区画整理事業・街路事業・都市公園事業・下水道事業という具体的な事業ごとに留意点を列挙している。さらに巻末には推奨すべき事例を詳しく紹介している[4]。

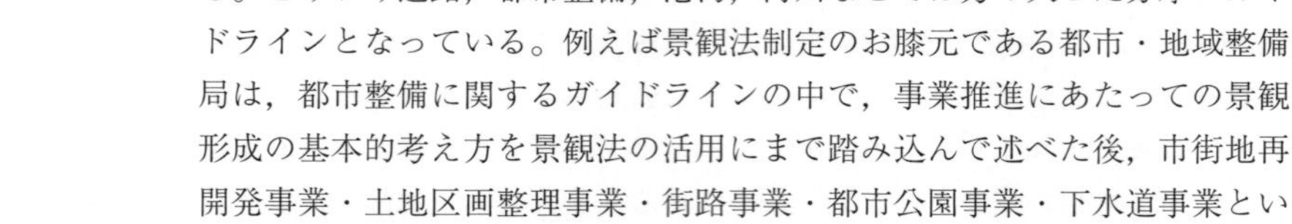

① バイパス計画前　② 機械的に考えたバイパス計画　③ 地域景観の保全・活用を図ったバイパス計画

図1-12　道路デザインのガイドラインの一例。構想、計画段階における景観上の配慮について、③のように右へ少しカーブさせて計画することによって、小川もバイパスも生きてくる。（出典：（財）道路環境研究所編著『道路のデザイン』大成出版社、2005年、p.70）

確かに計画論としてみると優れたガイドラインもあるが，計画をいちから立案するだけでなく，現場では現在の中途半端な状況やすでに景観悪化がかなり進んだ段階のものをどのように回復していくのか，さらには個々の事業だけでなく，それぞれの連携や地方公共団体との調整，民間の建設活動との調和など，管轄事業ごとのガイドラインで納まりきれない膨大な部分が，当然ながら取り残される結果となっている。

今後は都道府県，さらには主要な市町村において同様の景観形成ガイドラインが策定されていくものと思われるが，国が策定したものと同様の計画論や配慮事項，事例紹介だけでは実効性が期待できないだろう。むしろ景観をチェックする具体的なレビューのシステムが模索されなければならないのである。

(3) 景観アセスメント

景観アセスメントに関しては，2004年6月に国土交通省所轄の公共事業における景観評価の基本方針（案）が示され，これに基づいてダム建設，海岸整備，道路事業，都市公園整備，港湾整備など44の国の直轄事業に関して景観アセスが試行されている[5]。しかし具体的な作業は，土木の専門家を中心とした景観アドバイザーからの意見聴取とそれによる景観整備方針等の作成という域を出ておらず，市民参加を組み込んだ本格的な景観アセスには至っていないといわざるを得ない。

一方，環境影響評価を所轄する環境省においても，環境アセスの一環としての景観アセスをどのように今後行うのかについての検討が開始されている。

環境基本法には環境アセスの目的として，環境の自然的構成要素の良好な状態の保持（公害等の防止），生物の多様性の確保および自然環境の体系的保全（生態系の保護），人と自然との豊かな触れ合い（より人間活動に近い分野）の三つがあげられている（環境基本法第14条第1，2，3項）。景観は，三番目の，人と自然との豊かな触れ合いの分野の環境要素と位置づけられており，この規定を超えるような，例えば都市景観，日常生活の景観，歴史的な景観等に関しては法定の環境アセスでは対応できない構造となっている。こうした限界をいかに克服するかが，景観に関わる法定アセスメントが抱える課題である。

(4) 景観形成事業推進費

景観整備に関する直接的な国の補助金として2004年度から景観形成事業推進費が設けられた。2004年度，2005年度ともに200億円の予算が計上されている。三位一体の改革において国の補助金が削減され，または税源・財源が地方へ移譲されている時代に新規の国庫補助金が設けられるこ

と自体，極めて異例であるといえるが，これも景観整備にかける国の意気込みの高さを物語るものであるといえよう。

　景観形成事業推進費は，景観法の下に策定された景観計画のもとでの公共事業や景観計画区域や風致地区内で実施される良好な景観形成に関連した事業が対象である。ただし，継続実施中の事業で途中から景観上の配慮を要するために追加予算が必要となった場合に限られた緊急的な経費と規定されており，使い勝手がいい補助金とは言い難い。これは，新規予算であるならば，当然当初から景観に配慮しておくべきであり，景観形成のための追加措置をとる必要はないはずだという理屈から来ているが，やや杓子定規の解釈に思える。

　ただし，景観形成事業推進費に対する反応は大きく，2004年度は事業費総枠を大きく上回る要望が全国から寄せられている。これらの採択にあたっては景観形成に寄与する度合いを客観的に表した基準が必要であるとして，2005年3月にその判定基準を明らかにした「景観形成事業推進費の手引き（案）」が作成されている[6]。景観形成という，ともすると曖昧になりがちな政策目標の的をぶれさせないための客観化の一手法としておもしろい。むしろ，これまで補助金の採択にあたって中央省庁の権限や意向があまりにも強く，これが中央集権の弊害として批判されてきただけに，そうした欠点を補う手法を開発する試みとしては評価できるだろう。ただし，景観形成事業推進費が実質的にうまく使われているかどうかは，これから検証しなければならない課題である。

(5) 文化的景観

　景観計画の中に位置づけられることになった新しい概念に文化的景観がある。これは2004年の文化財保護法の改正によって新たに文化財の仲間入りした。文化的景観とは，「地域における人々の生活又は生業及び当該地域の風土により形成された景観地で我が国民の生活又は生業の理解のため欠くことのできないもの」（文化財保護法第2条第1項第5号）と定義されている。例えていうならば，棚田や水郷の景観のようなものを指す[7]。

　文化的景観の保存・活用に関しては2004年度より2年間にわたり，文化庁の調査事業が大山（千葉県鴨川市）の千枚田や北山杉の林業景観（京都市），宇和島の段々畑など，全国9カ所で進められている。その一つである近江八幡の水郷の景観を重要文化的景観として選定するという文化審議会の答申が，2005年11月18日に出された。これはわが国初めての重要文化的景観である。また岩手県一関市の骨寺村荘園遺跡が，世界文化遺産に登録申請予定の「平泉の文化遺産」の一部として重要文化的景観に選定される手はずとなっている。

良好な景観は「国民共通の資産」（景観法第2条第1項）であるばかりでなく，国の文化財ともなり得るという仕組みが整ったのである。今後，各地の文化的景観が景観計画の中で守るべき重要な景観として位置づけられいくことは疑いない。

　ただし，文化的景観が必ず景観計画のなかに位置づけられなければならないという現行の規定は，伝統的建造物群保存地区などでは存在しない前提条件であり，文化財サイドからするとやや過重な負担のように思える。

景観に関する世論の盛り上がりと都市計画における対応
（1）　景観市民運動全国ネットの設立

　景観法がもたらしたもう一つの大きな効用に，美しい風景や都市景観に関する世論を盛り上げることに大いに貢献してくれていることがある。国ですら景観の質に配慮するための法律を制定したのだという事実は，景観の保全や整備を進めようという草の根の運動に力を与えているのは間違いない。景観を軸としたまちづくりを唱道する書籍の出版も相次いでいる[8]。

　大都市では都心部に建つ高層マンション建設を巡る景観問題は各地で頻発しており，法廷に持ち込まれる例も後を絶たない。見苦しい屋外広告物や電柱，海岸沿いの消波ブロックの類の撤去を求めることは時とともに大きくなっている。

　2005年12月3日には，国立の景観保存運動を推進してきたメンバーが中心となって「景観市民運動全国ネット」が結成された。その宣言文の中で，今後の景観運動のあり方について次のように語られている。

　「昨年6月には，良好な景観形成には「地域住民の意向を踏まえること」を理念に盛り込んだ「景観法」が成立，本年6月に完全施行され，時代は大きく新しい方向へ舵を切りはじめました。

　しかし，開発業者の強引な開発による景観破壊は，依然として増加し住民との紛争も後を絶ちません。開発業者による破壊の手から，美しい景観，培ってきた街並み，慣れ親しんだ住環境を守るには，そこに住む住民が主体となって行動していかなければなりません。

　市民の協働によってつくられる美しい街並みは，ヨーロッパの国々の街並みの多くがそうであるように，成熟した市民社会の一つのバロメーターです。」[9]

　景観運動は事業者との個別の争いを繰り返していくことから一歩進んで，問題と情報を共有し，成熟した市民社会を造っていくことに向けて，連帯を深めつつあるのだ。

(2) 行政事件訴訟法の改正と景観裁判

2004年6月，行政事件訴訟法が42年ぶりに大改正され，翌2005年4月1日より施行されている。同法の改正によって，取消訴訟の原告適格が拡大されたのをはじめとして，義務づけ訴訟および差止訴訟が法定化され，確認訴訟が当事者訴訟の一つとして法文上に明記されたことなどによって，司法による紛争解決の手だてが大きく広がった。今後，景観行政のあり方に関しても，法廷に問題が持ち込まれる場面が増えてくると思われる。例えば違反建築物が景観や重要な眺望を阻害しているような場合には，行政は除去命令を行うべきであるといった義務づけの訴訟を行うことが可能となったのである。

景観訴訟においても，景観法制定以降は「わが国においては，景観に関する利益，環境のいずれについても，裁判規範となる立法はされていない。このことは，わが国においては，これ（景観）を司法裁判所によって維持すべきものとする国民の需要が立法を促すほどには強くないことを示すものである」（2000年12月22日，国立市マンション建築差止仮処分訴訟，東京高裁決定より）といった従来の論理は通用しなくなった。

国立市のマンション問題では，民事の建築差止訴訟の控訴審判決（2004年10月27日，東京高裁）は著しく企業寄りの判決であり，到底容認できないが，それでも「良好な景観は，わが国の国土や地域の豊かな生活環境等を形成し，国民および地域住民全体に対して多大の恩恵を与える共通の資産であり，それが現在および将来にわたって整備，保全されるべきことはいうまでもない」と述べているのである。

問題はどのように景観を整備，保全していくかであるが，そこでは公法の枠内で議論を完結させる立場と，公法が不十分な場合にはこれを民事的に補うことが必要であるという立場とで隔たりがある。景観法の全面施行からまだ1年に満たないという現状では，市民意識の面でも制度の整備の面でも，公法の手続き万能で突き進むにはあまりにも障壁が多いといわざるを得ない。もちろん，将来的には公法のうえで景観に関するローカルなルールを確立していかなければならないことは疑いのないところである。

この点，事業者が高さの限度を20mと定めた地区計画が不当であるとして国立市と市長を訴えている国家損害賠償訴訟の二審判決（2005年12月19日，東京高裁）では，高層マンションを既存不適格に至らしめた地区計画の適法性が明確に認められたことは，今後，ローカルルールを積極的に確立し，適切に適用していくべきであるという全国的な動きを後押しすることとなるだろう。

(3) 都市計画における対応

　景観保全に関する市民の要望の高まりを受けて，現行の都市計画制度を用いた保全整備策が各地で積極的に用いられるようになってきた。特に目立つのが高度地区の活用である。

　東京都の7区4市において2004年6月，絶対高さ制限を合計7,000haを超える地区で新規に都市計画決定しているのをはじめとして，首都圏では葉山町，茅ヶ崎市，平塚市，小田原市（いずれも神奈川県）などで高度地区が導入もしくは拡大されているほか，松本市，丸亀市，佐賀市，唐津市など，全国の歴史都市において規制が取り入れられつつある[10]。

　絶対高さの規制の他にも，お城やモニュメントへの眺望やその背景，およびそれらモニュメントからのビスタなどを保全するための眺望保全が全国的な関心事となってきた。例えば，東京都では，都の景観審議会がまとめた今後の景観施策に関する答申（2006年1月）の中で眺望景観の保全を明記し，首都東京を代表する建造物の眺望として守るべきものに，国会議事堂，迎賓館，明治神宮絵画館の眺望をあげている。

　また，富士山や白山の眺望点をリストアップする試みや京都を代表する眺望の募集なども実施され，保全すべき眺望点の洗い出し作業が各地で本格化しつつある。

　このほか，景観保全を目的の一つとした都市計画道路の見直しも全国で始まっている。都市計画道路の見直し自体は，近い将来達成不可能な都市計画を見直し，不必要に厳しい計画規制を撤廃するという一連の路線のうちにあるが，単に都市計画道路の計画決定をとりやめるだけでなく，良好な街路景観の保持につながるような積極的な意味を持つ例も少なくない。例えば，積極的な都市計画道路の見直しを行ってきた県の一つである岐阜県では，高山，神岡，郡上八幡などの都市計画区域で街並み保全を後押しするような計画道路の全線廃止または一部廃止を行っている。

　また，函館市や会津若松市など歴史都市として名高い11市町が中心となった「歴史的なたたずまいを継承した街並み・まちづくり協議会」の報告書（2003年5月）の要望をもとに，建築基準法の改正が実現した。細街路に面した伝統的な建築物の合理的な更新が円滑に行われるように，いわゆる3項道路（建築基準法第42条第3項に規定される既存道路の幅員制限の緩和）の規定を，2003年6月の法改正により，同道路に面する建築物に係る条例を定めることによってその敷地，構造，建築設備又は用途に関して必要な制限の付加をできるようになった（建築基準法第43条の2）。

　景観施策に関連したその他の動きとして，北海道に端を発したシーニックバイウェイのプロジェクトに各地からの注目が集まっているほか[11]，

観光ルネサンス事業の展開やまちづくりファンドへの国の支援など注目べき動向もあるが紙数が尽きたのでこうした動きに関しては別の機会に論じたい。

注
(1) 全国の自治体の詳しい動向と事例に関しては，「都市＋デザイン」No.23の特集・景観まちづくりの実践（（財）都市づくりパブリックデザインセンター，2005年12月），とりわけ岸田里佳子「全国自治体の動向—景観法施行後の動き」，同10・15頁，『季刊まちづくり』No.7の特集・景観法を実践する（学芸出版社，2005年7月）などが詳しい。
(2) 国土交通省所轄の景観ガイドラインに関しては，http://www.mlit.go.jp/keikan/keikan_portal.htmlにそれぞれのガイドラインの全文が掲載されている。
(3) 「美の里づくりガイドライン」の全文はhttp://www.maff.go.jp/nouson/binosatogaidorain/binosatogaidorain.htmを参照のこと。
(4) 「都市整備に関する事業による良好な都市景観形成の事例」（景観形成ガイドライン「都市整備に関する事業」（案）別冊，国土交通省　都市・地域整備局）における推奨事例一覧。
(5) 景観アセスが試行されている国の直轄事業一覧はhttp://www.mlit.go.jp/kisha/kisha05/13/130531_3/02.pdfを参照のこと。
(6) 「景観事業推進費の手引き（案）」の全文はhttp://www.mlit.go.jp/kokudokeikaku/chousei/04keikan/tebiki/tebiki.htmを参照のこと。
(7) 文化的景観の詳細な議論は，文化庁文化財部記念物課監修『日本の文化的景観—農林水産業に関連する文化的景観の保護に関する調査研究報告』（同成社，2005年9月）に詳しい。
(8) 例えば，日本建築学会の編集による『景観まちづくり』（丸善，2005年6月）や『景観法と景観まちづくり』（学芸出版社，2005年5月）をはじめとして，「建築とまちなみ景観」（同日集委員会編目，ぎょうせい，2005年1月），『景観法を活かす—どこでもできる景観まちづくり』（景観まちづくり研究会編著，学芸出版社，2004年12月）などがある。
(9) 「景観市民運動全国ネット・設立宣言」（2005年12月3日）より。
(10) 高度地区の近年の状況に関しては，国土交通省都市計画課の岸田里佳子課長補佐から御教示を得た。記して謝したい。
(11) 国土交通省はこれを日本風景街道と称して全国展開をする戦略を練っているが，どの程度国民に受け入れられるかはこれからの課題である。

(2006年3月)

景観まちづくりの課題と展開

風景認識の五段階論

　景観法に基づく日本初の景観計画を策定し，さらには市内の水郷の風景を日本初の重要文化的景観として選定へ導いた滋賀県近江八幡市の名物市長であった川端五兵衞氏（2期8年の任期を終え平成18年12月勇退）から先日おもしろい話を聞いた。——地元の人々が景観の問題を意識していく経過には五つの段階があるというのである。

　最初はまったく無関心の段階。そもそも身の回りの風景が何か特別なものであると感じる人はかなりの感性の持ち主かよほど特別な環境に住んでいる人であって，通常では，それは日常生活を送るための当然用意された周辺環境であり，なんら特別のものではない。周辺の景色に関心がない，見えていても意識的な目で見ていないのが普通であろう。

　続いて，近所のちょっとしたいい風景などがテレビで紹介されるなどして，「あれっ，うちの近くが写っている」と驚いたりする段階。これが第二段階，すなわち気づきの段階，景観の意識化の段階である。

　これまで当たり前だと思っていたある風景が切り取られて，マスメディアに紹介されることによって，「こないだあそこがテレビに写っていたよ」といった話題として採り上げられるようになり，何か当たり前ではないもの，そのような評価が可能なものとして自分たちの見知っている風景が捉えられるようになる段階である。

　続いて第三段階は，外部の専門家がやってきて，ここの景観はこれこれこうした特徴を持っており，他と比較してこれほどの重要性がある，などといった評価を行うことを通して，自分たちの身の回りの風景をより客観的に捉えられるようになる段階である。

　当たり前だと思っていた身の回りの風景が，実はそれなりに価値のあるもので，他に引けを取らないものであるということが次第に理解されていく段階でもある。そのなかで，そうした価値ある風景を大切なものとして評価する視点が発生してくる。川端

写真1-13　川端五兵衞前近江八幡市長

前市長の言葉を借りると「この景色はみんなのもの」という主張が生まれてくる段階である。風景の公共性が認識される段階だということもできる。

　ここまでだったら当たり前のことかもしれないが，川端前市長が主張するユニークな点は，この先に第四の段階があるということだ。それを川端五兵衛氏は「この景色はわたしのもの」と主張する段階だという。「みんなのもの」と「わたしのもの」とではどう違うか。「わたしのもの」と思ってあたりの風景を見回すと，その景色を見出すような行為は許し難く感じることになる。「あそこのあの看板は見苦しい」とか，「あの建物の壁の色は目立ちすぎる」といった苦情が行政に寄せられる。「だから市役所はなんとかしてほしい」という要求が出されることになる。こうした意見は，あたりの風景を自分のものだと感じているから出てくる要求だと川端前市長はいう。だから第四段階は，「この景色はわたしのもの」という段階なのである。

　最後の第五段階は，こうした風景が大切なものであるということを住んでいる人が伝達者となって他へ広めていく段階である。これは「この景色はわたしたちのもの」とする段階だといえる。

　言い得て妙といった景観認識の五段階論である。ただし，こうした五段階があてはまるのは，ある意味，近江八幡のような美しい景色を保有している幸運な自治体だけではないかといった批判はあるだろう。確かに，周辺の風景がテレビに紹介されるようなまちはそれほどは多くないといえる。

　それでは，近江八幡の風景認識五段階論は普通のまちにはまったく適用不能なのだろうか。――そうではないと考える。

　では，どのような段階論があり得るのか。

　まず，無関心という第一段階はどこでも同じである。次の第二段階はどうだろうか。テレビで放映されるような，他とはひと味違った売り物の景色がないまちではどう考えたらいいのか。ここが一番重要なところである。この段階にうまくレベルアップできたら，次の「風景はみんなのもの」から「風景はわたしのもの」へ，そして啓蒙者への成長を望むこともそれほど高嶺の花ではないかもしれない。

　では，そのような第二段階へのシフトアップが，とりたててまち自慢があるわけではない一般のまちにおいてどのようにして可能なのか。

「ふつうのまち」から「特別のまち」への転移はどのようにして可能か

　そもそもここでいうところの「ふつうのまち」と「特別のまち」を分か

つものは何なのか。近江八幡市の例で考えると，それはマスコミに紹介されるような見た目にもわかりやすい景観上の特色があるかどうかということになる。それでは，ベストセラーの標題ではないが，「まちは見た目が9割」ということだろうか。

確かに「見た目」，つまりそこにそのままある風景が説得力を持つことは当然である。問題は，通常では見えないまちの価値を可視化し，評価可能とするようなことができるかということである。私はそれは可能だと考えている。そこにこそ標題に掲げた「景観まちづくり」の神髄がある。

どのようにしてそのような不可視的な価値の顕在化が可能なのか。

（1） 第一の手法：景観のそうざらえから特別なものを見つけ出す

一つの手法は，まちの景観的な魅力は単に不可視なのではなく，気づいていないだけで詳細に検討すれば（いかに断片的なものであれ）価値のある景観が見出されてくるという場合も少なくないので，そのような景観上のそうざらえを行うということである。

タウンウォッチングや百景選び，さらにはある瞬間の情景（例えば夕日が美しい浜辺や山の斜面にかたくり群落の花咲く風景など），祭礼や行事のときに現れる祝祭的な空間のしつらえや歴史上意味のある空間など，個々の場所性を評価する視点は多様である。これらを総動員することによって景観上の宝探しを深化させていくことになる。

――それでも，景観上の価値の顕在化が不十分な場合や，手がかりが点在していてうまくネットワークできないような場合は少なくない。そのときはどうするか。

（2） 第二の手法：都市の構造から景観上の重点を探り出す

次なる手法は，現在の都市の構造から景観上重要となるところを掘り出していくという作業である。

例えば，通学路がわかりやすい。

小学校や中学校の指定されたスクールゾーンなどは子供たちが文字通り毎日通学に利用する重要な歩行者動線である。ここの風景が，子供たちにとってはふるさとの当たり前の風景として刷り込まれていくことになる。行き帰りに友達とふざけ合って遊んだ道ばたや広場の情景は，将来懐かしさとともに子供たちの心の中に蓄積していくことになる。現時点ではなんら景観上の特質を有していないとしても，通学路沿いの風景は今後優先的に整備していかなければならないということには説得力があるだろう。

同様のことは駅周辺の通勤・帰宅の主要経路や目抜き通り，歴史的な街道筋，社寺の参道空間などにも適用することができる。また，先述したように普段は普通の空間にすぎないところが晴れの場面で祝祭の舞台となる

ようなところもあるだろう。

こうした空間は，一見するところ他から際だった景観上の特徴を有していないかもしれないが，都市構造の側から考えると整備の優先順序が高い通りということになろう。つまり，景観上まったく当たり前の空間であっても，都市構造の側の論理をそこに適用することによって今後の価値の高まりが効果的だと予測できるところがある。

(3) 第三の手法：都市空間の「意図」を読む

さらに第三の手法がある。

それは，まちの立地やその後の変遷を微地形にまでさかのぼって振り返り，さらにその変容のあり方を，まちへの計画的関与という側面から検討することを通して得られる知見を基盤にまちを見直すという手法である。

地形と歴史は現在のまちを形づくる二大要素である。したがって，地形と歴史の両方の視点からいかにしてまちができてきたかを知ることができる。いかにしてまちができてきたのかを知ることは，例えば，街路を樹形に例えると，どの道が歴史的には太い幹であり，そこから枝葉がどのように伸びていったのかを的確に見定めることができることを意味している。

とすると，現在はいかにありきたりの狭い道であったとしても，かつての幹はそれなりに重要な役目を持っている。その目で街路を見ると，微妙に屈曲していたり，時代とともに道幅に振れがあったり，街路沿いに古い商家が点在していたり，遠くに山が展望できたりと思わぬ意図がつながっていることに気づくかもしれない。

このような街路空間の巧まずして有する固有性は，その街路風景が持っている「意図」のようなものである。もちろん，まち自体が独自の「意図」を持つことはないので，実際はこれをこちらから眺める側によって解釈されるものとしての「意図」ではある。しかし，それはやはり確固として存在するものではないだろうか。

具体的な例証は，2006年12月から『季刊まちづくり』誌に連載が開始されているシリーズ「都市空間の構想力」を参照願うこととして，ここでは連載の冒頭に掲げた「序説」で次のように表現していることだけを紹介したい。

「まったく偶然に，なんの脈絡もなくひかれた道路などあるはずがない。それぞれ

写真1-14　東京都文京区本郷の道路のくいちがい。寺院の旧境内が徐々に宅地開発されていったため，開発時期のずれが，写真のような道路の交差部の屈曲となって後世に残されることになった。こうした空間の物語が，まちかどを意味深いものにしていく。

の時代にそれぞれ固有の事情から開かれた道路が時代ごとに重層し，影響し合いながらネットワークを形成し，それをさらに発達させていく。その一断面，現代という時代で切り取った一つの断面が，今，私たちの目の前にひろがっている道路網なのである。

　ところが普段私たちは現代以外の断面で道路網を見ることはない。目の前の道路網を所与のものとして考える以外の選択肢は通常あり得ない。しかし，この見慣れた道筋を例えば建設者の側から見てみると，まったく異なった様相が現れてくる。それが時代ごとに重層しているということは，道路網というものが構想された空間の時間的な集積と見なせるということを意味している。…（中略）…都市空間そのもののなかに積層された意図が織り込まれ，あたかも共同の意志のように読める，そうした意志があることを示したいと思う。それは空間の修辞（シンタックス）といえるようなものである。都市の文法の中にそれぞれの都市空間は意図を持って布置されている。そうした意図は間違いなく地形や歴史，そこでの生活風景と密接に関わり合っている。

　都市空間自体が構想力を持っているのだ。」[1]

　このような「構想力」というものを解読することによって，都市の各空間が今後どのような役割を果たすべきなのかを展望することが可能となる。都市景観施策もその一環として実施することができるというものである。

　つまり，今日残された価値ある「見た目」としての景観のみならず，都市の各空間が本来的に保有してきた「意図」や「構想力」を見極めることによって，一見当たり前の景観もその慣性力の方向を知り，その流れの向きに一歩前進するように，次なる景観施策立案の根拠を得ることができるようになるのだ。

意識化のプロセスをデザインする

　「ふつうのまち」に内在する「特別なもの」あるいは「固有の意図」を顕在化し，風景を意識化していく手がかりはなんとか手に入れることができるとして，それはどのような主体によって担われるべきなのか。

　従来のように行政がお膳立てをして計画案の下敷きを用意するようなやり方では，絵に描いた餅はできるだろうが（そして絵に描いた餅を賞賛したり賞味したりするといった観客としての市民も現れて来るではあろうが），市民の景観認識を変化させるには至らないだろう。それではどうしたらいいのか。

　意識の遷移が内発的に起こるような仕掛けが必要となる。それは，上述

したような自分が住むごく普通のまちの中にある種のポテンシャルを再発見するプロセスを，市民それぞれが追体験するような仕掛けである。さらにいうならば，そうしたプロセスを通して都市空間の見えざる新たな「意図」が参加者それぞれに臨場感を持って再発見されるような，そのような実体験が存在することが望ましい。

しかし，そのような理想的な市民参加プロセスなど存在するのだろうか。

二つの相異なった工夫が存在するだろう。

(1) 第一の工夫：草の根ワークショップによる

第一の工夫は，文字通り草の根型のワークショップによって，「ふつうのまち」に普通でないものを発見していく方法である。

例えば，周到に準備されたまち歩きは，参加者に普段見慣れたはずの風景をいかに本当の意味でよく見ていなかったのかを気づかせることにつながる。新鮮な目で見直してみるふるさとは，新しい発見や不思議に満ちていることだろう。そしてそうした発見は，ワークショップを用意した企画者の意図や予想を超えて，はるかに豊穣な結果をもたらすに違いない。

なぜなら，多くの目で見られた風景はより多くの意味をもたらしてくれるからである。多くの目とはもちろん，多くの異なった視点や思想を意味している。

一人一人が異なった人格であるように，一人一人の視線は異なった風景に反応し，それが蓄積されることによって少数の専門家が担当して見出すこと以上の価値をありきたりに見える風景から抽出することができるのではないだろうか。

ワークショップがそのまま風景新発見の現場になるとすると，これ以上の盛り上がりはないに違いない。「ふつうのまち」を突破する視点は，こうした現場でじかに構築されることもあるだろう。予想外の展開は，参加者の参加意識を高め，準備されたメニューをこなしているのではない臨場感を参加者が共有することになる。

写真1-15　北海道斜里町での東オホーツクさきがけワークショップ（2004年）の作業風景。近年こうしたワークショップ作業による課題発掘，合意形成の手法は急速に一般化してきた。

その分，企画側には当初，結末を予測できないという不安はあるだろうが，これまでの10年を超える参加型ワークショップの全国的な経験がこのような前向きな実験を行える風土を築いてきたということができる。

(2) 第二の工夫：専門家による詳細な分析による

　草の根型のワークショップは，合意形成に至る民主的な工夫にとどまらず，このように新しい視点をうまくすくい上げる工夫として優れているということができる。しかし，こうした方法も万能ではない。浮かび上がってきた視点が多様であればあるほど，以後のフォローが追いつかなくなる可能性が高い。

　また，ワークショップ時の一時的な高揚をその後に引き継ぐことはワークショップの枠外のことになってしまう。さらに，現時点において都市景観上に手がかりのないものに関しては，当然ながら指摘がなされる可能性がほとんどないという欠点がある。

　こうした点を補うために，別のアプローチによって「ふつうのまち」のある種の固有性を意識することを可能とする方法が検討されている。それは専門家による詳細な景観分析を出発点として，合意形成の場に手がかりを提供するという工夫である。

　例えば，前節であげた第三の手法である都市空間の「意図」を読むことを専門家によってまず綿密に行い，その結果を市民の前に示して風景の発見を促すという工夫である。私たちの研究室は，現在，新宿区の景観計画改訂の作業に参画しているが，その最初の調査は，合意形成の場への手がかりの提供のための景観分析調査である。ここで一つ，具体的な分析事例を示そう。

新宿区のフィールド・スタディから

　次頁の写真を見てほしい。二枚ともJR四谷駅から徒歩5分程度，新宿通りと靖国通りという幹線街路に挟まれた住宅地の風景である。おそらく説明なしでは，どちらの写真に写る街並みも「ふつうのまち」の風景としか映らないだろう。戸建て住宅や木造2階建てのアパート，また最近増加傾向にあるマンションが混在する街並みに，特別な何かを感知するのは難しい。

　しかし，いったん眼前の風景から目を離し，地区を俯瞰する目線で地形と街路の関係に注目してみれば，「ふつうのまち」の風景も色めき立つ。この地区は，全体としては北方に向けて下る緩い北側斜面地であるが，より詳細に見れば，地区の北部は崖地を伴う急激な斜面なのに対して，南部はだいぶ緩やかな斜面となっいる。つまり，地区の北部と南部では地形の様相は実際には異なっている。そして，この地形の差異に合わせるように街路の形にも差異がある。北部では東西の街路が主軸なのに対して，南部では南北の街路が主軸となっている。

写真1-16 東京都新宿区の三栄町・坂町付近の景観（南部）

写真1-17 東京都新宿区の三栄町・坂町付近の景観（北部）

　そうした事実に気づいた後に，もう一度地区を歩いてみれば，北部と南部との風景の「差異」も見えてくる。この地区の場合，南部の南北方向の坂道では，両側に基壇があり，その隙間から東西方向に平坦な行き止まりの路地が延びる構造となっている。対して，北部の東西に平坦な主軸街路では基壇は片側にだけ現れる。路地は南北方向に延び，時に階段を伴っている。また，敷地のサイズは，南部よりも北部の方が確実に小さい。間口の差異というよりは，北部は東西方向の主軸からそう遠くない位置に崖線が並行に走っており，これに規定されて敷地の奥行きが短くなっているのである。

　こうして地区の風景内に「差異」を見出すことは，景観の特徴，すなわち「ふつうのまち」を普通でなく意識するための第一歩である。さらに街並みの相違を見ていこう。

　南部は敷地規模に若干余裕があるため，戸建て住宅が街路際に庭を設けているケースが多く，その緑が左右の基壇，塀の上から街路にはみ出している。そして主軸が坂道のため，それらの緑が少しずつ上下に遷移しながら重なり，気持ちの良い見通しの景観を生み出している。一方で北部は街路に沿って左右で敷地の地盤面が異なり，特に北側では地面が街路より一段低く，庭木は街並みにはあまり寄与しておらず，南部のような緑が左右からはみ出るという景観にはならない。むしろ景観を特徴付けているのは，街路と敷地との高低差が生み出す表情である。**図1-14**に示したように，断面で見れば，その高低差にもいくつかのタイプがある。いくつかのタイプの組合せで，現在の風景ができている。

　そして，この地区の場合，こうした風景の「差異」は，さかのぼれば江戸期にすでに生み出されていたものである。江戸の切絵図（**図1-15**）を見れば，この地区の街路網はほぼ江戸期に出来上がっていたことが見て取れ

景観まちづくりの課題と展開　　079

図1-13　東京都新宿区の三栄町・坂町付近の地形と街路

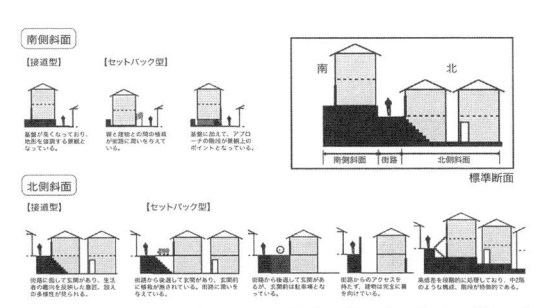

図1-14　東京都新宿区の三栄町・坂町付近北部の東西街路の断面パターン

る。北部，南部ともに比較的敷地規模の大きな旗本屋敷や町人地が一部見られる以外は下級武士の組屋敷であった。組屋敷は大縄地として一括して組に付与された土地を組の構成員で等分して，小規模の屋敷を連ねた居住地であった。しかし，同じ組屋敷地でも北部と南部とでは形が異なっていた。緩やかな台地上に比較的整形で平坦な敷地を確保しやすかった南部に対して，北部では傾斜がきつく，平らな敷地は等高線に沿って細長い形でしか確保できなかった。さらにその細長い敷地を同間口で幾数にも分割するため，一つ一つの敷地を小規模なものとしたのであろう。

　こうした江戸期の街区割り，敷地割りに見られる設計意図が，現在の風景にも色濃く引き継がれているのである。またこの事実を逆転させて見れば，多くの地区で古地図を頼りにさかのぼっていき原形を見出すことが，現在の「ふつうのまち」の風景を意識化する有力な手段となり得るという

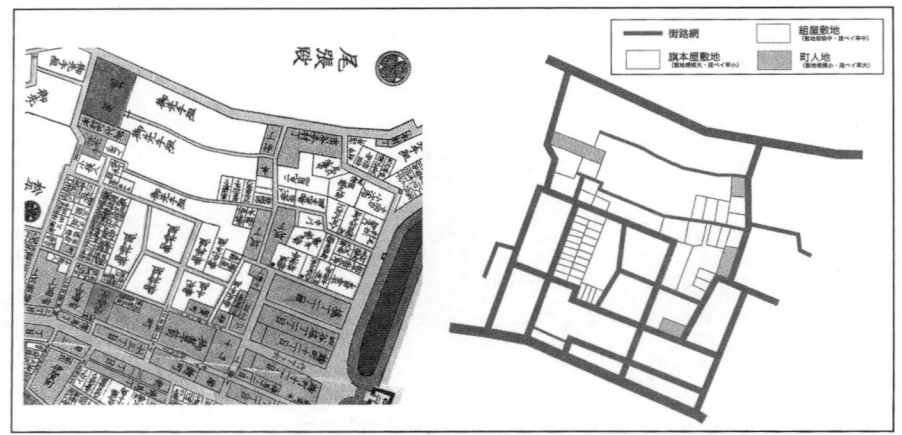

図1-15　東京都新宿区の三栄町・坂町付近の江戸期の土地利用

こともわかるだろう。

　以上の例では、地区の地形と街路を手がかりに、歴史がさらにオーセンティシティを補強するかたちで「ふつうのまち」の風景の特徴が導き出された。こうした特徴を、わかりやすい図やキーワードを用いて提示することで、「ふつうのまち」を意識化する契機を生み出すことができる[2]。

　重要なのは、ここではどのような景観が良いのか、という価値判断を含め、現在の景観を情緒的にではなく、構造的に平易に説明することである。この構造的説明とは、あくまで風景の見方を提示することにほかならない。この見方で実際に何を見るのか、何を選び取るのかは、第一の工夫にあたる草の根ワークショップの結果を前提に絞り込んでいく、また別の過程が必要であろう。

「景色はみんなのもの」という視点とまちづくり

　ここで再び川端五兵衛近江八幡前市長があげた風景認識の段階論に戻ろう。川端氏が指摘した風景認識の第三段階は「この景色はみんなのもの」という意識が芽生える段階のことだった。これは、景観が公共的であるという認識に至るということである。このことは何を意味するか。

　ここで思い出すのが「町並みはみんなのもの」というスローガンである。これは全国町並み保存連盟が1977年に初めての全国町並みゼミを愛知県の足助と有松で開催したときのスローガンだった。このフレーズは町並み保存の運動の熱い議論の中から生まれてきたといわれている。

　町並みを形成している立派な町家はそれぞれ個人所有の私有物である

が，他人にそれらの町家を守れという権限はあるのかということが議論になったとき，確かに個々の町家は大店の町人の富の象徴かもしれないが，これを作ったのは大工や左官などの職人たちであるし，町家の維持管理にも多くの人が関与している。

そもそもそのまちに長年住み続けられた背景には近隣の人たちとの様々なつながりがあったからだろう，したがって町家の内部は個人のものに違いないが，町家の外部が連なってできる町並みはみんなのものだ，という主張である。

今日では，歴史的な町並みの保全のために行政が補助金を交付することはごく普通のことになっている。歴史的町並みの公共性が一般に認知されているからである。

しかし，そうした認識も古来からあったわけではない。町並み保存運動の中での議論を通して，町並みの公共性という理念が鍛えられてきたのである。それが「町並みはみんなのもの」というスローガンに現れている。

「この景色はみんなのもの」という公共性の理解も，自生的に発生するものではない。こうした公共性の認識に至る運動こそ，景観まちづくり運動の出発点なのである。

一般にまちづくり運動とは「私(わたくし)」と「公(おおやけ)」の間に両者の中間的な空間および理念を創り出すことから出発する。こうした領域はパブリックと呼ばれることが多い。私たちの身の回りの風景は私個人のものでもないが，公的主体のものでもない。その中間の「みんなのもの」なのである。だからこそみんなが共通に守るルールが必要となる。ローカル・ルールの発生である。

景観法は，そのことを法律の言語で表現している。つまり，「良好な景観は，……国民共通の資産として，現在および将来の国民がその恵沢を享受できるよう，その整備及び保全が図られなければならない。」（景観法第2条第1項）

2004年の景観法の制定によって初めて，私たちは景観まちづくりの思想を支える法的な根拠を得たのである。遅すぎたのだろうか。「町並みはみんなのもの」というスローガンから27年経過しているからには，確かにそうだろう。しかし，取り返しがつかないほど遅すぎるということはないはずである。遅すぎるから景観法などもはや役立たないなどという声は聞かれない。

「風景はわたしのもの」という視点と景観利益

川端五兵衛前市長の慧眼は，景観の公共性にとどまらず，その根底に

「この景色はわたしのもの」という主張が胚胎してくることを見抜いたことにある。

　景色がみんなのものである段階では，「みんなのもの」であることが同時に「誰のものでもないもの」になってしまうというおそれがある。それを守るためのローカル・ルールができたとしても，それはルールのためのルール，すなわち守るだけのためのルールになりかねない。

　同じ景色が「わたしのもの」となった途端，俄然様相が異なってくる。景色を守らないような心ない行為によって被害を受けるのは「わたし」だからだ。景観はそれが一定の制約のもとに守られることによってある良好な状態を保っているとすると，そこには守るべき景観利益というべきものが発生しているのだということを示唆しているのである。

　景観利益という法律用語が一般の注目を集めるようになったのは，2002年12月18日に東京地裁によって判決が下された，国立マンション事件の民事訴訟の1審からである。

　控訴審を経て，同裁判の上告審は2006年3月30日に判決の言い渡しがおこなわれた。判決文の中で景観利益については次のように述べられている。

　「都市の景観は，良好な風景として，人々の歴史的又は文化的環境を形づくり，豊かな生活環境を構成する場合には，客観的価値を有するものというべきである。（中略）景観法は……良好な景観が有する価値を保護することを目的としたものである。そうすると，良好な景観は近接する地域内に居住し，その恵沢を日常的に享受する利益（以下「景観利益」という。）は，法律上保護に値するものと解するのが相当である。」（2006.3.30 最高裁判決）

　こうして法によって保護すべき景観利益が存在することが最高裁によって認知されたのである。しかし同時に，最高裁は景観利益が認められる場合として，次のように述べている。

　「景観利益は，これが侵害された場合には被侵害者の生活妨害や健康被害を生じさせるという性質のものではないこと，景観利益の保護は，一方において当該地域における土地・建物の財産権に制限を加えることとなり，その範囲・内容等を巡って周辺の住民相互間や財産権者との間で意見の対立が生ずることも予想されるのであるから，景観利益の保護とこれに伴う財産権等の規制は，第一次的には，民主的手続きにより定められた行政法規や当該地域の条例等によってなされることが予定されているものということができることなどからすれば，ある行為が景観利益に対する違法な侵害にあたるといえるためには，少なくとも，その侵害行為が刑罰法規や行政法規の規制に違反するものであったり，公序良俗違反や権利の濫用

に該当するものであるなど，侵害行為の様態や程度の面において社会的に容認された行為としての相当性を欠くことが求められると解するのが相当である。」（同上）

　すなわち，あらかじめ公的なルールが敷かれていることが前提条件とされている。それなりにハードルは高いといわざるを得ない。しかし，つい数年前までは，景観規制が法的に妥当か否かに関してすら議論があったという状況を振り返ると，これでもかなりの道のりを私たちは来ているということを実感する。

　ここでの五段論法に即していうと，「景色はみんなのもの」であるから「景色はわたしのもの」でもあるという論理だともいえよう。

「風景はわたしたちのもの」というコモンズ

　景観認識の最終段階は，川端五兵衛近江八幡前市長によると，他者へ啓蒙する段階であるということになるが，これを広く解釈すると，「風景はわたしたちのもの」という共同の場，すなわちコモンズをここに見出すという段階だといえるだろう。

　「風景はみんなのもの」という表現と「風景はわたしたちのもの」という表現とはよく似ている。しかし微妙に異なっている部分がある。それはどこか。

　「みんなのもの」というのは共同性の表現ではあるが，えてして「誰のものでもないもの」になりかねない。集団無責任体制になりかねないのである。これに対して，「わたしたちのもの」は違っている。共有の構成員の姿がはっきりと映し出されているのだ。こうしたコモンズの感覚を身の回りの風景に対して保有することができるかどうか，問題はその一点に尽きる。そしてこのことこそ，「まちづくり」の核心なのである。

　「まちづくり」とは，単に都市計画をソフトに表現した言葉なのではない。確かにそのようにやわらかく表現して都市計画を身近にしようという行政側の意図が見え隠れする場合も少なくないが，まちづくりとは本来，地域の住民たちが自らの住む地域を「私たちの共通の家」と実感するところから始まるものである[3]。つまり，地域の住民がコモンズの思念を再獲得することからまちづくりは始まる。そして，身近な風景は十分にその対象となり得るのだ。

　「この風景はわたしたちのもの」と感得する感性にこそ，まちづくりは胚胎するのである。

　現在，景観法の施行以降，各地で進行している景観計画の立案，景観条例の策定や改定において留意すべきなのは，一見立派に見える計画の体裁

なのではなく，景観計画の議論において，「この風景はわたしたちのもの」と実感できるような計画立案過程をデザインできるかどうかという点である。景観とまちづくりとが行政システムの中で交錯するとしたら，この点をおいて他にない。

注
(1) 西村幸夫「『都市空間の構想力』序説」，『季刊まちづくり』第13号（2006年12月）p.93）
(2) 新宿区ではこうした基礎調査に基づいて，2007年度には区民向けの『景観まちづくりガイドブック（仮称）』を発行する予定である。このガイドブックを議論の土台として活用して，「ふつうのまち」を「特別なまち」へ転換させる予定である。
(3) 「私たちの共通の家」と考えるまちづくりのあり方については，西村幸夫「まちづくりの構想」，同編『まちづくり学』（朝倉書店，2007年）所収。

（2007年1月）

［付記］
　本稿は中島直人氏との共著である。「新宿区のフィールド・スタディから」の節（pp.77-80）は中島氏の執筆である。氏の同意を得て本書に収録した。

なぜ景観整備なのか，その先はどこへいくのか

景観法に基づく景観計画および景観地区の動き

　景観法が前面施行されてから満2年が経過した時点で，景観行政団体数も徐々にではあるが順調に増え続け，2007年6月1日現在で283団体（公示予定を含む）となっている。このうち都道府県の同意を得て自らの意思で景観行政団体と名乗りをあげた自治体は合計184市町村（公示予定を含む）で，この数もコンスタントに増えている。

　景観計画の数も，国土交通省景観室によると，2007年6月7日現在で49計画となっており，そのほとんどがウェブ上で閲覧できるので，計画手法に関する理解も急速に深まってきた。

　景観地区も従来の美観地区から移行したものに加えて，2006年12月に新規の景観地区として初めての指定が東京都江戸川区においてなされた。江戸川区の一之江境川親水公園沿線景観地区は，以前から親水公園の熱心な整備が行われてきた一之江境川に面した奥行き10mの範囲で帯状につらなる合計18.7haの地区に対して，色彩，建築物の高さの最高限度，壁面線の後退（0.5m），敷地面積の最低限度（100m^2）を定めたものである。景観地区の新規第一号が，著名な観光地や歴史都市ではなく，一般的な市街地で実現したことは，今後の景観地区指定の可能性と幅を暗示させてくれるような慶事である（**図1-16**）。

　その後，景観地区は島根県松江市の武家屋敷地区である塩見縄手地区（2007年4月），岐阜県各務原市のITを中心とした工業団地であるテクノプラザ地区（2007年4月），神奈川県藤沢市の江の島および辻堂駅前の都市再生事業地区，湘南C-X（シークロス）（いずれも2007年4月），広島県尾道市の中心市街地（2007年4月）において指定されている。今後も徐々にではあるが，景観地区の指定は増えていくだろう。

　ここで注目すべきなのは，これまでの美観地区では想定されていなかったような地区が景観地区として指定されていることである。

　さきの江戸川区の景観地区の事例以外にも，例えば各務原市のテクノプラザ景観地区は約48haの緑豊かな工業団地を維持するため，建築物の最高高さを20mに抑え，壁面の位置を道路境界線から5m以上，隣地境界線

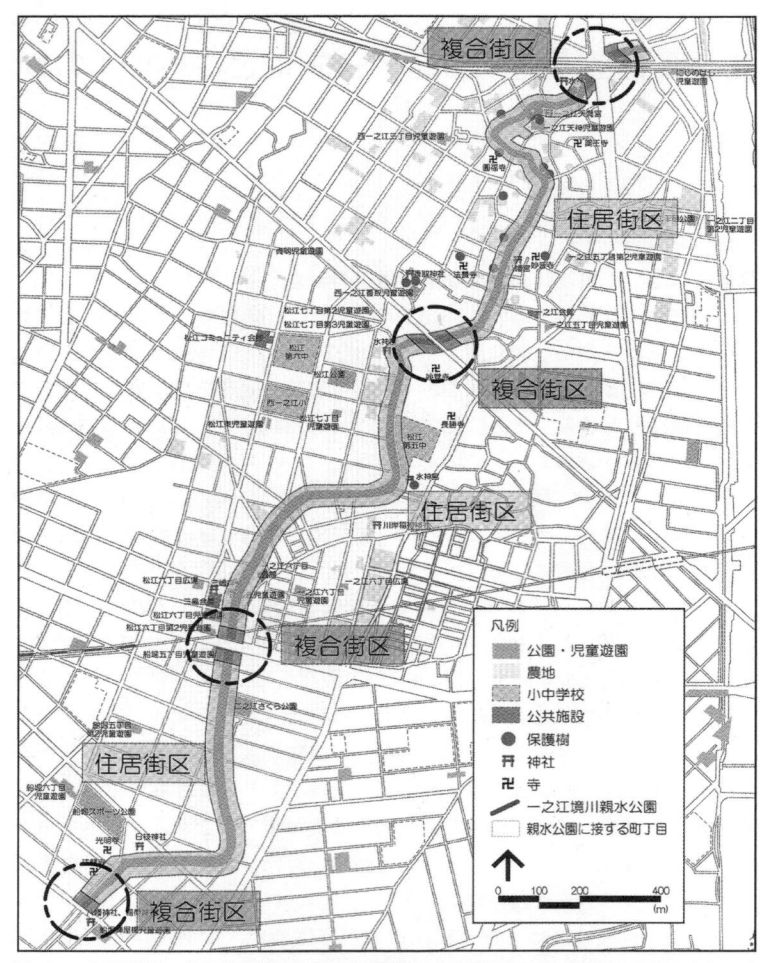

図1-16 江戸川区一之江境川親水公園沿線景観地区。同親水公園は旧来の農業用水を都市内の住宅街を流れる水辺の公園として整備したもの。1995年にオープンしている。（出典：江戸川区パンフレット）

から2.5m以上後退，敷地面積の最低限度を2,000m²とするといった規制を全面的にかけるものとなっている。

　また，尾道市景観地区はJR尾道駅から尾道市役所に向って東に拡がる都心の大部分およそ200haをカバーしており，これは斜面に拡がる市街地の背景をなす水道両側の山並みの稜線にまで及んでいる（**図1-17**）。つまり，見渡せる斜面地の風景全体が景観地区として定められているのである。景観地区内がさらに中心市街地ゾーン，沿道市街地ゾーン，海辺市街

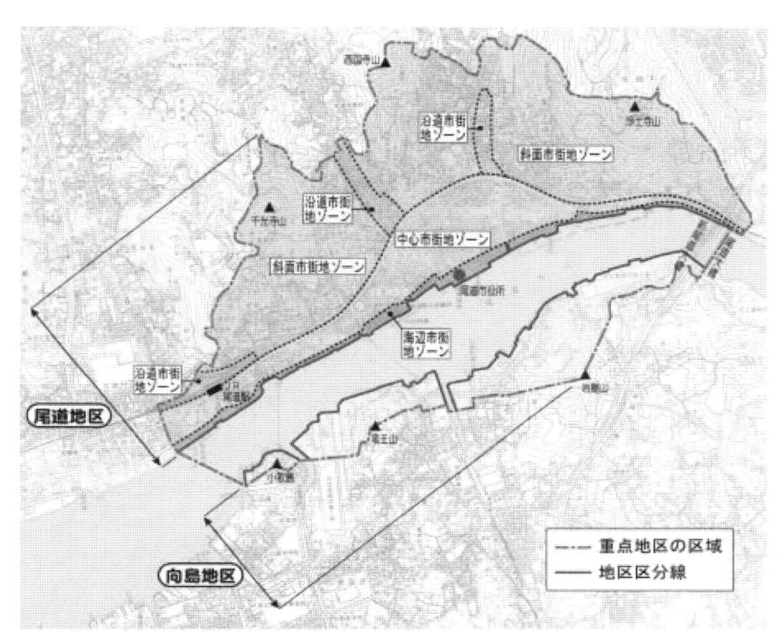

図1-17　尾道市景観地区の区域。このうち、尾道地区の中心市街地ゾーンには、15, 21, 24, 27mの建築物の高さの最高限度が、景観地区の規制の一環としてかけられている。
（出典：「尾道市景観計画」, p.3）

地ゾーン，斜面市街地ゾーン（以上，尾道地区）と尾道水道の対岸である向島地区とに分けられている。心に残る眺望景観を守るための規制に重点が置かれ，建築物のスカイラインの形態意匠のコントロールに力が注がれている[1]。例えば，五つの主要な視点場および眺望対象に関する良好な景観を守るための高さ規制が景観計画に明記されているほか，JR山陽本線から海側の中心市街地ゾーンでは建築物の高さの最高限度が15m，21m，24mおよび27mのいずれかに定められている。

このところ，神奈川県小田原市や東京都新宿区のように，景観上の理由で建築物の高さを厳格に規制するための手近な手法として高度地区の指定が全国で進みつつあるが，尾道市の景観地区はさらに一歩突っ込んで，形態意匠と並行して高さ規制の論拠を考え，施行するという新しい幅をもった施策展開の可能性を広げて見せたのである。

眺望景観の保全施策

眺望保全に関して，尾道市計画地区ほど総合的に景観計画や景観地区を駆使した計画・地区指定はなされていないので，これは新しい一歩を踏み

出した計画であるといえる。

　ここまで踏み込んではいないものの，眺望を重視した景観計画や景観条例は各所で見られるようになっている。例えば，神奈川県横須賀市の眺望景観保全区域（**図1-18**）や青森県のふるさと眺望点[2]，富山県のふるさと眺望点[3]，長野県景観条例のなかの優れた風景を眺望できる地点（景観資産）などである。こうした眺望点の保全は北海道小樽市，ニセコ町，神奈川県逗子市，秦野市，静岡県静岡市，三島市，兵庫県芦屋市，加古川市などひろく全国に広まりつつある。鎌倉市の景観計画では33の眺望点を明記し，それぞれの地点ごとに眺望景観の保全・創出の方針を定めている。

　また，東京都の景観計画では，特定街区や総合設計制度，再開発等促進区，都市再生特別地区，高度利用地区などの都市開発制度を適用する建築物に関して，その規模が抜きん出て大きくなる場合が多いことを勘案して，景観シミュレーション等を事前協議の中で義務づけることを明記している。都市開発にかかるインセンティブを，景観上の検討の後に与えるか否かを決定する仕組みがようやく整いつつあるのだ。

　事前協議に際しては大規模建築物等景観形成指針が定められ，周辺の建築群との統一感あるスカイラインの形成などが明記された。この点も重要

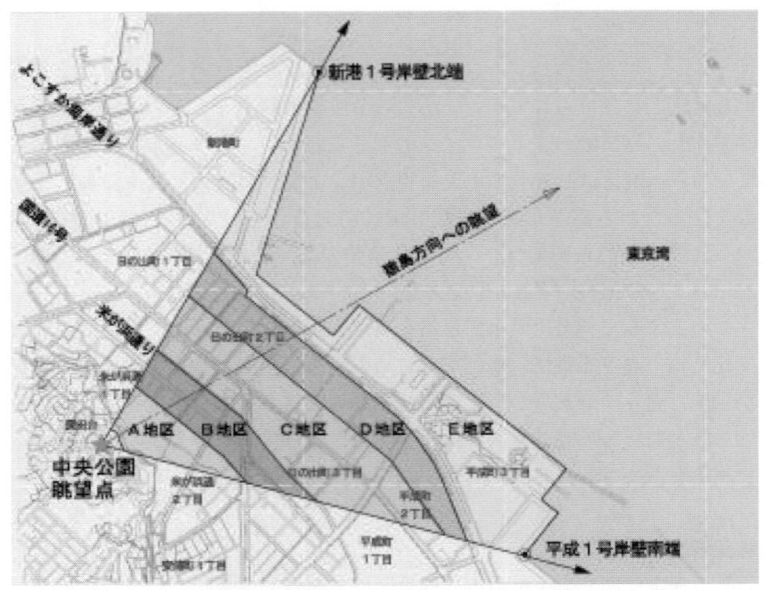

図1-18　横須賀市中央公園眺望景観保全区域図。中央公園内の眺望点からの見下ろしの景観を保全する。（出典：「横須賀市景観計画」，p.1）

であるが、ここでは、都内の主要3地点（国会議事堂、迎賓館、絵画館）からの眺望の背景を保全するための具体的な地区が画定され、建築物等の高さの最高限度が定められた（**図1-19**）。わずか3地区に限定され、さらには都市開発諸制度を適用する場合に限るとはいえ、開発の圧力の高い首都の都心部で眺望の背景保全のための法的な規制が実現したことは、これまでにない一歩前進だということができる。

そして極めつけは京都市の眺望景観創出条例（2007年3月23日）である。この条例は「特定の視点場から特定の視対象を眺めるときに視界に入る建築物等の高さ、形態及び意匠について必要な事項を定める」（第1条）ものであり、大規模建築物のみならず、あらゆる建造物に適用される点が特徴的である。条例は眺望景観保全地域を定めるとしており、同地域はさらに眺望景観保全区域、近景デザイン保全区域および遠景デザイン保全区域に分かれている（第6条）。最も厳しい眺望景観保全区域では、「視対象へ

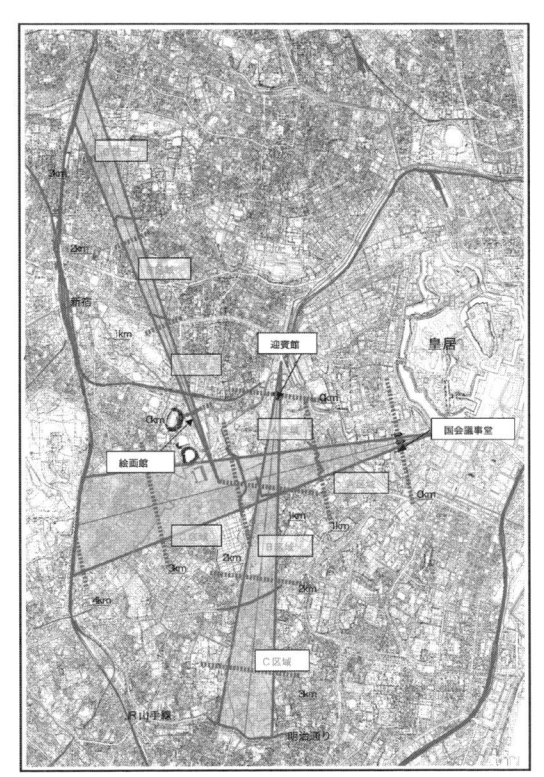

図1-19　東京都景観計画における3地点からの眺望保全のための景観誘導区域図。それぞれの背景区域をおおむね1kmのA区域、おおむね1～2kmのB区域、おおむね2～4kmのC区域に分けて規制の強さを変えている。（出典：「東京都景観計画」p.117）

の眺望を遮るあらゆる建造物の建築等を禁止する」としている。

　京都市では，すでに2006年11月に出された『時を超え光り輝く京都の景観づくり審議会最終答申』において，「都名所図絵」などの文献資料や市民意見募集で集められた眺望景観や借景の視対象候補597件のうちから，緊急に保全施策を講じる必要のある視点場と視対象を組み合わせた38カ所を抽出しているが，この38カ所が条例にいう眺望景観保全地域の指定候補として想定されているのである。

　このことは単に眺望景観にまで規制の関心が広まったというだけでなく，ゾーニングによる2次元的なコントロールを脱して3次元的な規制へ規制手法が充実してきたこと，あるがままの良好な景観をある意味で静的に評価するだけでなく，市民による公共の視点場への接近という行動をもとにした規制へと，ものの考え方が拡大してきたことを意味している。さらにいうと，良好な景観を味わうことのできる場の公共性そのものへと意識の重心が移りつつあることをも示している。その背景には3次元コントロールを可能にする行政ツール，すなわち各地点における建築可能高さの上限を即座に示すことのできるツールが開発されてきたことがある。

　京都ではこの眺望景観創出条例のみならず，従来あった景観関係の5条例の改正，都市計画の変更，新景観計画の策定などによって総合的な施策運営を行っている。

裾野を広げる景観配慮の動き

　冒頭から議論が細かな制度にわたることになってしまったが，景観に配慮すべきという世論は，こうした景観法による制度の広がりのみならず，むしろ一般的な都市政策や土地政策，住宅政策のうちにも浸透してきているのである。こうした動きのほうが，さらなる景観配慮を求める次なる施策へとつながりやすいという側面もある。

　やや旧聞に属するが，社会資本整備審議会の答申『都市再生ビジョン』(2003年12月24日)では，都市再生へ向けた政策の基本的な五つの方向の一つに良好な景観・緑と地域文化に恵まれた「都市美空間」の創造をあげている[4]。そして，「都市美空間の創造を図っていくためには，街全体の風景や維持保存・再生すべき街並み景観のあるべき姿・あり方の共有，個々の建築行為や公共施設整備にあたっての美観への配慮，さらには住民・NPO・企業等による美化活動やタバコのポイ捨てをしない住民一人一人の美意識に至るまで，様々なレベルで取り組む努力が必要である」と述べられているのである。元来インフラ整備を目的とした国の審議会の答申が路線の変更を宣言しているのだ。

観光立国行動計画（2003年7月）には一地域一観光とそのための「美しい国づくり」の推進と身の回りの良好な景観形成が強調されており、これらの目標へ向けて基本法である観光立国推進基本法が2006年12月20日成立し、翌2007年1月1日より施行された。同法が定める観光立国推進基本計画も2007年6月29日に閣議決定された。

　この基本計画（案）の中でも、国際競争力の高い魅力ある観光地の形成にあたっては良好な景観の形成が不可欠であるということがうたわれている。具体的には、「良好な景観の形成について、景観法に基づき、市町村の景観行政団体への移行、景観計画の策定等を推進し、社会資本整備重点計画に目標が掲げられた場合、それを達成する。また、重要文化的景観の保全に関する活動を奨励する。さらに、道路の無電柱化率を平成19年度末までに15％に高めることを目標とし、電線類の地中化等を進める」と明記している。いかに調整型の計画とはいえ、景観整備が大目標として掲げられている事実は大きいということができる。

　また、2007年6月15日に公にされた『国有財産の有効活用に関する報告書』においても、東京23区内の庁舎の有効活用の基本方針の中に、①財政健全化への貢献、②危機管理能力の強化に続いて③環境・まちづくり・景観への配慮があげられている[5]。

　環境アセスメントの分野でも、環境影響評価法のもとで定められている環境影響評価の項目および手法の選定指針についての基本的な考え方を示した基本的事項において、景観要素は「人と自然との豊かな触れ合い」の一つの要素としてのみ見なされている。この点を改め、多くの市民に身近な都市景観をも国法のアセスメントの対象とすべく、技術ガイドの改定へ向けた議論が2005年度より進められており、2007年度に入って改定が現実味を帯びつつある[6]。

　住宅の分野でも、2006年6月に施行された住生活基本法に基づき、住生活基本計画（全国計画）が同9月19日に閣議決定されているが、この中で別表2として定められた居住環境水準の項目には、「安全・安心」に次いで「美しさ・豊かさ」があげられている[7]。具体的には「地域の気候・風土、歴史、文化等に即して、良好な景観を享受することができること」と記されている。

　景観の問題は景観法の下での諸制度が動き始めたことも重要であるが、それ以上に、各分野での議論に景観からの視点を盛り込む点に貢献している。さらにいうと、国も良好な景観を正面から「国民共通の資産」（法第2条第1項）と評価したことから、景観や風景を所与のものとして捉えるだけでなく、自分たちが守り、創り上げるものであるといった世論が醸成さ

れつつあるといえる。その中で、景観の資産としての公共性と価値とを見抜く視点が鍛えられつつあるのだ。

景観がもたらす魅力の価値を分析する

しかし一方で、景観法の施行によって景観規制が土地の有効な高度利用を妨げることになるのではないかという懸念が経済界を中心に表明されている。その代表的な意見として、規制改革・民間開放推進会議による答申の文面をあげることができる。例えば、同推進会議の第一次答申（追加答申）（2005年3月23日）において、「景観規制により、土地の有効な高度利用が損なわれることのないような制度上、運用上の対応が必要である」[8]とされ、この点に関する具体的施策として、景観規制が「結果として容積率や建築物の高さなど希少な都市空間を過度に抑制する方向で機能しないよう、景観価値と景観価値を守ることにより失われる利益の双方を分析する手法について分析を行うべき」[8]ことを明言している。同様の指摘は、第二次答申（2005年12月21日）およびそれらを踏まえた「規制改革・民間開放推進3カ年計画（再改定）」（2006年3月31日閣議決定）においても一貫して述べられている。

こうした規制緩和の議論に対抗して、良好な景観がもたらす価値を明示的に表現し、その利益を法的に保護せしめるに足る確固とした論理を早急に組み立てる必要がある。

規制改革・民間開放推進会議の指摘に答えるための検討結果を、2007年6月、国土交通省都市・地域整備局は「景観形成の経済的価値分析に関する検討報告書」として公にした。同報告書によると、分析手法として採り上げたヘドニック法[9]とコンジョイント分析[10]について、限られたデータからではあるが、いずれも景観が地価の形成にある程度の影響を及ぼしていることを一応の結論としている。なかで、コンジョイント分析において景観規制誘導措置に対する世帯の平均支払意思額は、戸建て住宅の購入価格の約3割に相当するという試算も紹介している[11]。

こうした景観の価値分析はようやく緒に就いたばかりであるが、一時かしましかった規制緩和の論議に明確な対抗軸を示す意味でもこれから充実させる必要があるだろう。実感的には、優れた景観の魅力的な住宅地の地価形成は多分にその良好な景観に依っているのであるから、少なくとも長期的な土地取引の市場では十分に地価に反映されていると考えられる。こうした庶民の実感を学問的に検証する必要がある。また、そのような風通しの良い市場を作り上げていくための制度改善の努力も必要である。

景観問題は、特色のある地区の美化であるという旧来の考え方からよほ

ど遠くまで影響を及ぼし始めている。動き出した世論が今度は市場の実態を変える力として働くことになるのかもしれない。舞台はまだ第一幕の半ばなのである。

注
(1) 尾道市景観計画にいう五つの主要な視点場・眺望対象とは，「①天寧寺三重塔上→新尾道大橋および尾道大橋（大橋手前の水道屈曲部），②浄土寺前→千光寺，③文学公園（志賀直哉旧居）→尾道水道（向島の海岸線），④向島の渡船乗り場など海岸部→千光寺，浄土寺多宝塔，⑤尾道駅前（歩道橋上）→千光寺山である。
(2) 青森県のふるさと眺望点は県の景観計画には明記されていないが，景観条例に定められており（第21条），1999年3月に県内の市町村から各1カ所ずつ，合計67カ所を選定している。
(3) 富山県のふるさと眺望点も青森県同様，県の景観条例において定められている（第37条）。ただし，青森県とは異なり，景観審議会眺望点選定部会が春・冬部門の指定候補視点を11地区選び，このなかから県民の投票によって地区指定を確定しようというものである。2007年7月3日までがインターネットによる投票期間となっている。
(4) その他の4項目とは，①サスティナブルな都市構造，②世界都市・地方都市のそれぞれの再生，③安全・安心な都市，④官民協力による都市の総合マネジメント，である。
(5) さらに続いて，④利用者利便や業務の能率性の向上，⑤民間の知見・手法の活用，⑥公明かつ透明な手続きが列挙されている。
(6) 次節「都市における景観アセスメントの現段階」参照。
(7) 上記2項目に続いて列挙されているのは，「持続性」と「日常生活を支えるサービスへのアクセスのしやすさ」である。
(8) 規制改革・民間開放推進会議『規制改革・民間開放の推進に関する第一次答申（追加答申）』2005年3月23日，「II分野別各論，11住宅・土地・環境」の項。
(9) 土地資産額のデータから地価関数を推定し，この場合では景観整備がもたらす土地資産の増加分で景観整備の便益を計算する方法。要素別の計測が可能であるが，非利用価値を推し量ることは困難である。
(10) この場合，景観構成要素と支払意思額との複数の組合せのうちから好まれるものを選択してもらうことにより，支払意思額を推定し，便益を計算するという手法。景観要素別に計測が可能であるが，調査が膨大となる難点がある。
(11) 「景観形成の経済的価値分析に関する検討報告書」国土交通省都市・地域整備局，2007年6月，92頁。なお，ヘドニック法・コンジョイント分析以外に景観形成の価値分析に用いることが可能な手法として，CVM（仮想市場評価法），代替法，旅行費用法，産業関連分析などがあげられている。（同，3頁）

(2007年7月)

都市における景観アセスメントの現段階

環境アセスメントの中の景観問題

「環境影響評価法に基づく基本的事項」は5年程度ごとに点検し見直すことが定められているが，最も近年では2005年3月に改正されたところである[1]。この改正に先立ち，2004年度に設置された基本的事項改定に関する技術検討委員会[2]の議論を取りまとめた報告書[3]の中で，景観について以下のように指摘されている。

「『人と自然との豊かな触れ合い』について，閣議アセスにおける内容からはその概念が大きく拡がった分野であり，今後より適切な環境影響評価の手法の普及が期待されるところがある。特に，『景観』については，従来は一つの案を示してそれについて環境影響が少ないとする評価手法が用いられることが多かったが，景観デザインは数多く想定し得ること，その中にいくつかの案を示して評価を行うという複数案の比較検討による手法が技術的に可能であるとともに効果的であることから，このような評価手法の選定について検討される必要がある。」[4]

さらに報告書は続けて，次のように述べている。「『景観』については，自然景観に限定することなく，日常生活の身近な景観，文化的側面を有する景観，および歴史的な景観についても含められるよう柔軟に考える必要がある。」[5]

こうした指摘を受けて，景観分野の環境影響評価に関して，2005年度に環境省総合環境政策局長の委嘱によって技術検討委員会（委員長熊谷洋一東京大学教授）が設けられ，ひとわたりの議論を行った。その結果は「景観に関する環境影響評価の今後のあり方」[6]として取りまとめられている。本節は，この技術検討委員会に都市計画分野の専門家の立場から委員として議論に参加したものとして，委員会の議論に即したかたちで景観アセスメントの中の景観の取り扱いに関する問題点をまとめて論じたい。

「基本的事項」の別表に，景観は「人と自然との豊かな触れ合い」という大項目のうちに分類されている。この大項目の中で，景観をアセスメントすることが定められているのである。このことは，周知のとおり，環境基本法にいう「人と自然との豊かな触れ合いが保たれること」（法第14条

第3号）を確保することのために定められている。つまり，景観は自然との触れ合いの中で評価されるにとどまっており，都市的な景観の価値は，少なくとも「基本的事項」の枠内では，評価されていないのである。

そして，そうした枠のもとで「基本的事項」は景観に関して，その影響評価の基本的な方針を，「『景観』に区分される選定項目については，眺望景観および景観資源に関し，眺望される状態および景観資源の分布状況を調査し，これらに対する影響の程度を把握するものとする」(7)と規定しているにとどまっている。この表現は2005年の改正でも変化がない。

ここでは明らかに，環境アセスにかかる現状改変行為は良好な自然景観を阻害する恐れのあるものとしてのみ捉えられているといえる。自然対人工物の対比の中でしか景観に関するアセスメントが意識されていない。

ところで，環境影響評価法は環境アセスの対象となる事業に対して環境影響評価の判定（いわゆるスクリーニング），方法書（いわゆるスコーピング），準備書および評価書のいずれの作成段階においても都道府県知事の意見を述べることができることとなっている(8)。市町村長も方法書および準備書段階において都道府県知事に対して意見を述べることができ，知事は意見を述べる際には市町村長の意見を勘案しなければならないとされている(9)。また，一般市民も方法書および準備書段階で自由に意見書を提出することができる(10)。

そして提出された意見書のうち，景観に関する部分は必ずしも景観を「人と自然との豊かな触れ合い」のためのものとして評価するだけではないことは想像に難くない。とりわけ都市景観の一環として出現するであろう景観を予測し，それを評価することを通して意見を述べるという姿勢は容易に想像できる。そしてそのような景観の理解を何人も止めることはできない。

さらに，都道府県の環境アセス関連条例の技術指針等において景観の捉え方を見ると(11)，大半のところは環境基本法第14条において明示されている「人と自然との豊かな触れ合い」を踏まえているものの，環境要素の区分を見ると，都市景観について記載しているもの（北海道，神奈川県，大阪府）があり，歴史的・文化的景観に関して触れているもの（岐阜県，愛知県，京都府，大阪府，長崎県，沖縄県）も少なくない。さらに，歴史的・文化的遺産の保全等の文化財的な価値に触れているものは30府県にまでのぼっている。

つまり，環境アセスの法体系における景観の問題は，法文上は「人と自然との豊かな触れ合い」に限定されているが，意見の表出する権利を有するものは必ずしもそうした枠組みにとらわれずに意見を出すことが可能で

あるうえに，都道府県条例においてはこうした範疇を超えた規定が多数存在するという矛盾した立場に置かれているのである。

　これは明らかに「基本的事項」の側に問題がある。景観を「人と自然との豊かな触れ合い」の側面に限定すること自体が景観を一面的にしか捉えていないという認識の狭さをさらけ出しているからである。これこそまさしく，景観に関して2004年度に基本的事項改定に関する技術検討委員会で議論された内容であった。

　「基本的事項」の別表を改定する必要があることは明らかである。そしてそのことは環境省も認識している。しかし，問題はどのような手法で改定の方向を見定めるかということである。また，市民意見や都道府県知事意見などの多様な位相を単純にふるいにかけるのではなく，合意形成への貴重なインプットと見なして次のステップを構築する創意に富んだアセスメントの工夫が必要になっている。

　この点に関しては，環境アセスの従来の方法からは智恵が出てくるとは思えない。例えば，建設される構造物の形態や意匠，色彩などに関しては，従来の不可逆的なスクリーニングやスコーピングの段階的手法とはまったく異なった，応答型・対話型の手法が求められているからである。構造物の色彩は周辺環境に多大な影響を及ぼすといえるが，色彩の決定は最後の最後まで自由に選択する余地がある。つまり色彩に対処するには従来の公害防止型の環境アセスでは対応できないのである。

　環境アセスの中の景観問題を突き詰めて考えていこうとすると，従来とはまったく異なったアプローチを模索しなければならなくなる。そして解決の糸口は，現在すでに各地の景観条例などで試みられている合意形成の手法の中に存在するのではないかと考えることは十分合理的である。また当面，解決に至る手がかりがほかでは見出せないので，消去法的に考えても，都市計画的な施策に着目せざるを得ないという側面もあるだろう。

都市計画コントロールの中の景観問題

　それでは都市計画の分野では，景観のアセスメントの問題をこれまでどのように考えてきたのだろうか。

　都市計画や建築行政の分野では，土地利用規制や密度規制，建築物の形態規制が中心であり，周囲からその建造物がどのように見られるのかといった景観の問題は従来から脇に追いやられてきた。美観地区や風致地区といった制度も大正時代からあるにはあったが，主観に関わるような規制には多くの自治体が消極的であった[12]。

　景観問題は，多くの都市において1960年代の歴史的環境保全の問題と

して意識化されていった。そこでは周囲との形態や素材，色彩上の調和が判断のほぼ唯一の基準であり，文章によって曖昧に表現された要綱の指針をもとに，事前届け出された建築計画に関して，行政担当者と開発事業者とがブラックボックスで協議を行うという行政指導が行われていった。これは景観アセスメントとはいえないものであった。

なぜ，このような形式が各地で定着していったのか。

一つには，憲法で保障された財産権を制約する根拠として景観を打ち出すことが困難であったため，事業者への行政指導によるお願いの域を出ることができなかったことがある。また，建築確認申請等の届出書類が個人情報にあたるものであるため，確認処分以前の計画段階の図面についてオープンな議論ができにくかったという側面もあった。目指すべき都市像も和風の伝統的景観であったため，建築デザインも，それが受け入れられるものか否かを別にして，とりたててアセスメントの手順を踏まなくても容易に想像できるものではあった。アセスメントよりも，むしろデザインのガイドラインを用意することによって緩やかに誘導していくことに主眼が置かれた。

そもそも開発優先の世論が圧倒的に優勢な時代であったので，歴史的な町並みのように明白な景観上の手がかりがあったとしても，それを景観形成上の根拠として説得することは非常に困難であったといえる。行政担当者もしくは地元活動家の献身的な努力によってようやく景観上の配慮がかろうじて合意されるような時代であった。したがって，閉じられた内部での説得工作でようやく景観配慮が受け入れられるというのもやむを得ない時代であったといえよう。

1980年代に入り，各地でいわゆる都市景観条例といわれるものの制定が相次ぐようになり，歴史的な町並み景観だけでなく，都心部の近代的景観の整備や大規模な構造物の周辺への配慮を課題とした規制が次第に多くなってきた。それに伴って，特定の事業を景観面からどのように評価するのかが問題になってきた。

そこで次第に脚光を浴びるようになってきたのが，建築家や都市計画家などの専門家の関与によるデザイン・レビューである。具体的には，自治体での事前協議の窓口に専門家が立ち会うもの[13]や事前協議は行政担当者が行うもののその背後にアドバイザーとして専門家を委嘱するもの[14]，さらには条例などによって設置された景観審議会やその部会が重要な案件を合議制で審査するもの[15]など，自治体によって種々の方式が編み出されていった。

しかしいずれの場合も，ブラックボックスだった事前協議の場を控え目

に専門家に開いたにすぎず，アセスメントの視点からするとまだまだ不十分な制度にすぎなかった。

景観法下の景観アセスメントの可能性

　こうした膠着状況に大きな変化をもたらしたのが2004年6月18日に制定された景観法である。景観整備へ向けた政府の動きが決定的になったのは，景観法の前年2003年7月14日に発表された「美しい国づくり政策大綱」[16]だった。

　景観法は美しい国づくり政策大綱が掲げた具体的施策展開の15の柱の一つ（当初は「景観に関する基本法制の制定」とされた）であったが，同時に掲げられたのが「公共事業における景観アセスメント（景観評価）システムの確立」だった[17]。

　景観施策への市民参加を促すためには，事業が実施された場合の景観上のインパクトを詳細にシミュレーションし，モンタージュ写真などを用いて，市民にわかりやすいかたちで，事後の姿を描き出すことが不可欠である。

　とりわけ，設計に選択肢がある場合には，敷地内の図面だけによる審査ではなく，周辺環境まで含めて，平面図だけではなくグランドレベルからの透視図などのように，一般市民の視線でその影響を評価する必要がある。そうすることによって，ようやく市民は事業の可否に関して手がかりを得ることができることになる。都市内の事業では，その視覚的な影響が広範に及ぶので，合意形成のうえでもこうした手続きは欠かせない。美しい国づくりと景観アセスメントは不可分なのである。

　それでは，美しい国づくり政策大綱の発表以降，「公共事業における景観アセスメント（景観評価）システムの確立」に関してどのような施策が実施されてきたのか。

　2004年6月25日，国土交通省は「国土交通省所管公共事業における景観評価の基本方針（案）」[18]を制定し，地方整備局へ通知している。しかしここでいう「景観評価」とは，「事業者が，地方公共団体，住民等や学識経験者等の多様な意見を聴取しつつ，事業実施により形成される景観について，「景観整備方針」を作成し，これに基づき客観的，論理的な価値判断を行い，その内容を事業計画に反映させること」（『基本方針（案），第2「定義」』より）とされており，通常の環境アセスメントの手続きとは異なった枠組みを意味している。

　また，その過程で策定される「景観整備方針」とは，「当該事業により整備する施設や空間およびその周辺景観との関係などについて示す景観形

成の基本的な考え方・方向性などであり，事務所等が景観検討を行ううえで基本となるもの」（『同上，第4「対象となる事業と評価実施主体」の4「評価の内容」』より）とされている。

　つまり，国土交通省が所管の公共事業を行う際に留意すべきものとして取りまとめた「景観評価」のシステムとは，市民ワークショップの成果や景観アドバイザーとして国土交通省より任命された専門家による助言などをもとに，個々の事業ごとに景観整備方針を作成することを意味しているにすぎない。

　もちろん，景観整備方針を単に策定するのみならず，その後にはその方針に基づいて景観の予測・測定を行い，整備を進めることが想定されてはいるももの，アセスメントが地方公共団体や一般市民に広く開かれているわけではないという意味では限界がある。

　そうした限界はあったとしても従前と比較すると大きな前進ではあるということができるが，これは景観配慮の最初のステップでしかないのは明らかである。

　例えば，景観整備のためのマスタープランにおいて景観整備方針が織り込まれ，さらに具体のデザインが提案されていく段階において，上記の各方面の意見を取り入れつつ景観評価の手順書や景観影響評価書を策定していくことが想定される。また，こうした全体のプロセスを景観ガイドラインとして定めることも考えられる。

　いずれにしても，国土交通省所管の公共事業に関して景観評価システムが曲がりなりにも提案され，2005年より試行の段階に入っている。2006年度末の時点でモデルとして取り上げられた44事業のうち，23事業について景観整備方針の策定を終えており，1事業において事業そのものが完了している。

　試行44事業の多くはダムや港湾，河川の事業であり，直接都市景観と関連の深いものは多くはないが，庁舎建設（室蘭法務総合庁舎，横浜地方気象台，熊本合同庁舎）や道路の建設（大阪湾岸道路，松山外環道路）や拡幅（金沢市香林坊周辺地区）などにおいて都市景観上の配慮が検討されている。

　一方，美しい国づくり政策大綱の柱の一つである「分野ごとの景観形成ガイドラインの策定」においては，景観アセス的な要素は，多くの場合，合意形成のための視覚的手法としてのみ取り上げられているにすぎない。例えば，「景観形成ガイドライン『都市整備に関する事業』（案）」（2005年3月）[19]では住民等の参画・連携の一環として，フォトモンタージュやスケッチパース，CG，模型等のビジュアル・シミュレーションの有効性

が説かれているにとどまっている。

都市における景観アセスメントの実際

　都道府県の環境影響評価条例に基づいて都市内の景観アセスメントが実施された近年の事例として，JR東日本による東京駅〜上野駅間の東北縦貫線整備事業をあげることができる。この事業は両駅間約3.8kmに東北・高崎線および常磐線と東海道線の相互直通運転ルートを整備するもので，高架橋新設部約1.3kmのうち，長さ約600mの区間は東北新幹線の上に縦貫線が重層的に乗り，合計の高さが約22mに達するという事業である。

　スクリーニングの段階で騒音・振動，日影，電波障害，廃棄物と並んで景観が環境影響評価項目として取り上げられることとなり，2006年12月現在，環境影響評価書案が告示され，縦覧中の段階である。

　評価書案の景観の項目は，①地域景観の特性の変化，②代表的な眺望地点からの眺望の変化，③圧迫感の変化の3点に関してアセスメントを行っている。

　この結果，高架橋に関しては，周辺環境にとけ込むよう材質，色彩等に配慮すること，防音壁に透光板を採用することによって圧迫感の軽減に努めること等の措置によって，評価の指標である「事業区間周辺の自然，歴史，文化及び地域性等に配慮すること」を満足すると結論づけている。

　代表的な眺望地点は，計画されている高架線に沿った道路沿道と高架線に直行する道路沿道のそれぞれから複数の地点が選ばれ，フォトモンター

写真1-18　神田駅周辺高架重層化の景観変化シミュレーション。東北新幹線の高架部のさらに上部に乗せるかたちで計画されていることがわかる。（出典：パンフレット「環境影響評価案のあらまし－東北縦貫線（東京駅〜上野駅間）整備事業－」東日本旅客鉄道株式会社）

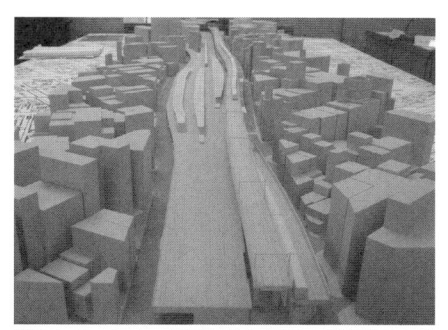

写真1-19　同上，模型による検討。高架線の右端に二重の高架線として計画されている。

写真1-20　事業者による概要説明の後，模型を前にした千代田区景観まちづくり審議会の検討の様子

ジュによってシミュレーションが行われた。

　他方，同路線の高架計画区間は大部分が千代田区内にあり，千代田区景観まちづくり条例に定められた事前届出の対象である。同条例に沿って事前協議が実施されたほか，環境影響評価書案が公示された直後の2006年12月には，景観上重要な事業であるとして同条例のもとに設置された千代田区景観まちづくり審議会にかけられ，事業者からの事業内容の説明が行われた。続いて質疑応答，傍聴者からの意見聴取等が行われ，結果的に神田駅周辺の景観向上施策を実施すること等によって高架建設による圧迫感の増大等を補償する措置を追加することが要請され，事業者に伝えられたところである。

　なお，千代田区においては，景観まちづくり審議会での審議に関して，事業者が計画内容を説明し終わるまでに傍聴者から質問や意見の要旨を書面で受け付け，会長が適当と認めた場合は時間を限って傍聴者の発言を認めている。

　これまで，このような参加型の制度を10年近く支障なく運用してきている。同審議会発足以来の会長として筆者はこうした仕組みの円滑な運営に心を砕いてきたが，景観のように視点によって主張が異なることが少なくない分野において合意形成の方途を探っていくためには有効なものであるという強い感触を持っている。そのための前提として，情報の積極的な公表による現状認識の共有，専門家の継続的な関与による公平で民主的な議事運営，透明な意思決定プロセスなどが必須であると考える。

　都市における景観アセスメントはいまだ試行の段階ではあるが，景観法の制定以降の世論の高まりとともに，次第にその位置づけが確固としたものになりつつあるといえる。この動きをさらに一歩前進させるためにも，

景観の問題を「人と自然との豊かな触れ合い」という大項目にのみ分類している現行の「基本的事項」の別表の早期の改定が望まれる。

同時に、眺望に特化した現行のアセスメントの方式を日常的な景観や地域特性の保全等を評価する方式へと広げる必要がある。

環境省もこの改定を次期の基本的事項改正に係る主要課題の一つと捉えており、そのための検討も進められつつある。議論の進展を期待したい。

注
(1) 1997年12月12日環境庁告示第87号、最終改正2005年3月30日環境省告示第26号。
(2) 環境影響評価の基本的事項に関する技術検討委員会（委員長須藤隆一生態工学研究所代表）
(3) 『環境影響評価の基本的事項に関する技術検討委員会報告』同委員会、2005年2月、http://www.env.go.jp/press/file_view.php3?serial=6407&hou_id=5732
(4) 『同上』p.7、「環境影響評価項目等選定指針に関する基本的事項」のうちの「環境要素の区分ごとの調査、予測及び評価の基本的な方針」の指摘の一つとして記載されている。
(5) 『同上』p.7
(6) 『平成17年度環境影響評価技術調査（生態系の定量的評価モデル整備推進事業及び自然触れ合い分野の技術手法調査）報告書 景観に関する環境影響評価の今後のあり方』（財）自然環境研究センター、2006年3月、http://assess.eic.or.jp/7-2guideline/file/
h17-02.pdf
(7) 「環境影響評価法に基づく基本的事項」（2005年3月30日環境省告示第26号）の「第二　環境影響評価項目等選定指針に関する基本的事項」の「二　環境要素の区分ごとの調査、予測及び評価の基本的な方針」の（3）ア。
(8) 環境影響評価法第4条第2項（いわゆるスクリーニング段階）、第10条、第14条第1項及び第20条（いわゆるスコーピング段階）、第21条第2項（評価書段階）。
(9) 同法第10条第2項及び第20条第2項。
(10) 同法第8条及び第18条。
(11) 都道府県の環境アセス関連条例の景観に関する記述の分析に関しては、注6のpp.16～20を参考にした。
(12) 例えば、西村幸夫＋町並み研究会編『日本の風景計画—都市の景観コントロール 到達点と将来展望』（学芸出版社、2003年）の「第1章　日本における都市の風景計画の生成」参照。
(13) 例えば、新宿区景観まちづくり条例（1991年12月2日公布、1992年4月1日施行）による事前協議システム。
(14) 例えば、千代田区景観まちづくり条例（1998年3月31日公布、同4月1日施行）による事前協議システム。
(15) 例えば、金沢市伝統環境保存条例（1968年4月1日公布、のち金沢市における伝統環境の保存及び美しい景観の形成に関する条例（1989年4月1日公布））による事前協議システム。
(16) http://www.mlit.go.jp/keikan/keikan_portal.html。青山俊樹国土交通省事務次官（当時）のイニシアティブによって推進された美しい国土づくりへ向けた国土交通省の政策の枠組みを示した綱領的文書である。
(17) このほかに「美しい国づくり政策大綱」に掲げられた政策の柱として、「分野ごとの景観形成ガイドラインの策定」、「緑地保全、緑化推進策の充実」、「屋外広告物制

度の充実」,「電線類地中化の推進」などがあった。
(18) http://www.mlit.go.jp/kisha/kisha04/13/130625/02.pdf。
(19) http://www.mlit.go.jp/keikan/keikan_portal.html。このほかに2006年12月現在,河川,道路,港湾,海岸景観,航路標識,住宅・建築物,官庁営繕の事業に関する景観ガイドラインが作成されている。

(2007年2月）

オホーツクの「風景おこし」

オホーツクのまちづくり

　北海道紋別郡上湧別町，といってもご存じの方はそう多くはないかもしれない。人口7,000人余のこのオホーツクの町に初めて訪れたのは1999年のことだった。かれこれ10年近いつき合いとなる。そしてこの期間は，上湧別町にとってはある意味で市民主体の風景づくりの揺籃期であったといえる。そしてこれは，そうした時代からの証言でもある。いささか特殊なケーススタディではあるが，そこから見えてくるものはこの国全体に応用可能だと思える。簡潔に紹介したい。

　網走支庁に属する26市町村の官民が集まってオホーツク委員会とオホーツク21世紀を考える会を立ち上げたのは1990年のことだった。ブレインは月尾嘉男東大教授（当時）。委員会の活動は，ITによる情報発信として共通のホームページであるオホーツクファンタジア（http://www.ohotuku26.or.jp/）でも知られている。ちなみにこのホームページは，1997年のインターネットアワード自治体部門地域活性化センター賞を受賞している。

　初期のオホーツク委員会の中心的なイベントの一つにオホーツクまちなみコンペティションがあった。これはある有名建築家を中心に，地区レベルでユニークな景観作りの発想を競うアイディア・コンペだった。これはこれで刺激的な提案が若手から提起され，地元も盛り上がったのではあるが，現実離れしたコンペ案の理想を現地で実際の風景づくりに活かす手がかりはなかなか見つからなかった。3回のコンペを終えた段階で，もう少し市民が主体的に風景づくりに関われないものかという模索の時間が過ぎていった。

　「オホーツクの町並み再発見」をキャッチフレーズに，市民主体の風景づくりへ向けた第二ステップの試みがスタートしたの

写真1-21　北海道紋別郡上湧別町の直線道路。上湧別の道路は例外なく格子状だ。これも一つの歴史，まぎれもない開発の意図の歴史なのである。

が1999年，その最初のフィールドにと名乗りをあげたのが上湧別町だった。町域を舞台に町民と共に風景の再発見を行うこと，そのプロセスを通して町民による風景づくりの仕組みを構築することがプログラムの目的だった。直接的な作業は3人のコーディネーターともどもまるまる3日間泊まり込みでまちの再発見を試み，最後に町長をはじめとしてまちの人々の前で模造紙やパワーポイントを用いて発表会を行うというもの。狙いは，3日間の発見内容にもあるが，むしろそこで仲間意識が生まれてくること，町民自らの風景づくりへとうまく橋渡しをすることだった。

上湧別町でスタート

　上湧別町は私にとって初めてのまちだった。訪問して驚いたのは，すべての道路が直線のグリッドであること。北海道のまちなので当然といえば当然だが，歴史的な手がかりからまちの特色をあぶり出すことが得意な私としては，いささかとまどってしまった。まちの真ん中を北東から南西方向へ一直線に国道242号線が走り，これがまちの唯一の軸線であり，商店街でもある。一見無性格に見えるそれぞれの直線道路にどのような発見があるのか，まちに住む人々にとって，またコーディネーターの私自身にとっても，これはかなりの挑戦である。そのうえまちは中湧別と屯田市街地という二つの中心的な集落からなっており，随一といえるヘソがない。かつては中湧別と網走を結ぶ国鉄湧網線があったが，89.8kmの路線は1987年3月20日に廃止されている。現在旧中湧別駅舎周辺は小公園となってやや面影をとどめているにすぎない。

　30人近くの参加メンバーと3班（地区レベルで細かく見る班，町域レベルで全体を見る班，広域レベルで広く地形を中心に見る班）に分かれてまち歩きを行っていくうちに，みんないろんな発見をし始めた。例えば……。

　同じ直線の道といってもすべて格子状になっているわけではなく，ある道は行き止まりになっていたり，ある道は細かったり，ある道は突き当たりに神社があったり，ある道はクランク状に曲がっていたりしている。なぜか。おそらく，屯田兵村をつくるときのまち割りが基礎となっているからだろう。

　また，道路の軸線自体も何か意味がありそうだ。北海道開拓にあたってグリッドの基軸となる道路が図面の上に引かれており，これを基線という。基線をもとに15号線や20号線などの呼称が決まっている。基線の引き方に何か理由があるのではないかと考え，みんなで想像をたくましくしてみた。その結果出た意見は，海岸線と垂直に，湧別川が流れる中心の平野を一番奥まで見通せる線が基線になっているのではないかということだ

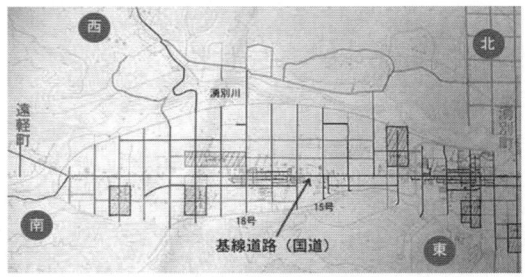

写真1-22 ワークショップで示された上湧別町の道路構造。グリッド・パターンの道路にもそれぞれ違う色合いがあることがわかる。（出典：オホーツク・ファンタジアのHPより）

写真1-23 ふるさと診断・上湧別ワークショップの様子（1999年）（写真提供：オホーツク21世紀を考える会）

った。そしてその先が山にぶつかるように線が引かれている。この線が国道242号線になっている。つまり、ただまっすぐなだけに見える国道にも、そのように設定される理由があるらしいのだ。

道路の呼称もいろいろある。〇〇号線という基本路線だけでなく、それに垂直に交わる東1線や西1線など、居住地区には東1条や西1条などのより細かいグリッドもある。さらに旧屯田兵村は「4の1」や「5の2」などの呼び方がされている。そもそも北兵村や南兵村などの集落名が残されていること自体貴重ではないか。上湧別では現在も屯田兵の子孫が約3割を占めているという。「4の1」などという呼び名も屯田兵の4中隊1区から来ているという。地名にもまちづくりの手がかりがあった。

煉瓦の「発見」

おもしろいのは道路だけではない。地域に煉瓦造の建物が目につく。手分けして調べていくと、数日の調査だけでも30棟あまりが見つかった。町史を読み返してみると、かつて煉瓦工場があったことがわかる。1918年から1960年まで煉瓦は営々と作られていたのだ。このまちには今でも土管な

写真1-24 南兵村3区の煉瓦の門柱。屯田兵村の数少ない名残りであると同時に煉瓦を豊富に産み出した土地の記憶でもある。

どの製造工場がある。ひょっとすると上湧別は煉瓦のまちといえるかもしれない……。

この点に関しては後日談がある。「かみゆうべつ20世紀メモリープロジェクト」というボランティアグループが生まれ，大人の自由研究として煉瓦を巡るいくつかの企画が進んでいる。例えば，煉瓦造りの通りの門柱の復活。ただ一つ残されている南兵村3区の門柱をモデルに，それぞれの集落の入口のシンボルとして煉瓦造の門柱を再現しようというプロジェクトが進みつつある。

また，町内の煉瓦造建物を網羅した煉瓦地図を作ろうというアイディアは，「上湧別デジタル・レンガ・マップ」として結実し，2000年12月に一応の完成をみている。印刷版とCD-ROM版，それにホームページ版が用意されている。印刷された「かみゆうべつレンガ地図」には，65棟の煉瓦造の建物が写真と共に紹介されている。さらにデジタル・レンガ・マップには次のような制作者たちのコメントが付されている。

「私たち自身はレンガマップ作成を通して町を見つめ直す良い経験となり，ふるさとを再発見したようだと感じました。この町には誇れるものがあるのです。美しい光景があるのです。いつも見ていた景色のはずだったのに違って見えるのです。この町に住みながらこの町を旅したのです。意識革命の起きた自分自身を感じました。」

「私たちは魅力ある街を作りたい，そう思ってレンガマップを作って来ました。そうして最終的に気が付いたのは，町づくりや活性化はお金の問

写真1-25　模造紙版レンガ・マップ作成の様子（上）と紙版レンガ・マップ（下），20世紀メモリープロジェクト作成

題ではなく，意識の問題だということです。町はみんなの意識で変えていくものなのです。レンガマップ作成過程を通じて，『魅力的な街を作るには自分たちが魅力的な人間になる必要がある。』私たちはそのことに気づいたのです。『煉瓦は美しい』と気づいた我々は少しは魅力的になったかな。」

ワークショップの感想

このようなフォローアップこそ，私たちが目指した市民主体の風景づくりの根本である。それを上湧別の人たちは3日間の作業で自然に体感してくれたのだ。その様子はオホーツクファンタジアの上湧別のページ「まちなみ診断を終えて感想寄せ書き集」（http://www2.ohotuku26.or.jp/matinami/kamiyubetu/kansou.html）からも伝わってくる。いくつかの感想を拾ってみよう。

「自分の住む町がこんなに魅力的な町であることに気づかされた」（遠藤昌法さん）

「今回の3日間，見る物見る物わくわくするようなあの楽しい，新しい気分は何だったんでしょうか。似ている気分と言えば，見知らぬ土地へ旅行に行った時の気分とでもいいましょうか。この町に住みながら，この町を旅行したんですね」（嘉野浩一さん）

「集中的に作業を行った3日間は本当に貴重な体験でした。3日間であれだけの成果品ができたこと，それまで知らなかった人たちと共に作業ができたことなど，数え切れないほどの宝を手に入れたと思っています」（中野一之さん）

「3日間では絶対にできないと思っていたことができてしまった。3日間で得た貴重な体験をこれからに活かすことが一生の課題になってしまった。ふるさと上湧別町を自慢できる材料探しを，今の仕事を通して続けて行きたいと思います」（三宅正人さん）

「この町のこの種の活動では，例をみないぐらい感動的であったと思います。かつ，その後の取りまとめを二週間毎日のように作業して取りまとめた情熱は，称賛に値するもので，これで終わらせたくないという思いが伝わってくる思いです。是非これを出発点として，町始まって以来の民主導の町づくりが始まることを祈念いたします」（工藤徹さん）

写真1-26　上湧別ワークショップ発表会でのひとこま。（写真提供：オホーツク21世紀を考える会）

「宝石のような体験ができました。……たまに五鹿山の頂上に登ってみようか」（尾山弘さん）

文中にある五鹿山とはオホーツクが一望できる山で，上湧別を広域で見たときに重要な眺望点である。普段あまりに身近すぎて見直すこともないこの山を，もう一度新たな目で再評価したいという気持ちが込められているのだ。

オホーツクの「風景おこし」

一つのきっかけからまちが動き出そうとしている現場に立ち会って，私は，曲がった道が，つまり歴史を背負った道が一本もないこの上湧別のまちで，まちの風景を手がかりにしたまちづくりができるのなら，どんなまちでもこうしたことは可能なはずだという確信を持つに至った。上湧別町への入植が始まったのは1897年のことである。もちろん上湧別に歴史がないわけではない。屯田兵という誇るに足る歴史がある。しかしそれは意識しないと見えてこない。要は，デジタル・レンガ・マップの制作者コメントにもあるように，「町づくりや活性化はお金の問題ではなく，意識の問題だということ」なのである。

私たちの心の中には無限の美しさや無限の感動を感得する余地が十分あるのだ。それがある限り，現実の風景もよくならないはずがない。「景観」は公共事業で整備もできるかもしれないが，「風景」はまずはひとの心に根ざすものである。とすると，これは「風景づくり」というよりも「風景おこし」とでも言った方が正確かもしれない。問題はいかに「風景おこし」の地点に向けて出発できるかにかかっている。……これが上湧別町との交流の中で私が得た「風景おこし」観である。そしてそれはオホーツクの北のまちにとどまらず，ひろくこの国全般にあてはまると思う。

今日も，上湧別の風景おこしの仲間たちは元気にネットワークを広げている。みんな地域の立派なリーダーに成長している。ここにわくわくするような夢がある限り，風景は次第に育っていくのだろう。

（2004年1月）

路上の青空は誰のものか

　この国には総数3,300万本もの電柱が存在しているという。その6割が電力柱，4割が電信柱である。そしてその数は一貫して漸増傾向にある。電線敷設の要求の方が無電柱化の努力を上回っているからである。先進諸国の都市と比較しても，日本の都市の電柱氾濫ぶりは突出しているといわなければならない。欧米の先進国のみならず，アジアの大都市と比較しても日本の大都市は遅れているといえそうである。

　確かに大都市の顔といわれるような地区での無電柱化はそれなりに進んできてはいる。しかし，一歩横丁に入ると，あるいは郊外へ向うと，まだまだ状況は改善しているとは言い難い。

　この国の電線地中化の努力はどのように進められてきたのだろうか。

電線類地中化の五カ年計画

　戦前には一部の先進的住宅地や商業地などで進められてきた電線類の地中化も，戦後は顧みられることもなく，裸電線の被覆化による架空方式が標準とされた。1980年代前半までは，電力需要が特に高い地域や架空設備の設置が安全面等で困難であるといった例外的な場合を除いて地中化が進められることはなかった。

　1980年代に入って，高度な景観整備がモデル事業というかたちで実施されるようになってくると，電線類の地中化に対する要望も次第に強くなってくる。1984年度には，建設大臣の私的諮問機関であったロードスペース懇談会が電線類の段階的な地中化を提言している。続いて翌1985年度には，関係省庁と電線管理者等で組織されたキャブシステム研究委員会によって道路管理者が設置するキャブと呼ばれる蓋付きの溝による電線収容システムが開発され，電線類地中化の進め方が検討された。

　これらを経て，1986年度から本格的な電線類地中化の施策が全国展開されるようになる。以降，電線類地中化の五カ年計画は第1次（1986～1990，全国総延長1,000km，整備量は200km／年），第2次（1991～1994，4カ年で前倒し終了，全国総延長1,000km，整備量は250km／年），第3次（1995～1998，同，全国総延長1,400km，整備量は350km／年），新電線類

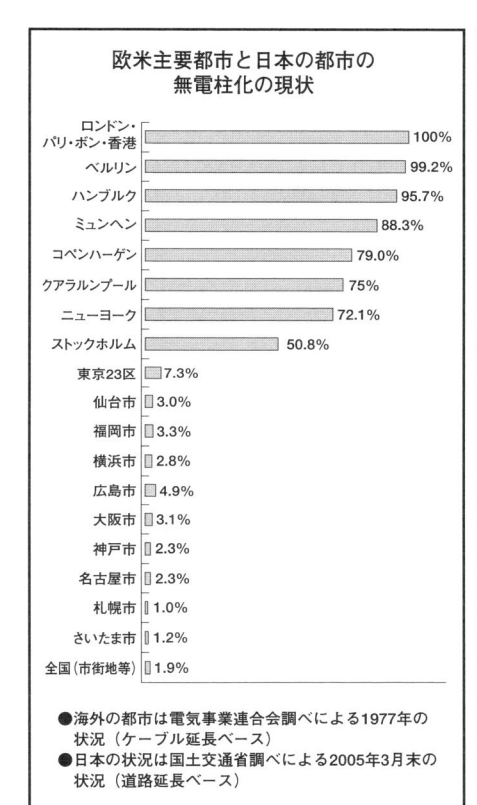

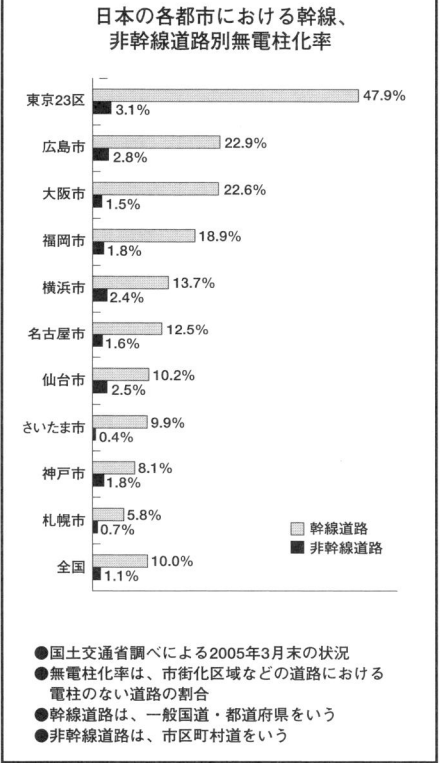

図1-20　無電柱化の状況（世界各都市の現状と国内各都市の進捗状況）（出典：国土交通省資料に一部加筆）

地中化五カ年計画（1999～2003，全国総延長2,100km，整備量は420km/年）と目標値を拡大しつつ，続けられてきた。

　この結果，市街地内の幹線街路のうち約9％，合計5,500kmの街路から電柱がなくなった。対象とする街路も，当初はキャブ方式により都心のオフィス街や大規模商業の集積地で歩道幅員が4.5m以上のところに限られていたが，第3次の五カ年計画では電線共同溝により歩道幅員3.5m以上が対象となり，さらに1999年からは新電線共同溝によって歩道幅員が2.5mの中規模の商業系の幹線街路や住居系の街路にまで対象が拡がっていった。

　2004年4月に公表された新しい五カ年計画である無電柱化推進計画（2004～2008）では，5年間で総延長3,000km，年間の整備量は600km/年とこれまで以上に整備を促進し，市街地の幹線道路の無電柱化率を9％か

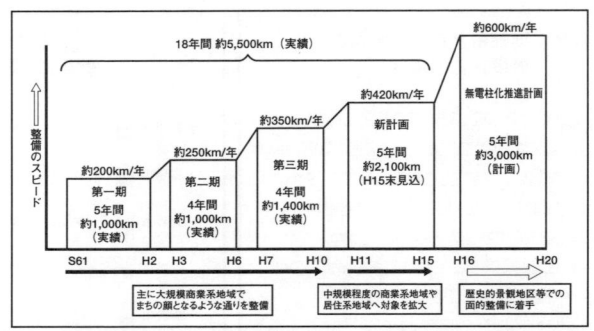

図1-21　電線類地中化の取り組み状況。次第に規模・対象が拡大してきているのがわかる。しかし，残念ながら道路全体からすると微々たるものでしかない。（出典：国土交通省資料）

(%)

	区部				多摩地域
	区部全体	都心3区			
		千代田区	中央区	港区	
直轄国道	82	100	100	89	17
知事管理道路*	29	93	83	52	13
区市町村道	3	25	31	15	1

＊都道および直轄国道以外の一般国道　　　　　　　　（2006年　東京都調べ）

図1-22　東京都内における道路管理者別無電柱化率。区市町村道の整備が目立って遅れている。（出典：東京都『10年後の東京―東京が変わる』2006年，p.29）

　ら17％へ倍増するのみならず，観光地の非幹線街路にまで対象を拡大している。

　技術的にも浅層埋設方式の採用により事業費を約20％削減することを可能とし，必要歩道復幅員も2.0mにまで縮小された。あるいは，柱状変圧器の設置によって歩道がないところでも無電柱化を図ることができるようになった。

　また，沿道建物への引込線を軒下に配線したり，裏配線にしたりすることによって，電線の地下埋設以外の方法によって無電柱化を推進することも目指すこととしている。「電線類地中化」とは言わずに「無電柱化」と表現しているのは，こうした努力も加えることを意味している。電力需要のそれほど大きくないところで高いコストをかけて電線の地価埋設を進めるよりも，様々な工夫を凝らして，結果的に地域の景観を向上することができるならば，それに越したことはないだろう。資金の効果的な投入の面からも好ましいことである。

無電柱化の公共性とは

　国庫補助事業の縮減の時代にあってこれほど突出した伸びを見せている公共事業も極めて異例であるといえるが，これも政府の美しい景観づくりへかける熱意の表れであるとしたら，歓迎されるべきである。

　しかし，こうした事態を手放しで歓迎してばかりもいられない。というのも，ここ5年間の無電柱化がいかに過去の倍のスピードで伸びるとしても，道路沿線の総体的な景観整備からするとまだまだ焼け石に水のような感覚を多くの国民は持っているからである。市街地の幹線道路だけをとっても，今のスピードで無電柱化が進んでいくと欧米のように100％に到達するのはあと55年以上先の話である。郊外部や都市内の裏道などにまで整備の手が行き渡るのには100年以上の時間が必要だということになる。景観整備の道のりはいまだはるかに長く険しいのである。

　いや，単に目標が遠くにあるというだけではない。無電柱化を現在行われているような公共事業のスキームで進めていくことが，本来のあり方として適切なのかどうかを問題とする必要があるのではないだろうか。無電柱化の公共性をどのように捉えるのかという問題を改めて提起してみたい。

　例えば，事業費負担の考え方にも，電線問題の公共性をどのように捉えてきたかが現れている。

　電線地中化計画以前は電線管理者が電線管理者資産として管路を単独で全額負担していたものが，地中化計画の進捗とともに，自治体管路方式と称される方式，すなわち，自治体資産として各自治体が管路の建設費を負担し，電線管理者がケーブルや機器類を負担するという方式がとられるようになった。

　1986年に，キャブ方式が導入され，電線収容物としてのキャブシステム本体は道路管理者が整備し，電線管理者は管路の建設費用のうち単独で整備した場合の費用を負担，さらにケーブル・機器類は電線管理者が負担するという仕組みがとられるようになった。

　電線共同溝法（電線共同溝の整備等に関する特別措置法，1995年）の施行以降は，電線共同溝を道路管理者が整備し，その費用は国および道路管理者が電線共同溝の材料費，敷設費を負担（国庫補助は1/2），電線管理者がケーブル・機器類を負担するという仕組みが成立し，現在に至っている。

　当初，電線管理者まかせだった費用負担が，次第に道路管理者，さらには国にまで拡がってきている。

　電線類地中化のこれまでの各五カ年計画において，なぜ地中化を行うのかという事業の目的を振り返ってみると，そこにも公共性の観点がいかに

写真1-27 倉敷の町並みと電柱。日本を代表する観光地倉敷ですら倉敷川畔を一歩出るとこのようにくもの糸のような電線の光景に出会うことになる。足元の伝統的な町屋が痛々しい。ただしこの通りでも近い将来に無電柱化が計画されているので、この風景も見納めかもしれない。こうした写真が笑い話になるような時代が早く来てもらいたいものだ。

構築されてきたかが読み取れる。それは次のようなものである。

第1期（1986〜1990）では、架空設備輻輳化の解消および社会公衆安全の確保が大命題であった。第2期（1991〜1994）では、これに安全で快適な通行空間の確保、都市景観の向上が加わった。第3期（1995〜1998）では、阪神淡路大震災の教訓もあって、都市災害の防止、情報通信ネットワークの信頼性の向上が加わった。第4期（1999〜2003）では、地域活性化が、そして今回の第5期（2004〜2008）では、観光振興が加わった。

当初、架空電線がもたらした問題点の解決を図ることがうたわれたものに、次第に電線地中化がもたらす副次的な効果を付加していったという構図が読み取れる。

これは一見すると至極当然のことのように見えるが、ここには一つの素朴な、しかし基本的な視点が欠落しているといえる。すなわち、本来、道路という公共空間の上空に青空を望むということは、全国民が享受することのできる権利であったのではないかということである。道路上空という公共空間が誰のものかと問われれば、それは国民共通の資産であるということができるとするならば、それが快適な状況で存在するということを維持する責務が国と地方公共団体にはあるのではないか。また、国民共通の資産を無断で利用し、コストを払うことなく青空の眺望を阻害している電線等設備管理者はそのことに対して相応の負担を支払うべきであろう。

また、以上のことがいえるとすると、道路整備の本来の目的の一部として電線収容物のスペースを供給することが加えられなければならないことになる。ちょうど、下水道が当然、道路の地下部分に敷設されていくように、電線収容物のスペースも道路の地下部分にあって当然なのである。

現在のように、各種の視点から見て必要性の高い道路から順次電線共同溝が敷設されるのではなく、軒下配線や裏配線の可能性がない場合は、例外的な場合を除いて、基本的にはすべての道路の地下部分にそのようなスペースを用意しなければならないのではないか。電信線や光ファイバーなどとの道路地下利用を振り分けて整序する計画が立てられて、その実施がそれぞれの施設管理者の責任で進められるような仕組みが必要である。道路地下部分の配置と利用の計画を法定化すべきである。

また，計画立案と推進のための費用は道路整備の特定財源が充てられるべきであることは当然である。地中化された電線の維持管理には架空線以上の費用がかかることになるが，これは，電気利用者が負担すべきであろう。つまり，電気代の一部として支払うことが適当である。

　つまり，電線類の地中化（場所によっては裏配線や軒下配線による無電柱化）は，市街化区域や人口集中地区（DID）などの人口の比較的密集したところでは，道路整備の特定財源を充て，主として国の事業として進めるべきである。道路管理者が国でない場合には，高額の国庫補助事業として率先して道路特定財源を投入すべきである。地方公共団体による裏負担が電線類の地中化の障害となっているという例をよく聞くが，国庫補助の負担率をアップすることによって解決を図るべきである。

　または，架空線を視覚公害だと考えると，大気汚染による公害健康被害補償制度を参考にして，すべての架空線管理者から汚染負荷量賦課金にあたる公道上空使用賦課金といったものを取り，これと自動車重量税の一部を引当金として加え，無電柱化のための給付金とするような制度も考えられる。

　もしくは，架空電線税とでも言うべきものを設定し，その税収を電線地中化に充てるような仕組みも考えられるだろう。電線地中化の費用のうち電線管理者分をここからまかなうとすると，架空線を減らすことへのインセンティブも生まれることになる。税制が無電柱化への推進力となるようにするのである。

　電力会社やNTTが共同で電線共同溝を建設する特定目的会社PSCを立ち上げ，道路特定財源を投入することによって公的なスペースとしての電線共同溝を建設し，ここに長期低額の使用料で電線や電信線，光ファイバーなどを入れ込むようにして，この使用料で超長期で収支を合わせるという方法もあるだろう。

　無電柱化の問題を道路管理者および電気事業者，電信事業者に限った問題としていることが，1kmあたり数億円といわれる無電柱化事業の高コスト化を招いているのではないか。公的なファンドを作ると同時に無電柱化事業を民間に解放することによって新しいビジネスモデルが生まれてくるのではないだろうか。

　いずれにしても，電線の地中化は公共の問題であるという意識から出発することが肝要である。公共性の観点からいって，市街地においては電線が地中化されているのが標準的な仕様であり，それ以外は例外でしかないといった発想の転換が必要である。

　歴史を振り返ると，こうした議論が決して突飛なものではないというこ

と，さらには今に始まったものでもないということがわかる。それは電灯の歴史を巡る以下のような議論に現れている。

電灯の歴史に見る議論

　電気が最初に日常生活に利用されるようになったのは電灯の発明からである。実用としての電灯は1880年にエジソンランプ会社が設立されたことに始まる。電灯はこれ以降，従来のガス灯を押しのけて，照明具の主流に踊り出る。ガス灯は1792年にイギリスにおいて発明され，それまでのオイルランプを押しのけて，19世紀半ばまで中心的な照明具として世界中で使用されてきた。日本でも大正時代初めまではガス灯の全盛期であったが，次第に電灯に押され，1937年にすっかり消えてしまったのである。

　ガス灯が電灯にとって代わられる過程において，ガス灯会社と電灯会社との間で激しい裁判闘争が行われたことが知られている。ガス灯会社の主張は，ガス管が地中に埋設されなければならないのに，電線は公共空間を浸食して架空に架設され，いとも容易に完成してしまう。これは電灯会社が公共の空間を無断で使用しているためであり，ガス灯会社との間の公平な競争が保証されていない。したがって，電灯会社も電線を地中化して，公衆に青空を確保しつつ，ガス灯と公平な競争を行うべきであるというものであったといわれている。

　この議論には，電灯対ガス灯という歴史の一コマが描かれているだけでなく，電線の地中化の公共性に関して，慎重に考慮されるべき普遍的な論拠が存在しているということができる。つまり，路上の青空は誰のものかという論点である。

　百年前の裁判では，電線の地中化を電灯会社の負担とするか否かが争われたのであるから，ことは競争の公平性の問題であり，街路景観の公共性の問題ではなかったという側面もある。しかし，これを今日的課題に置き換えてみると，街路景観の公共性を確保するためには電柱の撤去が必要であるということになる。今日，電柱は単に電線の架空のみならず，電話線やCATV線，有線放送や光ファイバーのケーブルなど数多くの架空線を共同して設置するという「公共的」な役割を果たすことが求められている（そのせいで現在の電柱には電線や電信線のみならず，およそ十種に及ぶ数多くの架空線を通すという「役目」が課せられている）という現状は，まったく倒錯しているといわざるを得ない。

　逆に，電柱がこうした役割を果たさなければならない現実を反省して，電柱の撤去を電灯会社の後身たる電力会社だけの責任とするのではなく，また，道路管理者ばかりに責任を押しつけるのでもなく，より公共的な枠

組みの中で国家の責任のもとに事業を推進するのが21世紀の国の課題であるだろう。

　国家主導のもと，急速な勢いで先進国の仲間入りした日本は，近代化を様々な犠牲を払いつつなしとげてきた。架空電線に象徴されるように，街路景観を犠牲にして，こうした前進を遂げてきたのであるから，犠牲になった街路景観を回復するのも国家とこの空間を利用することによって安価に事業を拡大することができた各事業者の責務であることは疑いがないだろう。

　以上の議論からいえることをまとめると，路上の青空は国民共通の資産であるということ，それを費用負担なくいわば無断で利用してきた架空の電線や通信線などは路上青空再生のために適正な状態に戻す必要があるということ，そのためのコストを国・地方公共団体と各設備管理者は負担すべきであるということである。
　こうした論理のもとに道路特定財源を無電柱化により積極的に振り向けるとともに，本来公共ものである路上の青空を電力会社や通信会社無断利用しているという現状を改めるための制度を早急に組み立てなければならない。

　　　　　　　　　　　　　　　　　　　　　　　　（2006年3月）

第 2 部

地域資産の顕在化と町並み保全型まちづくり

歴史・文化遺産とその背後にあるシステム

　主として有形の不動産文化財である歴史・文化遺産の背後に見えない伝統技能や儀礼の慣習があり，そうした社会経済システムに裏打ちされているものとして歴史・文化遺産を理解すべきであるという考え方が，どのように芽生え，どのような分野で議論されてきたかを世界文化遺産を例に考えてみたい。さらには，有形と無形の遺産を結ぶ議論が歴史を活かしたまちづくりにどのような展望を切り開いてくれるのかを論じたい。

これまでのオーセンティシティの考え方
　世界遺産条約履行のための従来の作業指針では，文化遺産は，いかにそれが顕著な普遍的価値を有していたとしてもオーセンティシティ（真正性，真実性）の審査を経なければ世界遺産として登録することはできない，と明記されていた。オーセンティシティを図る尺度として明文的に示されていたのは，材料（material）・意匠（design）・技術（workmanship）・周辺環境（setting）の四つの項目であった[1]。
　「材料」とは建築物の素材が本物であるということで，これは一番わかりやすい。とりわけ石や煉瓦の建造物が中心の西欧では容易に受け入れられる項目である。
　次の「意匠」も，建築の正しい様式のことを考えるとわかりやすい。もともとオーセンティシティという概念自体が王権に連なる正当な（偽物ではない）証明書などの文書に由来するものであるから，由緒正しいデザインという考え方もそうした系譜から自然に生まれたといっていい。
　ついで「技術」である。技能と表現することもできる。これはデザインと似ているように思えるが，デザインが最終的にハードな形として表現されるのに対して，技術はその形の出来映えを表しているので，直接にモノとして表しにくい。正統な意匠の背後には正統な技術がある。その意味では意匠と技術は陸続きである。また，技術そのものは形に表すことができないような無形文化遺産である。ここに本節のテーマである「歴史・文化遺産とその背後にあるシステム」が顔を出すことになる。
　最後の「周辺環境」は，点としての有形文化遺産そのものだけでなく，

その置かれた環境自体のオーセンティシティを問うている。単体の評価のあり方としてはずいぶん厳しいハードルだということができる。ここにはモノが点であることを超えて、周辺の地域や社会と関わることがモノそのもののあり方として求められるべきである、といった考え方があるのだ。

さて、話を再び無形の「技術」やそうした技術・技能が生み出した「意匠」に戻そう。「技術」や「意匠」のオーセンティシティを追求することは「材料」のオーセンティシティを追求することとは相容れない場面がある。

このことは木造建築物を考えるとわかりやすい。「材料」としても、木の部材は永久に不滅ではない。腐ったら根継ぎや取り替えを行う必要がある。そのときに必須なのは、従前とまったく同等のデザインを施すことのできる「技術」である。そうした大工技術を伝承していくことが、建物そのものを保存していくことと変わらず重要なのである。

こうした世界文化遺産のオーセンティシティ議論がこれまで内在させていた論理的な不整合は、木造文化遺産の修理技術の長い伝統がある日本が世界遺産条約を批准したことによって顕在化することになった。

新しいオーセンティシティの考え方

オーセンティシティの考え方を拡張しようという一連の動きは1994年、奈良で開催されたこの問題に関する国際会議で一つの新しい展開を見ることになった。その会議の場で採択された「オーセンティシティに関する奈良ドキュメント」が、その後の歴史・文化遺産全般のオーセンティシティの窓を大きく外部に開いたのである。

オーセンティシティは、上記の四つの項目を含む多様な文化的情報源の信頼性と確実性に関する概念として広げられた。そこであげられた項目〔新しい作業指針ではこれを属性（attributes）と呼んでいる〕は、形態と意匠、材料と材質、用途と機能、伝統と技術と管理技術、立地と周辺環境、言語その他の無形文化遺産、精神と感性、その他の要因の合計八つの概念群にまとめられている[2]。

ここで注目されるのは、用途と機能、伝統と技術など無形の文化遺産に多くの用語があてられていることである。とりわけ、精神（spirit）と感性（feeling）という項目は伝統文化や社会経済システムといった枠をも越えて、信仰や情念などといった人間の心性・心の問題に直接迫ってくる、これまでにないアプローチまで許容しているのである。

奈良ドキュメントは歴史・文化遺産の分野で1990年代に採択された文書のうち最も重要なものの一つであるが、この文書が開拓したのは、文

遺産の価値は，単に単体の文化財としての評価を超えて，有形無形の情報の伝達される総体としてあるという革新的な考え方であった。

奈良ドキュメントの思想は，2005年に全面改定された世界遺産条約履行のための作業指針の中にも，わずかに管理体制と言語そのほかの無形遺産の項目が付加されただけで，それ以外はそのまま盛り込まれた。

とりわけ，作業指針は「精神と感性」を取り扱うことについて直接言及している。すなわち，「精神や感性といった属性を，実際に真正性の条件として適用するのは容易ではないが，それでもなお，それらは，例えば伝統や文化的連続性を維持しているコミュニティにおいては，その土地の特徴や土地の精神（character and sense of place）を示す貴重な指標である。」（作業指針第83条）と明言している。

インテグリティの登場

作業指針の2005年改定によって世界文化遺産が顕著な普遍的価値のほかに満たさなければならない条件として，オーセンティシティのほかにインテグリティ（全体性，完全性）が明記された。インテグリティは，従来は世界自然遺産のみに課せられる条件であったが，2005年以降は文化遺産もすべてこの条件を満たさなければならなくなった。

インテグリティとは，全体が無傷で過不足なく遺産の範囲に含まれているかを問うものさしである。指定の範囲が顕著で普遍的な価値を証明するのに必要かつ十分であるかが問われることになる。インテグリティは，もともと自然遺産に対して適用されていた基準だった。ある一定の生態系を維持していくのに十分な広さがあるか否かという視点がその根底にある。

この規定が2005年より文化遺産にも適用されるようになった。このことは，特に広大な農地や都市，歴史的集落等については決定的に重要となる。こうした土地や地域が持続可能な社会経済システムを保有しているかどうかが問われるからである。

現在の作業指針は，生きている面的な世界文化遺産のイングリティについて次のように規定している。

「文化的景観及び歴史的町並みその他の生きた資産については，これらの独自性を特徴づけている諸関係及び動的な諸機能が維持されていること。」（同第89条）

2006年度の登録案件から，世界文化遺産はオーセンシティの審査のみならず，インテグリティの審査を受けなければならないことになった。持続可能な社会経済システムの全体像が示されなければ世界文化遺産には登録されない，ということが定められたのである。

文化的景観

　文化的景観とは，1992年に世界文化遺産の一つの範疇として認められた比較的新しい文化財概念である。これは一言で言うと「自然と人間の共同作品（combined works of nature and man）」（世界遺産条約第1条）である。さらに言葉を足すと，「人間社会又は人間の居住地が，自然環境による物理的制約のなかで，社会的，経済的，文化的な内外の力に継続的に影響されながら，どのような進化をたどってきたのかを例証するもの」（作業指針第47条）と定義されている。

　棚田などの農業景観に代表されるような風景は，従来の記念的建造物に偏った文化財概念では正しい評価を受けることは困難であるが，近年その重要性が認識されるようになってきたものである。

　重要な点は，自然のなかで人間が継続的にその自然環境に関与し，一定の特徴ある景観を保持しているという点，つまり人間の関与が止まると文化的景観の維持もできなくなってしまうという点である。歴史・文化遺産は，その背景にある社会経済システムによって支えられて成り立っている資産であることを示す典型である。

　このように文化的景観を定義づけると，それは単に各種の農業景観や，漁業・林業などの各種生業がもたらす景観にまで拡大することが容易になるだけではなく，伝統産業や近代の産業景観，特徴的な都市景観や集落景観などに拡大することが可能であるということになる。

　こうして現在，文化財の新たなフロンティアが開発されつつある。このことは，これまで文化遺産の「背後」に控えていた社会経済システムが表舞台に現れ，主要なプレーヤーのひとりとして光が当てられることも意味している。

日本における文化的景観

　日本にはこれまで「名勝」というかたちで，古来より文化的景観を評価する視点があった。その意味では世界的に珍しい国であるといえる。名勝の制度的な発足は，1919年の史蹟名勝天然紀念物保存法にまでさかのぼる。同制度は1950年に制定された文化財保護法の中に組み込まれ，現在に至っている。

　しかし，世界遺産のなかに導入されたようなより広い概念の文化的景観は日本には存在しなかった。モニュメンタルな核を持たない文化財は，日本の場合，1975年に制度化された伝統的建造物群保存地区制度までほとんど存在しなかったし，その後も検討の俎上にものぼらなかったといえる。

　それが，世界文化遺産登録の動きのなかで文化的景観への注目が集まる

ようになってきた。

　手始めに，農林水産業に関連した文化的景観の候補地が全国でリストアップする作業が2000年度からスタートした。その成果は2005年に報告書にまとめられ，現在広く市販されている[3]。

　この調査によって，全国から2,311件の文化的景観が第一次調査として抽出された。この中から502件が第二次調査対象地として選ばれている。その中からさらに重要地域として180件が抽出された。選定にあたって用いられたのは次の基準である（**表2-1**）。

① 農山漁村地域に固有の伝統的産業および生活と密接に関わり，独特の土地利用の典型的な形態を顕著に示すもの。
② 農山漁村地域の歴史および文化と密接に関わり，固有の風土的特色を顕著に示すもの。
③ 農林水産業の伝統的産業および生活を示す単独または一群の文化財の周辺に展開し，それらと不可分の一体的価値を構成するもの。
④ ①〜③が複合することにより，地域的特色を顕著に示すもの。

　重要地区として選ばれた180件のうち，さらに大山千枚田（千葉県鴨川市），北山杉の林業景観（京都府京都市・京北町），柳川の水郷景観（福岡県柳川市・大木町・三橋町）など8件について詳細調査が行われた。

　このように，文化的景観は地域の伝統産業や生活などの社会経済システムと密接に関わり合いがあることによって形成された景観が評価されたものであるので，地域固有の社会経済システム自体は文化的景観という文化財の必要不可欠な要素となっている。ここでは社会経済システムは，宝物のような文化財の背後に隠れた裏方の存在といった旧態依然たるものではない。

　こうした一連の作業を経て，2004年に文化財保護法が改正され，文化的景観は日本における文化財の新しい範疇として確立した。文化財保護法にいう文化的景観とは，「地域における人々の生活又は生業および当該地域の風土により形成された景観地で我が国民の生活又は生業の理解のために欠くことのできないもの」（文化財保護法第2条第1項5号）とされている。この中には生業との関係で，古来信仰や行楽の対象となってきたような土地や，雪形や蜃気楼などのように農林水産業の季節を象徴するような独特の景観も対象となっている。

　ただし，日本の文化的景観の定義は，先述した世界遺産条約の定義と比べるとはるかに限定されていることがわかる。現在，対象をさらに拡大して，都市や鉱工業が生み出した文化的景観のリストアップ作業が文化庁内で始まっている[4]。こうした分野の文化的景観は，世界遺産条約において

分類		種別	例示
I	1	水田景観	・独特の地形および気候と関連するもの（棚田，谷津田，畦畔木等） ・地上および地下に造る遺跡と関連するもの（条里制と重複する水田景観等）
	2	畑地景観	・独特の地形および気候と関連するもの（段々畑，防風林を有する畑地等） ・地上および地下に造る遺跡と関連するもの（条里制，新田開発の地割等と重複する畑地景観等） ・特定の作物および独特の耕作方法と関連するもの
	3	草地景観	・管理により維持されてきたもの（採草地，放牧地等）
	4	森林景観	・管理により維持されてきたもの（生産林，薪炭林，二次林，防風林，防砂林，防潮林等）
	5	漁場景観 漁港景観 海浜景観	・独特の地形および気候と関連するもの ・伝統的水産業と関連するもの（地引網，潮垣，牡蠣および海苔の養殖等）
	6	河川景観 池沼景観 湖沼景観 水路景観	・独特の地形および気候と関連し，管理により維持されてきたもの（ため池，掘割，葦原等） ・伝統的漁法と関連するもの（梁漁，白魚漁等） ・渡し，鵜飼い等の場となっている河川景観または水路景観を含む
	7	集落に関連する景観	・独特の生業，地形，気候と関連するもの（集落の防風林，集落を区画する石垣および垣根等）
II	1	古来より信仰および行楽の対象となってきた景観	・生業との関連で，信仰の対象となってきた山，森，池沼，滝等の景観 ・生業との関連で，行楽の場となってきた景観
	2	古来より芸術の題材および創造の背景となってきた景観	・古来より詩歌および絵画等の芸術作品の題材もしくはそれらの創造の背景となった農林水産業の景観
	3	独特の気象によって現れる景観	・雨，霧，雪，蜃気楼などによって現れ，農林水産業の季節を象徴する独特の景観
III		伝統的産業および生活を示す文化財の周辺の景観	・農林水産業によって形成された工作物（堰，橋等）と一体となって展開する景観
IV		I〜IIIの複合景観	・複数の異種の要素が，ある体系のもとに有機的に機能している地域（水田と水源地，生産地と集落等） ・農業，林業，水産業の各景観が組み合わさった景観

表2-1 農林水産業に関連する文化的景観の重要地域の分類 （出典：文化庁文化財部記念物課編『日本の文化的景観―農林水産業に関連する文化的景観の保護に関する調査研究報告書』同成社，2005年）

もほとんど議論されていない。日本は文化的景観の新しい領域へ果敢に踏み込もうとしているのである。

背後の黒子から主役のひとりへ

このように，従来歴史・文化遺産の背後にあると見なされてきた社会経

済システムや技能や伝統文化の無形の伝承は，次第に文化財概念の表舞台に登場するようになってきている。これが近年の状況である。この点は世界遺産も日本の文化財行政も違いはない。社会経済システムが風景をつくってきたのだという理解が深まってきた。さらに，ユネスコの世界では，2003年に無形文化遺産条約が成立し，無形の文化遺産はより一層表舞台での活躍が期待されるようになってきた。

ただし，留意しなければならないことは，無形の文化遺産はどのようなものであっても，日々わずかずつでも変容していくのを止めることはできないという点である。むしろ止めようとすること自体が不健全であるといえる。人間の生活様式が変化し，社会経済状況が変化していくのであるから，それを反映した無形のシステムが変化していくのは当然なのだ。ここには不動産文化財では自明かつ必須の資質であるオーセンティシティという概念を固定的に使用することは不可能なのである。

ということは，生業の無形の営みと密接な関係にある文化的景観も日々の移ろいを止めることはできないということである。文化的景観には，固定的な目標像というものはあり得ないのだ。

しかし，そのことは，文化的景観がどこまでも無定型に変容していっていいということを意味するものではないだろう。そのときに手がかりとなるのがおそらくインテグリティの考え方である。当初から自然遺産の審査にはインテグリティが課せられていたことは，示唆的である。おそらく，見えない資産を歴史・文化遺産の主役のひとりとして扱うときには，自然環境を扱うようにしなければならないというのが，私たちが学ぶべき第一の教訓なのだろう。

注
(1) 2005年以前の旧「世界遺産条約履行のための作業指針」，第24条（b）
(2) 2005年以降の新しい作業指針第82条
(3) 文化庁文化財部記念物課編『日本の文化的景観―農林水産業に関連する文化的景観の保護に関する調査研究報告書』同成社，2005年
(4) 文化庁では2005年度より「採掘・製造，流通・往来および居住に関する文化的景観」のリストアップを開始し，第1次調査として2,032件を抽出，さらに第2次調査対象地として200件を選んでいる。今後，重要地域を抜き出し，詳細な調査が実施される予定である。

（2006年4月）

都市アメニティの保全方策

　当然のことではあるが，高度な都市アメニティを実現するためには，①都市のアメニティを保全すること（例えば，歴史的な建造物の保存），②都市のアメニティを創造すること（例えば，将来歴史的建造物となるような建造物を建てること），③都市のディスアメニティを排除すること（例えば，電線の地中化），そして④都市のディスアメニティを防止すること（例えば，見苦しいロードサイドショップの進出を食い止めること）の四つの方策を考えなければならない。

　都市アメニティの推進施策の面から見ると，これらには共通する部分（例えば，厳しい開発コントロールを課すことは概ね有効）もあるが，アプローチがまったく異なる部分も存在する（例えば，文化財的価値の評価の視点はアメニティの保全には適しているが，アメニティの創造には適用しにくい）。

　本節では，都市アメニティの保全施策および都市ディスアメニティの防止施策を中心に論じ，可能な範囲で都市アメニティの創造施策および都市ディスアメニティの排除施策についても触れていきたい。議論の対象は日本の都市に限っている。諸外国に関する施策論は機会を改めて論じたい。

都市アメニティ保全のための政策的ツール

　一般論としてまず始めにことわっておかなければならないのは，前提として存在している日本の都市計画規制が欧米と比較して非常に緩く，基本的に現状の「改善」を目的としているということである。

　例えば，容積率の設定が現状と比較にならないほど高く，そしてその容積率の充足率も，一部大都市の都心部を除いて概して低いというのが現実である。したがって，一般的な都市計画規制は，多くの場合，とりわけ開発の圧力の高い地域においては，現状を維持するための規制というよりは，現状を改変する経済的な圧力として機能してきたという事実がある。

　こうした事情の中で，都市アメニティの保全を考えるということは，従来，開発圧力に対抗する付加的な規制手段という側面が強かったといえる。財産権が強く保護されている日本の風土において，付加的な規制を課

していくのは容易なことではない。したがって、ソフトからハードまで、多様な手段を用いて合意形成を図ってきた歴史が日本にはある。また、規制にはそれを補完し、補償するための優遇措置がつきものである。こうして、日本の都市アメニティ保全施策は多様な顔をもった複雑なものとなってきたのである。

現在の段階において都市アメニティを保全するための施策は、①文化財的な価値または良好な自然環境、景観等を保全するための規制施策、②都市空間の質を保障するための規制施策、③各種インセンティブの付与による誘導的な施策、④当事者間の合意形成に基づく協定や契約的な施策、⑤以上の施策の複合型、の五つに分類することができる。以下、それぞれについて論じることとする。

アメニティ保全の規制施策

最も明快なのは文化財への指定（現状変更は許可制）や登録（現状変更は届出制）による保全であろう。自然環境であれば、都市緑地法（2004年に都市緑地保全法が改正され、都市緑地法となった）による特別緑地保全地区（都市緑地法による緑地保全地区が改称されたもの、許可制による厳格な保存を行う）や緑地保全地域（新しく導入された地域制度で、届出制による緩やかな緑地保全が特徴）がこれにあたる。新しくできた景観法による景観重要建造物や景観重要樹木も外観は保存が前提で、現状変更は許可制となる。

都市の歴史的文化的資産が点ではなく、面的に拡がっている場合は、対応が難しい。現時点でのツールとしては、文化財保護法にいう伝統的建造物群保存地区（現状変更は許可制）や各種景観関連の自主条例で定められてきた景観形成地域等の指定（現状変更は主として届出制であるが、首長の「承認」を求めるなどの手続きが付加されているものもある）がある。景観法では新たに「認定」制度を盛り込んだ景観地区が導入され、従来の美観地区が廃止された。また、農林漁業の風景等を保全するための手法として、文化財保護法が今年（2004年）改正され、文化的景観保存地区の制度が導入された。

また、環境アセスメントの実施においても、都市アメニティの保全の側面からの評価も実施可能である。

都市空間の質の保全

用途の混在を防いだり、建築物の高さの最高限度または最低限度を定めるなどの行為規制によって都市空間の質を保全するための措置は主として

都市計画法による地区制度よって行うことができる。風致地区，特別用途地区，特定用途制限地域，環境保全型の地区計画，高度地区などの地区制度が適用できる。

例えば，特別用途地区は1998年の政令改正によって従来定められていたメニューとしての種別が廃止され，さらに翌99年に指定の権限が都道府県から市町村へ委譲され，制度活用の可能性が一挙に高まった。現時点では開発誘導型の地区指定が中心であるが，福岡県太宰府市における門前町特別用途地区（2000年），京都市における職住共存特別用途地区（2004年）などのように，地域にふさわしい建物用途に制限を課し，京都の場合のようにマンションの3階以下に共同住宅および車庫，倉庫以外の併設用途を一定の床面積以上導入すべきことを定めている例が出てきた。さらに両地区とも高度地区をあわせて指定し，建築物全体の形態やスカイラインの保全を図っている。

写真2-1　太宰府市の大宰府天満宮門前町。特別用途地区がかけられている。従来から建物の階数を抑える自主的な申し合わせが実施されていた。

地区計画においても，敷地面積の最低限度や建築物の用途の制限，建築面積の最低限度，壁面線の位置の制限，建築物の高さの最高限度または最低限度を定めることができる。2004年の法改正によって，建築物等の形態または色彩その他の意匠の制限，建築物の緑化率の最低限度に関しても規制できるようになった。地区計画は建築協定の期限切れ対策として，良好な住宅地環境を保全するために，または魅力ある歩行者空間を創造するために援用することもできる。

近年では，高層マンションなどの侵入を防ぐために，建築物の高さ規制を含む環境保全型の地区計画が増加しつつある。例えば，表参道地区地区計画（東京都渋谷区，2002年）では，表参道の沿道奥行き30mの範囲に，ケヤキ並木の高さと同等の30mの高さ規制を盛り込んでいる。新宿区内藤町地区地区計画では，新宿御苑に面した住宅地区の良好な環境を保全するため，建物の用途を制限しているほか，住宅地区の建築物の最高高さを10mと定めている。こうした建築物の高さの最高限度を定めた地区計画は，水戸市，国立市，京都市，吹田市，尼崎市，福岡市など各所で見られるようになってきた。

屋外広告物法による屋外広告物の許可区域の掲出制限なども，こうした規制の一種である。2004年度の法改正で許可区域指定が全国において可能となり，また屋外広告物業者の登録制度が導入され（従来は届出制であ

った)，資格停止などの措置をとることが可能となった。これも都市アメニティ防止策の一つである。

　また，新しい開発に関してそのデザインの質をチェックするためのデザイン審査の制度も，各種の景観条例において導入されつつある。一般的には，一定規模以上の開発行為や現状変更行為については条例で事前協議を定めるもので，協議案件について，重要なものは条例が定める審議会に付議されるか，専門家による部会によって詳細に検討されることになる。京都市市街地景観整備条例および金沢市における伝統環境の保存および美しい景観の形成に関する条例におけるきめ細やかな運用が有名である。

　一方，都市アメニティを破壊する恐れのある行為に対するディスインセンティブの付与の例もある。例えば，2000年に制定されたいわゆる建設リサイクル法では，建築物の解体工事に際して，分別解体を義務づけているが，これは安易ないわゆるミンチ解体を防止することにつながり，解体に要する費用および期間ともに延びることになる。したがって，歴史的建造物の取り壊しに対するディスインセンティブとして作用することになる。

インセンティブの付与

　厳しい制限を課すだけではものごとは必ずしも動かない。特に，地権者等が現状にとりたてて不満を持っていない場合には，不作為そのものが選択される場合も少なくないだろう。そして，多くの場合，現状が変更されない限り，各種の制限は適用されない。つまり，既存不適格なものであっても，その状態を継続している限り，なんの改善も強要されないのである。また，規制が財産権の強い制約になる場合には憲法上の疑義も持たれるかもしれない。

　したがって，誘導的な施策として，アメニティ保全に有効な現状変更に対して各種のインセンティブを付与する施策が広く行われている。これは，規制強化と連動した規制緩和措置の場合と，優良なプロジェクト等に対して規制緩和等が単独で実施される場合の二通りがある。

　規制強化と呼応した規制緩和施策の例として，文化財指定に伴う相続税の減免措置，文化財建造物の譲渡所得税の非課税，伝統的建造物群保存地区における建築基準法の一部（屋根，外壁，居室の採光および換気，敷地と道路の関係，道路内の建築制限，容積率，建蔽率，第1種および第2種低層住居専用地区における建築物の高さ制限，斜線制限，防火地域及び準防火地域内の開口部等の防火戸など）の緩和措置，同じく伝統的建造物群保存地区内の伝統的建造物の固定資産税の非課税，景観法によって導入さ

れた景観重要建造物の相続税の適正評価，歴史的風土特別保存地区および近郊緑地特別保存地区，特別緑地保全地区（従来の緑地保全地区）における相続税の適正評価および買い取り請求権，通損補償の規定など，2004年度の法改正によって実現した緑地保全型の地区計画（条例によって緑地の保全を定めた地区計画）における保全緑地の相続税の適正評価などがあげられる。また，街並み誘導型地区計画や景観地区の地区内では，外観上の形態的な調和を推進するために建築基準法の一部が規制緩和されるという制度もある。

一方，規制強化と必ずしも連動しない，奨励型・誘導型のインセンティブ付与の典型例として，ほとんどすべてのモデル事業があげられる。ただし，こうした国庫補助事業は，国による間接的な指導の強化という側面を持つことから，現在まさに大きく削減されてきている。地方への財源・税源委譲によって，地方公共団体自らが判断して事業を実施できるように，近い将来変わっていくことだろう。

また，歴史的な建造物を保全するにあたっては，未利用の上空の容積率をなんらかの方法で周辺敷地へ移転することによって，その代価を獲得するという施策，いわゆるTDR手法が，いくつかの法的制度によって実施されている。その代表的な例として特定街区がある。例えば，東京都は重要文化財建築物の保存を伴う特定街区について，容積率の移転のみならず，その最高限度の引き上げをも認める運用基準の改正を1999年に行っている。これを利用した特定街区として，中央区日本橋室町の三井本館の保存および千代田区丸の内の明治生命館の保存を含む周辺の再開発が実施され，2004年，丸の内MY PLAZAとしてオープンした。

容積率の移転をさらに広範囲に認めた制度として，2000年の都市計画法の改正によって導入された特例容積率適用区域制度がある。これは，商業地域における高度利用を促進するために設けられた制度ではあるが，歴史的建造物の未利用容積率を移転することに積極的に用いることが可能である。現在，同区域制度を利用しているのは，東京都千代田区の大手町・丸の内・有楽町地区（約116.7ha）の1カ所でのみある。この特例容積率適用区域によって，東京駅上空の容積率が，新しい新丸ビルの建設地等に移転され，新しい新丸ビルの容積率は従

写真2-2　重要文化財・明治生命館をかかえ込むように再開発された丸の内MY PLAZAのアトリウムから明治生命館の後背部の立面を見る。従来はこのような角度からこの歴史的建造物を見ることは不可能だった。

来の1,000＋300％に，移転を受けた500％を加えて，1,800％で再開発された。移転された500％分の容積率は，東京駅丸の内駅舎の保存復元事業を支えるためなどに用いられることになる。

ただし，同制度が現時点では丸の内地区1カ所でしか利用されていないことに現れているように，TDRは通常，開発圧力の高い地域でしか機能しない性格を持っているので，地方都市のアメニティを保全するための普遍的手法として評価することは困難だろう。

このほか，NPO等の公益的団体を緑地整備機構や景観整備機構として認定して，都市アメニティの維持管理等の各種機能を委託していこうという動きがある。

また，こうした団体への寄付金が所得控除の対象となることによって，活動がより容易になるという間接的なインセンティブとして働くような施策も有効である。また，住宅金融公庫による歴史的文化的町並みの保存継承に係る融資制度（1999年創設）などによって，融資の面での優遇策が間接的にアメニティの保全・育成につながるという側面もある。

協定や契約による保全

以上，法的な規制や国庫補助などの規制誘導に関する法制度等を援用した官主導の都市アメニティの保全施策を中心に述べてきたが，このほかに，民民間・官民間での協定や契約をもとにした都市アメニティ保全施策がある。これらは，国法に根拠を持つものから，地域住民間のまったくの紳士協定まで，規制力には幅がある。

国法に根拠を持つものとして，建築協定，緑地協定および景観協定がある。建築物を対象とする建築協定（建築基準法による）とオープンスペースを対象とする緑地協定（都市緑地法による）はよく知られている。両者はいずれも承継効を有し，協定期間は5～30年であり，協定区域隣接地を容易に協定に編入することができる制度を持っており，一人協定の仕組みも有している。景観協定は，新たに景観法によって導入された協定制度で，建築協定と緑地協定双方の特徴を併せ持っているほか，景観に関連したソフト施策（例えば建物のライトアップなど）に関しても規定できるようになっている。

このほか，自主条例で規定されているまちづくり協定や景観協定などが多数存在している。さらに，より任意の住民憲章やまちづくり憲章なども，都市アメニティ保全のためのソフトローとして機能している。

また，地権者と市町村長とが保全契約を締結することによって都市内緑地や歴史的建造物を少なくとも一定期間保全することが図られている。日

本のナショナル・トラスト運動の一部としても，こうした保全契約は援用されている。

　もちろん，実際の都市アメニティ保全にあたってはこれらの保全施策が複合的に運用されることになる。

　近年の課題としては，各自治体の財政状況が悪化し，補助金を注入することによって都市アメニティを誘導していくといった施策が実施しにくくなっていること，規制緩和の潮流の中で，規制強化につながる都市アメニティ保全施策が実施しづらい状況にあることなどがあげられる。

　しかし一方で，2004年6月の景観法の成立など，新たに都市アメニティを充実させていこうという強い世論も存在している。また，都市アメニティの存在が不動産価値を高めるという認識が共通のものとなって来つつあり，この点でも都市アメニティ保全施策は今後とも強化されていくべきだと考える。

（2004年9月）

都市空間の再生とアメニティ

　アメニティの概念はイギリス都市計画の中で形成されてきたが，その内実は明確に定義されることはなく，むしろ行政の幅広い裁量権を確保するためにアメニティを詳細に定義することは避けられてきたといえる。アメリカにおいてはアメニティに近似した用語として美観規制が用いられることが多く，その合憲性は1930年代から50年代にかけて多数の判例の積み重ねによって確立していった。下って80年代以降，各国共通してアメニティの問題は環境の「質」を問う課題として，より広い環境問題の中に位置づけられるようになる。

　日本におけるアメニティ関連の計画コントロールは，歴史文化遺産の保全，自然風景の保護，屋外広告物の規制，美しい都市景観の創出などの課題別に諸施策が施行されてきた。また，アメニティをめぐる市民主体のまちづくりもこれまで環堵の保全や開発への反発を契機に進められることが多かったが，近年では，これに加えて地方の中小都市の都心再生に向けた動きが全国に拡がりつつある。

　本章ではこうした物的環境としてのアメニティの保全と育成に関する制度および手法を中心的に論じ，その中でアメニティに向けた地域社会の共通認識を育て上げる環境を整えるという社会的かつ運動論的な問題も議論することにする。

アメニティ概念とその発展
（1）　イギリス英語としてのアメニティ
　アメニティ（amenity）は元来イギリス英語固有の用語である。アメニティという概念は衛生，利便性と並ぶイギリス都市計画の柱の一つとして1909年の都市農村計画法において初めて法律用語として登場した。1909年法は，個々の計画策定行為が「望ましい衛生状態，アメニティ，利便性の確保という全体的目標」においてなされるべきことをうたっているのである。しかし，法文のうえではアメニティはなんら定義されていない，1920年の判例においても，アメニティの曖昧さに触れた次のような例がある。

「「アメニティ」という用語は明らかに非常に曖昧に使われている。それは，私の考えでは，国の法律では目新しいものであり，気持ちの良い環境（pleasant circumstances）もしくは特徴（features），利点（advantages）を意味しているようである」[1]。

行政プランナーであるD.L.スミスは，その著書『アメニティと都市計画』の中でイギリス都市計画におけるアメニティ概念を明らかにする試みを行い，「思想的には，環境衛生，快適さと生活環境美（シビック・ビューティー），そして保存という三つの相をもつ複合的概念」[2]と述べている。一方，アメニティ概念の曖昧さを指摘する意見は根強く，都市計画法学者M.グラントは，その著書の中で「アメニティの保全と補強は都市計画イデオロギーの中で鍵となる目的である，しかしこの語を正確に定義することは不可能である」[3]と観念論への傾斜を避けている。

渡辺俊一は，これを当事者から距離をおいた目で，「一言でいえば，アメニティは，産業革命後の「醜い」都市の出現に対するアンチテーゼとしての「中産階級の美学」である」[4]と冷静に論断している。労働者階級の生活環境とはかけ離れた郊外部のアメニティ追求が，近代都市計画の一つの出発点としてあることは疑いのない事実であり，その限りにおいてアメニティは「中産階級の美学」として生成してきた，しかし，その背景には19世紀ヴィクトリア朝都市の悲惨な生活環境を拒否する意識が存在していることを忘れてはならない。

また，アメニティはいつまでも中産階級の占有物であったわけではない。むしろ，アメニティ概念が市民共通の価値観となるように普遍化していった歴史としてイギリス都市計画制度発達史を読むこともできるのである。

ただし，そのことはアメニティ概念がより明確に法的な地位を獲得していったことを意味しているわけではない。むしろイギリス都市計画制度の最大の特徴である行政の裁量の幅を確保するために，アメニティを詳細に定義することを避けてきたともいえるのである。

イギリス都市計画に関する代表的な教科書の一つであるJ.B.カリングワースの『英国の都市農村計画』において，アメニティは一貫して「定義するよりも認識するほうが容易である」[5]と表現されている。アメニティに関して明確な定義をあえて行わず，市民共通の認識に委ねる戦略がとられている。また同書の旧版では，ウィリアム・ホルフォード卿の「環境保全（amenity）とは，単に一つの特質をいうのではなく，複数の総合的な価値の総体的なカタログである。それは，芸術家が目にし，建築家がデザインする美，歴史が生み出した快い親しみのある風景を含み，一定の状況の

下では効用，すなわち，あるべきもの（例えば，宿所，温度，光，きれいな空気，家の内のサービスなど）があるべき場所にあることおよび全体として快適な状態をいう」[6]という表現を引用してアメニティを論じている。「あるべきものがあるべき場所にある」(the right thing in the right place) という表現にも，微細な定義の議論に深入りすることを避ける意識が明白に読みとれる。

イギリスではすべての開発行為は計画許可 (planning permission) を得ることが都市計画上義務づけられているが，申請が出されたもののうち約2割弱は不許可となっている。例えばイングランドにおける1991/92年の計画許可申請は51.1万件，うち計画許可が与えられたもの38.3万件，約75％である。1982年から92年にかけて，開発許可の割合は一貫して80％前後である[7]。不許可の理由としてよく用いられるのが，「アメニティのために有害」(injurious to the interests of amenity) という常套句である。計画許可の判断においても，アメニティの内実は明文化されたかたちでは示されない。これがイギリス都市計画の知恵でもある。

(2) アメリカにおける美観

一方，アメリカ英語ではアメニティという用語はそれほど一般的には用いられていないようだ。アメリカ都市計画においても同様で，アメニティは計画用語としては用いられていない。都市美 (city beautiful) や美観規制 (aesthetic regulations) という用語が好んで用いられてきた。

造園家F.L.オルムステッドに触発され，1893年にシカゴで開催されたコロンビア世界博覧会などを契機に，1900年頃から全国的に都市の美観に関する関心が高まってくる。いわゆる都市美運動city beautiful movementである。この時期は各地で農村風景の保全や屋外広告物の規制，都市における建築物の高さ規制などのための条例が導入される時期と重なっている。しかし，当初はこうした条例の合憲性は疑問視され，判例では美観に対する配慮は「贅沢および道楽の問題であり，必要性の問題ではない」という理解が主流であった。

1910年代にゾーニングが郊外部の中産階級住宅地の資産保全を一つの契機としてアメリカ全土で導入されていったが，そこには当然いわゆる美観というアメニティの保全の意図があった。この点に明確に触れた注目すべき判例は1920年に現れた，3戸以上の連棟型の集合住宅を禁じたゾーニングの設定を認めたミネソタ州法が違憲か否かで争われた裁判で，住宅地における美観の維持がゾーニングの副次的な目的として認められた。判決文は「美観を生活の一要素として法廷が認定すべき時が来た。美と調和は公的および私的建造物の資産価値を強化する。しかし建物が，単体とし

て，調和しており，適切であるだけでは不十分である；建物はある程度周辺の建造物とも調和していなければならない」[8]と述べている。

　この後，1930年以降に次第にゾーニングや屋外広告物規制の分野で美観規制の合憲性を認める判例が増えていく。同時に1930年代以降，歴史地区の保全をゾーニング手法を用いて行うことが各地で始まる，これもアメニティの保全を目指した制度形成の一つであるということができる。

　歴史地区ゾーニングは，詳細な建築デザインの規制を伴わなければ意味がない。このために新規建築物のデザインを審査する制度が設けられた。ここでも規制の主たる目的はいわゆるアメニティの保全にあるが，通常はこれを建築の形態や規模，仕上げや材料，色などといった要素に分け，ガイドラインによって規制の大枠を決めるという手法が用いられており，アメニティもしくは美観といった包括的な概念を直接適用することは避けられている。

　1940年代半ば以降，デザイン審査制度は歴史地区のみならず良好な郊外住宅地を確保するための手法としてフロリダ州パームビーチやカリフォルニア州サンタバーバラで導入され，次第に全国に定着していった[9]。

　1954年の有名な連邦最高裁バーマン判決（Berman v. Parker）において，私有財産を補償なしで規制できるポリスパワーの正当な行使の目的としてあげられる「公衆の健康・安全・道徳および公共の福祉」の一つである公共の福祉（general welfare）の範囲を広く解釈し，美観規制まで加えられた。判決文は次のように述べている。

　「公共の福祉の概念は，広範で包括的である。それが表している価値は物質的で金銭的であると同時に，精神的であり美的なものである。社会が健康で，清潔で，注意深く安全を保たれていると同時に，美しく，空間的にゆとりがあり，調和がとれていることを，公共の福祉が要請すると決定するのは，立法府の権限内にある。」[10]

　バーマン判決を境に，安全や健康と並んで美観規制を主要な目的の一つとした条例を合憲であるとする判決が増えている。

(3) アメニティ・ソサエティの台頭と現在

　アメニティという用語が今日，まちづくりに関連して最もよく用いられる場面は，イギリスにおいて，アメニティ・ソサエティに言及する場面であろう。

　イギリス全国に拡がる各地のローカル・アメニティ・ソサエティとは，都市や農村部の歴史的環境の保全および良好な景観の保護のために建築物や都市計画を監視し，まちづくりを推進することを目的とした非営利の民間団体である。

現存するイギリス最古のローカル・アメニティ・ソサエティは1846年にまでさかのぼるが，両大戦間の田園環境保全を訴える各地の地方団体の結成や一部の歴史都市のアメニティ・ソサエティの結成を経て，大半の団体は1950年代後半以降の都市再開発の時期に生まれている．1955年から75年にかけて，ローカル・アメニティ・ソサエティ数は150団体から1,200団体へと，6,7年でほぼ倍になるという勢いで増え続け，各団体の会員の総計は30万人にまで達している(12)．これは同時期の経済成長とそれに伴う環境問題の深刻化と時期を同じくしている．

全国のアメニティ・ソサエティを組織化する団体として1957年に設立されたシビック・トラストによってローカル・アメニティ・ソサエティの登録制度が生まれ，各地のアメニティ運動は，全国的な視野のもとに位置づけられることになり，アメニティ・ソサエティの結成に拍車がかかった．シビック・トラストの活動目標は「建築と都市計画の質を高めること，芸術的な建造物もしくは歴史的に価値のある建造物を保存すること，田園地帯の美を守ること，貧弱なデザインあるいは無頓着に由来する醜を排除すること」(13)とうたわれており，まさしくアメニティの保全と育成が目的であった．

ローカル・アメニティ・ソサエティは，長い歴史を有する中産階級による開発抑制型の運動団体であり，特定の直接的な利害よりも地域の総体的な環境すなわちアメニティの保全に関心を持ち，まさにそのこと故に活動が微温的である．したがって特定地域の直接的利害を前面に押し立てた，より先鋭的な環境団体の活動や，より広範な環境保全問題を扱う団体の中で相対的な地位が埋没しがちであるともいえる．また，イギリスのローカル・アメニティ・ソサエティは政治的な圧力団体化する傾向が弱く，この

写真2-3　シビック・トラストによるノリッジ，マグダレン通りの修景プロジェクトのオープニング。シビック・トラスト初期の代表的プロジェクト（1954年）（出典："Magdalen Street, Norwich", Civic Trust）

点がアメリカの同種の団体と異なっている点である(14)。

なお，おそらくローカル・アメニティ・ソサエティの類推から今日ではナショナル・アメニティ・ソサエティの呼称も定着している。これは，一般に，歴史的環境保全のための専門家組織として次の7団体を指す。これらの団体は，登録された歴史的建造物や指定された史蹟の現状変更申請の際に諮問を受ける団体である。すなわち，古記念物協会，英国考古学会，古建築保存協会（SPAB），ジョージアン・グループ，ヴィクトリアン・ソサエティ，20世紀協会，そしてイングランドを対象としたイングランド歴史的記念物王立委員会である。

1980年代以降，ローカル・アメニティ・ソサエティは組織数・総会員数ともにほぼ横這いの状態が続いている。イギリスにおいてアメニティ・ソサエティの活動は1970年代に一つのピークを迎え，その後ある種の飽和状態が続いているといっていい。

他方，自然保護やアメニティの保全などの歴史と伝統のある環境問題から一歩出て，1980年代以降のイギリスでは，都市郊外部の無性格な空地や工場周辺の荒れ地などを魅力あるオープンスペースへ改造するグランドワークの運動や，より一般的な地域環境の自力による再生を目指すコミュニティ・ディベロップメント・トラストの活動など，多様な環境運動が展開してきている。これに加えて，生態系保護や地球温暖化などグローバルな環境問題の多様化も環境運動の拡がりを後押ししている。

こうした中，長い伝統を有するアメニティ・ソサエティの活動はアメニティの概念を地域に十分に根付かせるという当初の目的を達したかのように見える。しかしこのことは，アメニティをめぐるまちづくり運動の終焉を意味するのではない。まちが固定された一つの瞬間にとどまっていないように，まちづくりにも終わりはない。地域のアメニティの水準を一定に保ちつつ，さらにその向上を目指す運動はアメニティ・ソサエティの従来の枠を超えて拡大しているのである。

(4) 今日のアメニティ概念

C.マイナースはその著書の中で，アメニティについて「単なる存在を超えて，快適で喜ばしい生活を生み出すものとしての都市および農村における外観（appearance）および配置（layout）の要素」(15)と解説している。比較的近年の判例においても，アメニティを「視覚的外観（visual appearance）およびそれを楽しむ喜び」と述べている例がある(16)。

いずれにしても，アメニティは環境の視覚的外観に関連する総合的な評価概念であるということができる。イギリスにおいては伝統的に歴史的環境保全，屋外広告物の規制および樹木の保存がアメニティ問題の主要な部

分を構成していることも変わりがない。したがって伝統的に主流のアメニティ概念は，環境が調和を保った状態を評価する静的な評価軸として確立されてきたということができる。

　また，シビック・トラストやローカル・アメニティ・ソサエティの活動など，環境保全を中心とした実際の社会的活動の中で，アメニティの視点が各種の開発に歯止めをかける役割を担ってきたのも事実である。

　一方，1980年代以降，環境問題の世界的拡がりの中で，アメニティの問題は環境の「質」を問う課題として，より広い環境問題全般の中に位置づけられるようになってきた。一般的な環境コントロールの仕組みの中に組み込まれることによってアメニティの問題は中産階級の保守的な環境保護運動といった印象から脱皮し，より一般的な政策課題の一つとして捉えられるようになったといえる。また，アメニティの対象も，環境の調和が実現しているものの保全という静的な側面だけでなく，環境の改善やよりよいデザインの達成などアメニティの向上を目指す動的な側面へと拡がってきている。

　ただし，アメニティの概念は，静的であれ動的であれ，物理的な環境問題の一つとしてその枠組みの中で議論されるという点においてはアメニティ議論の領域は画定しているといえる。日本での議論では，アメニティは往々にして地域社会や伝統文化の保存問題まで拡大して論じられるが，本来，こうした営為が物的環境に反映される場面においてアメニティが問題になることになる。

　しかしそのことは，地域社会や伝統文化を無視してよいということを意味しているわけではない。地域社会のあり方は地域の物的な生活環境と密接な関係を有しており，物的な環境へ直接的間接的に反映されるので，両者を単純に分離することは不可能である。また，地域における文化的社会的な価値観がアメニティとして地域の環境評価の基準となっていくのである。

　物理的な環境を軸とした物象的世界の改善を目指し，公正な議論展開を通じて都市計画を支えるために，イギリスではアメニティの保全と向上を出発点とする視点を固持し，アメリカでは美観規制を詳細化し，その合憲性に関する議論を判例として蓄積してきているのである。

　一方，日本ではやや事情が異なる。ヨーロッパのようにアメニティ豊かな生活環境が地域環境のベースとして存在しており，これが地域固有の財として共通に認識されている場合には，地域の物的環境に絞ったコントロールが地域環境の維持のための手法として有効であるといえるが，日本の都市のように往々にして地域の物的環境にまとまりがなく，またこれを支

えるべき地域社会も必ずしも強固でない場合には，アメニティ議論以前に，地域固有なアメニティをすくい上げ，これを共通認識として確立していく社会的な仕組みや合意形成のプロセスを支援する必要があるといえる。

つまり，日本をはじめとするアメニティの開発途上国では，結果としてのビジュアルなアメニティ，もしくは環境の「質」の保全のみを論じるのではなく，アメニティの創造を通して環境の「質」を高める点を重視する必要がある。加えて，望ましい生活環境へ到達するための地域社会のあり方そのものを論じる視点が同時に必要になる。宮本憲一は，アメニティを日常生活の中で評価することが重要であるとして，アメニティを「生活概念あるいは地域概念」[17]と述べている。

静的なアメニティそのものだけでなく，アメニティの維持や育成の背景を同時に見通す動的な視点が日本を含むアメニティ途上国では重要である。日本の特色は，まちづくり運動の中で両者が分かちがたく結びついている点にこそある。また，まちづくり運動を通して，地域の目標とするアメニティ豊かな環境の具体的な姿形が明らかになってくるということもある。

まちづくりの運動を論じることは，特にアメニティをめぐる運動の初動期には重要である。しかし，運動の成熟とともにアメニティを構築する計画論が必要となってくる。運動を論じることに終始して，望ましい物的環境の目標像とそれに至る道筋を提起することを怠っては本末転倒である。

日本の現状はこの段階に達しているのではないか。アメニティという言葉ですべてを包み込み，同床異夢を許しておく段階は卒業したのである。それでは，日本的文脈のなかでのアメニティとそこへ至る計画論とは何なのか。

計画コントロールにおけるアメニティの視点
(1) アメニティの保全と創出

日本における都市計画規制の観点からアメニティの問題を取り上げると，次の二つの分野に大別できる。すなわち，すでに存在する評価できる環境を保全しさらに向上させていくという手法体系と，新たにアメニティのあふれた都市空間を創出するための各種コントロール体系である。

アメニティ保全の代表的な例として，歴史的町並みなどの歴史的環境の保全をはじめとして，歴史的建造物の保存，自然の風景美の保全，近代において形成された計画的都市の景観や建築美観の保全，文化的景観としての田園風景の保全などがあげられる。このような手法体系は，何をもってアメニティ豊かであるとするかという認識の拡がりとともに拡大してき

た。例えば，近年，豊後高田市など各地で盛んになってきている昭和の町並みを活かしたまちおこしは，つい近年まではアメニティの対象とは考えられなかった昭和の町並みを新たな視点から評価することから始まっている。

アメニティ創出の代表的な例として，建築美あふれる近代的都市景観の創造へ向けた建築単体に対するデザイン・コントロールや景観マスタープランの策定，質の高い公共事業の実施などがあげられる。

また，地区のアメニティ保全，創出のための自主的協定の締結やまちづくり活動を後押しする各種支援制度や顕彰制度など，アメニティをめぐる活動環境の整備のための制度があげられる。

(2) 歴史文化遺産の保全

歴史文化遺産の保全は単体文化財としての歴史的建造物の保存，面としての歴史地区の保全，その他の景観保全に大別することができる。

歴史的建造物の保存は，1880年に始まった古社寺保存金制度（1895年まで）以来の長い歴史がある。古社寺保存法（1897年）は維持管理に困窮していた古社寺の建造物のみを対象としていたが，国宝保存法（1929年）によって次第に城郭や霊廟，書院，茶室など公有および私有の歴史的建造物にまで対象を拡げていった。

戦後制定された文化財保護法（1950年）によって皇室を頂点とした文化財の位置づけの構図は払拭され，「わが国にとって歴史上又は芸術上価値の高いもの」（文化財保護法第2条）として，建造物をはじめとする文化財が定義された。また，戦前においては歴史的建造物の指定と保護は国の責務とされたが，戦後各地で制定された文化財保護条例のもと，都道府県指定および市町村指定という3段階の文化財保護のシステムが成立した。

1996年には文化財保護法が改正され，登録有形文化財制度（いわゆる登録建造物制度）が導入され，従来の文化財指定制度と並行して歴史的建造物に対する国の登録制度が加わった。

2002年5月時点において，国指定の歴史的建造物は国宝211件255棟，重要文化財2,220件3,736棟，登録建造物2,705件となっている。一方，地方公共団体が文化財に指定している歴史的建造物は，都道府県指定のもの2,318件，市町村指定のもの8,312件である。

しかしながら，文化財保護法体系下の歴史的建造物は，地域環境に景観のうえで寄与するというアメニティの視点を基軸にして指定されるものではない。この点を補完し，地域景観の魅力を高めるものとして個々の歴史的建造物を特定して保護する仕組みが，各地で制定されているいわゆる都市景観条例によって都市景観形成建築物等などの名称でリスト化される歴史的建造物である。国の登録建造物制度も，各地の景観条例に基づく歴史

的建造物の登録制度を参考にしてつくられた。

　その分布が，従来から比較的よく把握されている伝統的建築物や近代建築物だけでなく，近年では橋やトンネル，堰などの土木構造物をはじめ，道標や石碑など小規模な地域文化財まで幅広く地域の歴史文化遺産としてリストアップし，その保全と活用を図ろうとする施策が各地で見られるようになってきた。先に述べたように，これまでとりたてて評価されることの少なかった昭和時代の町家や農村建築などにまで文化財やアメニティ資産の枠を拡げていこうという動きは拡がっている。地域レベルでの登録制度やそれと連動した都市計画における計画立案プロセス，建築確認プロセス，地域住民への情報公開システムなどの整備が今後の課題である。

　面的な歴史的環境の保全に関しては，1975年の文化財保護法の改正によって新たに文化財の範疇に加えられた伝統的建造物群保存地区がある。伝統的建造物群保存地区とは，伝統的建造物群およびこれと一体をなしてその価値を形成している環境を保存するために，市町村が条例で定める地区である。伝統的建造物群保存地区に関して，その保存の基本方針を定める保存計画を立てなければならないほか，地区内の現状変更行為は市町村の教育委員会の許可を得なければならない。

　伝統的建造物群保存地区のうち，価値の高いものを国は重要伝統的建造物群保存地区として選定することができる。「選定」は，重要文化財の場合の「指定」とは異なり，ボトムアップ式に市町村のイニシアティブを尊重する国の姿勢を明確に示している。面的な歴史地区の保全は居住者の協力が不可欠であり，トップダウンでは実施できないからである。

　これまで，市町村の条例で伝統的建造物群保存地区に定められた地区のほとんどは国によって重要伝統的建造物群保存地区に選定されている。2002年8月までに全国で61の重要伝統的建造物群保存地区が選定されている。

　このほか，地方公共団体が定めるいわゆる都市景観条例によっても，景観上重要な地区が指定されている場合が少なくない。その最も古い例は「金沢市における伝統環境の保存および美しい景観の形成に関する条例」（1989年，もとは1968年に制定された金沢市伝統環境保存条例）に基づく伝統環境保存区域で，2002年5月現在，金沢旧市街地の大部分を占める36区域計1886haが指定されている。むしろ，金沢市や倉敷市，京都市などの先駆的な歴史地区保全の試みが国の伝統的建造物群保存地区制度創設の牽引車となったということができる。

(3)　**自然風景の保護**

　都市のアメニティに重要な寄与をしている都市内の独立樹や鎮守の森，

都市近郊の緑地や里山などが形づくる風景を維持していくことも，アメニティ保全のために重要である。

これまで，自然環境の保全というと，往々にして原生自然を頂点とする貴重な自然環境や自然生態系の保全が中心であり，都市近郊の小規模の自然風景には必ずしも保護の力点が置かれてこなかった。高度成長期の急速なスプロールによる郊外の自然破壊に対処するために，古都保存法（1966年）による歴史的風土保存区域や歴史的風土特別保存地区指定による緑地保全，首都圏近郊緑地保全法（1966年）や近畿圏及び中京圏の保全区域に関する同様の法律（1967年）による近郊緑地保全区域，近郊緑地特別保全地区の都市計画決定などの制度がつくられた。また，1973年に制定された都市緑地保全法によって緑地保全地区制度が創設され，上記地区指定の意図は全国に及ぶことになった。

しかしながら，これら地区指定制度の目的は高度成長期の急激なスプロールを阻止することにあったので，緑地保全の方法が凍結的であり，指定要件が大規模緑地（概ね100ha以上）に限定されているなど，全般的な都市アメニティの保全を対象とするには限界があった。

1994年の都市緑地保全法改正によって，緑地保全地区の対象としてビオトープなどの動植物の生息地，育成地が加えられたほか，貴重な自然とのふれあいの場として地区整備を行うことが可能となるなど，緑地保全地区の性格が柔軟に拡大された。また，改正された都市緑地保全法は緑の基本計画の策定をうたい，都市計画区域を有する市町村は都市計画に関する基本的な方針（市町村マスタープラン）に適合する緑地保全のマスタープランを策定することになった。しかし多くの自治体において，計画はマスタープランの段階にとどまり，近年の財政難も相まって具体的な緑の確保，増大は困難な状況にある。

むしろ近年は，全国的な拡がりを見せる里山を守る運動や棚田オーナー制度，ナショナル・トラスト運動などに見られるように，地域の生活者が中心となって自然環境の実質的な維持管理を行うことを通して自然風景を守り，あるいは都市と農山村とをつなぐ運動が力を発揮するようになってきた。

都市内または都市近郊の特定の貴重な緑を保全するための具体的な手だてとして，いわゆる都市景観条例によって景観資源としてこれらの緑が景観基本計画のうちに位置づけられるほか，いくつかの自治体では新たな条例を定めて景観上重要な緑の保全に乗り出している。例えば，京都市は三山の眺望景観を守るために自然風景保全条例（1995年）を定め，市街地から眺望できる里山のうち自然風景の保全を図るうえで重要な部分を第1

写真2-4　石川県輪島市の白米の千枚田。うち約1.8haが国の名勝に指定されている。

種自然風景保全地区に，それに続く地区を第2種地区に指定している。2002年3月時点で，第1種地区合計14,250ha，第2種地区合計11,530ha，あわせて25,780haが指定されている。また，金沢市は斜面緑地保全条例（1997年）を定め，2002年4月時点で，斜面緑地保全区域を6区域，840ha指定している。

　また，文化財の側でも，これまでも名勝として公園や庭園の他，丘陵や平原，河川，展望地点などのうち，風致景観の優れたものや名所として名高いものについて，記念物指定を実施してきた。近年では長野県更埴市において，田毎の月の景観を保護するため姨石や芭蕉の句碑などが遺る長楽寺境内を眺望地点としてそこから望むことのできる四十八枚田と，姨石地区を眺望地点としてそこから望むことのできる棚田など合計約3haを姨捨の名で1999年5月に国の名勝に指定しているほか，2002年1月には石川県輪島市の白米に展開する高低差約50m，約800枚の田を白米の千枚田として国の名勝に指定している。これら文化的景観と総称される風景は，1990年代に入って世界的に再評価の気運が高まってきた。日頃見慣れた田園風景そのものが保全すべき価値の高い文化財として認知され始めているのである。これらの指定文化財は，地域のアメニティ保全のためにも重要な役割を果たしているといえる。

　さらに2001年度より，広く名勝の定義を見直す準備が開始され，評価対象としての風景の新たな拡がりと適正な評価基準のあり方をめぐる議論が進行中である。

(4) 屋外広告物の規制

　屋外広告物の規制は屋外広告物法（1949年）によって都道府県の定める条例によって行われる。広告物には広告塔や広告板のほか，立て看板や

貼り紙なども含まれる。美観風致を維持するために広告物等の形状，面積，色彩，意匠その他表示の方法について禁止または制限をすることができるとされ，標準条例によって屋外広告物の禁止地域や許可地域の内容を例示している。

形式的には屋外広告物の規制を行う体制が整えられているが，これほどアメニティと密接に関わり合いがありながら，その規制力が弱いものはない。その原因は，規制の数値が緩いこと，自家用広告物の大半が法制度上，規制の対象外になっていること，規制のためのマンパワーが不足し，違法広告物を機敏に取り締まることができていないこと，違法な広告物の撤去のための迅速な手続きが取りにくいこと，規制行政推進のための基礎自治体への権限委譲が不十分であることなどにある。

屋外広告物の規制は本来，基礎自治体によってきめ細かく行われるべきであり，そのための権限および財源の委譲が速やかに行われなければならない。市町村のもとで広範な市民参加を得て，違反広告物の取り締まりを行い，世論の後押しのもと，広告物掲出規制の詳細化・厳格化を実施する必要がある。また，質の高い看板類の製作への意欲を湧き立たせるような顕彰制度なども必要である。

(5) 良好な都市環境の保全

土地利用のコントロールをはじめとする都市計画上の規制手法を用いて，良好な都市環境の保全を図るためのいくつかの地区制度等が運用されている。例えば，風致地区，美観地区，高度地区，特別用途地区などである。

風致地区は都市の風致を翻するために都市計画によって定められる地区で，主として都市における自然景観を維持し，良好な樹林地や緑地帯等の保存と豊かな都市景観の形成を目的に指定される。1919年の旧都市計画法以来の長い歴史を有する地区制度である。都道府県等が定める条例に基づき，建築物の建築，宅地の造成，木竹の伐採その他の行為について規制することができる。風致地区内の建築物は高さ（8～15mの範囲内），建蔽率（20～40％の範囲内），壁面後退距離（1～3mの範囲内），建築物および工作物の位置・形態・意匠の制限について条例で定めることができる。

2001年3月時点で全国230都市753地区で合計約169,000haが風致地区に指定されている。環境保全に関連する地区制度のうち最も広範に用いられている地区指定制度である。ただし，1969年以降，風致地区の規制の基準が国によって標準化され，地方の固有性に基づいたコントロールが困難になった。また，規制が緩く，永続的な環境保全には他の規制措置と併用しなければならないことなど問題点も有している。

2000年の都市計画法改正によって，小規模な風致地区の決定権限およびその規制内容を定める条例の制定権限が都道府県から一般の市町村へ委譲された。これによって政令市および中核市以外にも風致行政の道が開かれた。ただし規制の基準は現時点でも政令によってその範囲が規定されており，地域の実情に応じた規制には制約がある。

　美観地区は主として市街地の建築美を維持するために定められる地区である。1919年の市街地建築物法以来の歴史を有するが，風致地区とは対照的にこれまで地区指定の実績が乏しい。美観の判断が行政的に困難であること，建築上厳しい規制がかかることに同意が得られにくいことなどがその原因である。現在，美観地区の根拠法は建築基準法である。市町村が都市計画で定める地区で，地区内の建築物の敷地，構造または建築設備に関する制限は地方公共団体の条例で定められることになる。

　2002年末において，これらの条件を満たす美観地区を広範囲で実施しているのは京都市だけである。京都市の美観地区は5種に分かれ，合計面積は2002年3月時点，1,804haに及んでいる。具体的な手続き等は市街地景観整備条例（1995年，従来の市街地景観条例（1972年）を大改正したもの）によって定められている，美観地区内で建築物の新築等を行う際は，あらかじめ市長の承認が必要である。

　なお，建築基準法によらず，地方公共団体が独自に制定した条例によって美観地区を指定するものもある。その例として千代田区景観まちづくり条例（1998年）によって定められている美観地区がある。より多くの自治体で規制の詳細化を図る美観地区が生まれることが望ましい。

　高度地区は都市計画法に基づく地域地区の一つで，その目的の一つに市街地の環境の維持がある。このために建築物の高さの最高限度を定めた高度地区の規制をかけることができる。

　例えば，函館市ではふもとから函館山を見上げたときの眺望景観を守るため山裾の43haに建築物の最高高さ13mの高度地区の地区指定を行っている。この地区に隣接して「函館市函館山山麓地域における建築物の高さに係る指導要綱」による保全区域が定められており，建築物の各部分の高さを同じく13m以下としている。このほか函館市では独自の景観条例に基づき，旧函館公会堂および函館ハリストス聖公会復活聖堂周辺の区域に建築物の最高高さ10m，金森倉庫周辺の区域に最高高さ13mの規制をかけている。

　また，松本市では松本城周辺に高層ビルが建設されることを防止するため，1999年に従来の任意による行政指導から方針を転換し，松本城周辺高度地区の規制をかけ，建築物の最高高さを15, 16, 18, 20mの4段階に規

制している。

　各地の300を超す自治体において都市景観条例および同様の趣旨の条例が制定され，良好な都市景観の保全のための地区指定や，建築物の新増改築の際の規制行政を行っている。ただし，これら景観条例には根拠となる法律が存在しないので，コントロールはもっぱら現状改変を申請する者に対する指導や助言にとどまっている場合が大半である。周辺の山々の眺望や農地の風景および既成市街地の3次元的な景観を対象とする総体的な風景計画の立案と，土地利用を規制する都市計画とを並立させるような仕組みを導入することが必要である。

　このほか，地域の合意をもとにアメニティの保全を図っていくために援用可能な制度として，地区計画や建築協定，緑地協定などがある。また，地域の自主的な協定や憲章等によって環境保全に向けた合意を目指す運動も各地で繰り広げられている。また，環境影響評価制度によって大規模な開発がもたらすアメニティの変化を事前に予測し，事業自体を評価する仕組みが整いつつある。

(6) 美しい都市景観の創出

　新たにアメニティにあふれた都市空間を創出するためには，細心の注意を払って公共空間のデザインを向上させていくことも必要であるが，民間の建物の質を向上させ，かつ周辺との調和を実現するために，デザイン・ガイドラインなどの手段を用いて，誘導していくことが不可欠である。都市景観条例などによる事前協議システムや景観基本計画による地域景観の配慮事項の明確化を通して，よりよい都市景観の実現が期待できる。

　こうして実現される改善事例は漸進的であり，周辺環境と大きな齟齬を来すということはない，アメニティ思想の根底にはこうした環境調和型の空間改善という考え方がある。外科的な大規模再開発による都市機能の「高度化」ではなく，内科的な地区改善がアメニティには似合っている。

　わが国において唯一アメニティの名を条例に冠している豊島区アメニティ形成条例（1993年）を例に，アメニティ実現のための規制誘導システムの実際を見てみよう。なおここで「アメニティ形成」とは，戸外空間の快適性を創出し，維持し，または増進させることをいう（条例第3条）。

　豊島区では，基本計画のもとに作成された地区別整備方針が掲げる施策の柱の一つとしてアメニティの形成をうたっている。条例に先立って策定されたアメニティ形成基本計画（1991年）では，骨格的な地域環境の保全と創出，公共施設のアメニティ形成，民間建築に対するアメニティ形成の誘導，およびアメニティニーズへの積極的対応の四つを基本的な体系としている。アメニティ形成特別推進地区内での建築や設備，一定規模以上

都市空間の再生とアメニティ

```
アメニティ形成ガイドライン
├─ 地区ガイドライン
│    ├─ 染井地区ガイドライン
│    ├─ 雑司ヶ谷地区ガイドライン
│    └─ 池袋地区ガイドライン
├─ ゆとり形成ガイドライン
│    ├─ 街路 ───── 街角アメニティ
│    ├─ 公園 ───── 道筋アメニティ
│    └─ 建築物等 ── 施設アメニティ
├─ 一定規模の建築物等ガイドライン
│    ├─ ヒューマンなスケールに留意
│    ├─ 先導的にまちなみを形成
│    ├─ 自然や環境への対応
│    └─ まちを楽しくする演出
├─ 文化財資源に関するガイドライン
│    ├─ 比較的大規模なもの ─── 文化財資源そのもの
│    ├─ 比較的小規模なもの ─── 文化財資源の隣接地
│    └─ 古道やまちなみ
└─ プロジェクト進行ガイドライン
     ├─ 施設規格チェック項目
     ├─ 地域特性把握チェック項目
     ├─ 市民参加チェック項目
     ├─ 設計者選定チェック項目
     ├─ デザイン条件整理チェック項目
     └─ 施工監理チェック項目
```

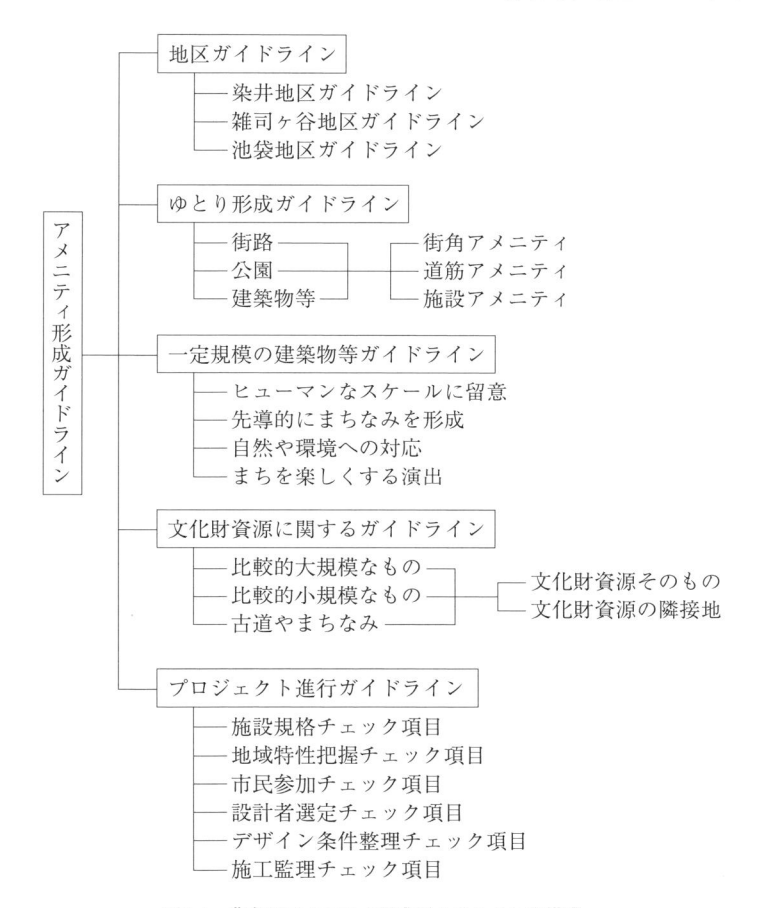

図2-1　豊島区アメニティ形成ガイドラインの構成

の建築物や工作物の新増改築および文化財資源とその環境の保全のためにアメニティ形成指針に沿った事前協議を義務づけている．指針は，特別推進地区に対する地区ガイドライン，公共施設に対するゆとり形成ガイドラインとプロジェクト進行ガイドライン，そして民間建築に対する一定規模の建築物等ガイドラインと文化財資源に関するガイドラインから成っている（**図2-1**）．

　このうち例えばゆとり形成ガイドラインは，街路・公園・建築物等のそれぞれについてゆとり形成指針リストが列挙され，具体的なイラストとともに施設整備の考え方がわかりやすく例示されている（**図2-2**）．

　本来総合的な概念であるべきアメニティを操作可能な部分へと細切りに

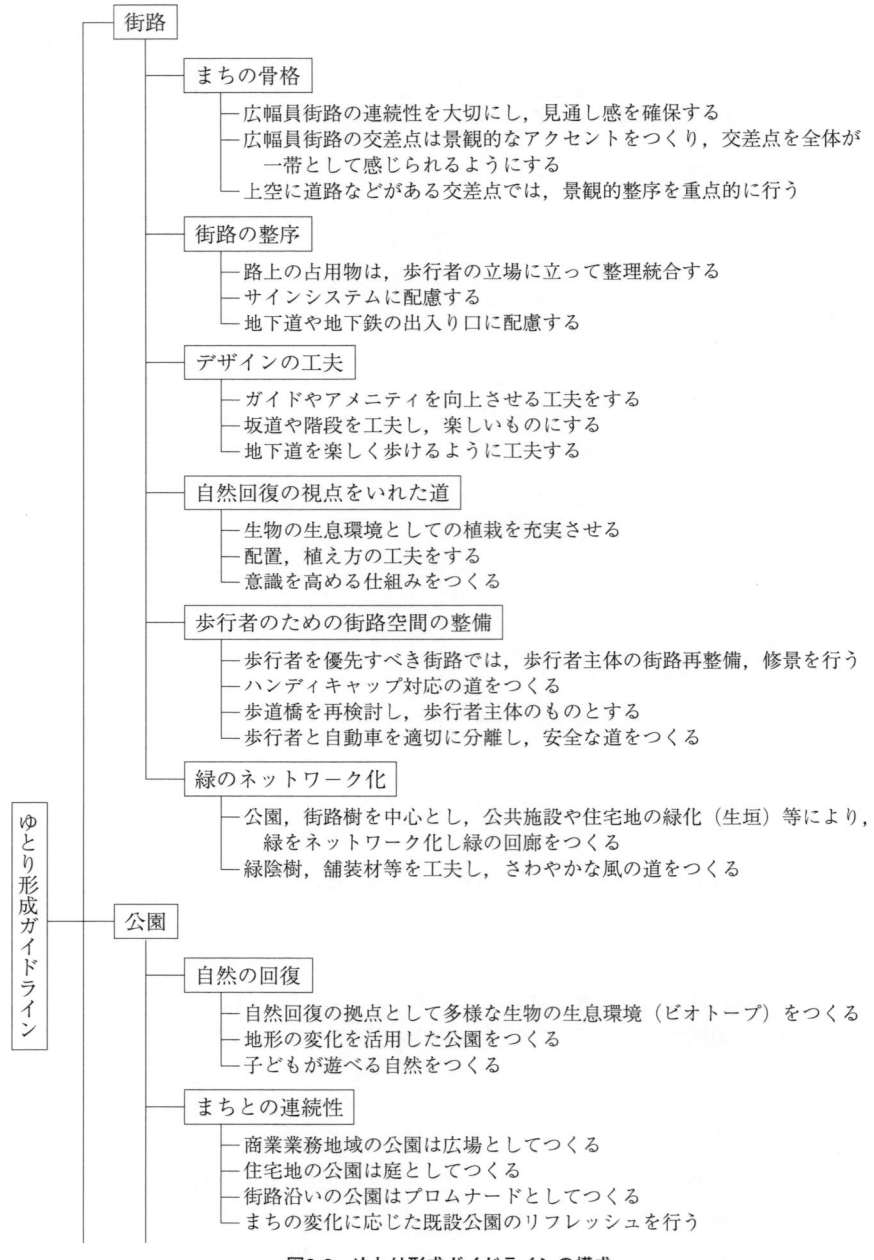

```
ゆとり形成ガイドライン
├─ 街路
│   ├─ まちの骨格
│   │   ├─ 広幅員街路の連続性を大切にし，見通し感を確保する
│   │   ├─ 広幅員街路の交差点は景観的なアクセントをつくり，交差点を全体が一帯として感じられるようにする
│   │   └─ 上空に道路などがある交差点では，景観的整序を重点的に行う
│   ├─ 街路の整序
│   │   ├─ 路上の占用物は，歩行者の立場に立って整理統合する
│   │   ├─ サインシステムに配慮する
│   │   └─ 地下道や地下鉄の出入り口に配慮する
│   ├─ デザインの工夫
│   │   ├─ ガイドやアメニティを向上させる工夫をする
│   │   ├─ 坂道や階段を工夫し，楽しいものにする
│   │   └─ 地下道を楽しく歩けるように工夫する
│   ├─ 自然回復の視点をいれた道
│   │   ├─ 生物の生息環境としての植栽を充実させる
│   │   ├─ 配置，植え方の工夫をする
│   │   └─ 意識を高める仕組みをつくる
│   ├─ 歩行者のための街路空間の整備
│   │   ├─ 歩行者を優先すべき街路では，歩行者主体の街路再整備，修景を行う
│   │   ├─ ハンディキャップ対応の道をつくる
│   │   ├─ 歩道橋を再検討し，歩行者主体のものとする
│   │   └─ 歩行者と自動車を適切に分離し，安全な道をつくる
│   └─ 緑のネットワーク化
│       ├─ 公園，街路樹を中心とし，公共施設や住宅地の緑化（生垣）等により，緑をネットワーク化し緑の回廊をつくる
│       └─ 緑陰樹，舗装材等を工夫し，さわやかな風の道をつくる
└─ 公園
    ├─ 自然の回復
    │   ├─ 自然回復の拠点として多様な生物の生息環境（ビオトープ）をつくる
    │   ├─ 地形の変化を活用した公園をつくる
    │   └─ 子どもが遊べる自然をつくる
    └─ まちとの連続性
        ├─ 商業業務地域の公園は広場としてつくる
        ├─ 住宅地の公園は庭としてつくる
        ├─ 街路沿いの公園はプロムナードとしてつくる
        └─ まちの変化に応じた既設公園のリフレッシュを行う
```

図2-2　ゆとり形成ガイドラインの構成

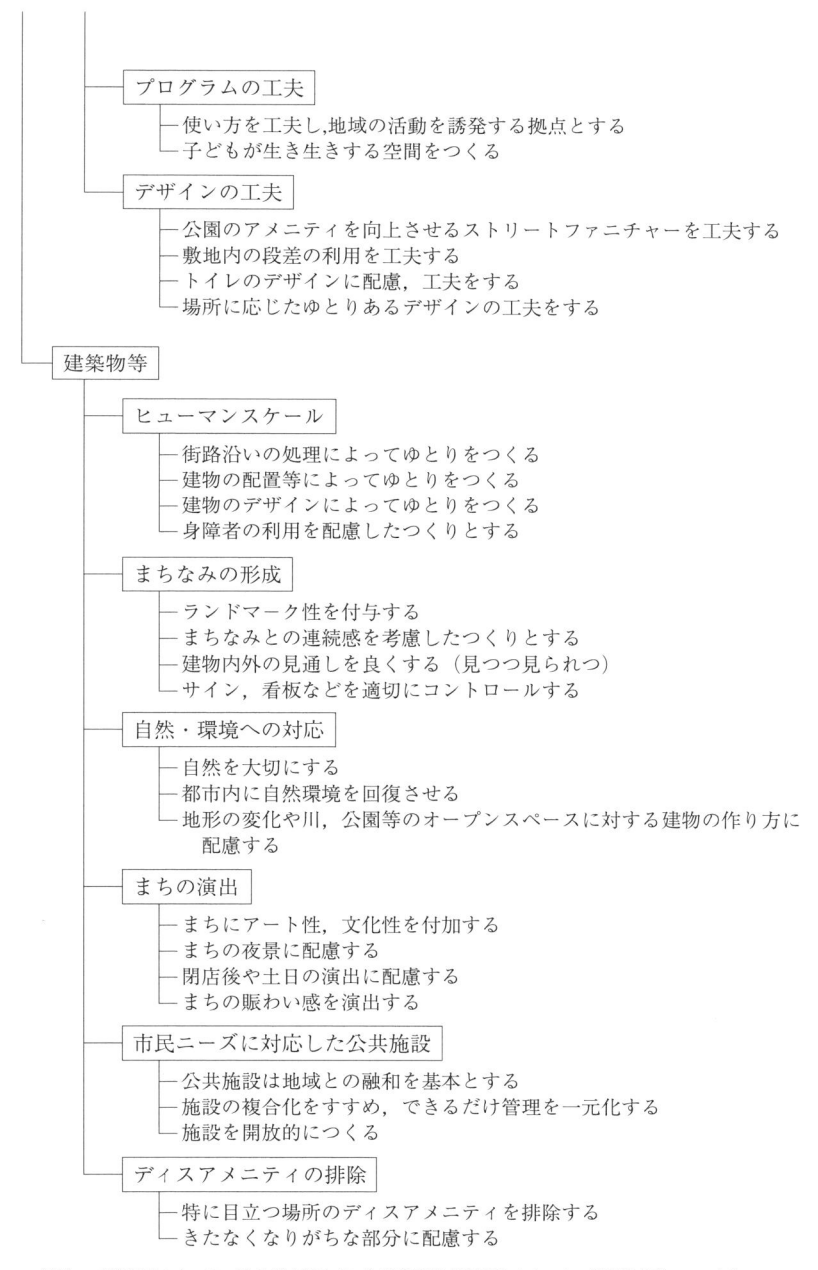

- プログラムの工夫
  - 使い方を工夫し，地域の活動を誘発する拠点とする
  - 子どもが生き生きする空間をつくる
- デザインの工夫
  - 公園のアメニティを向上させるストリートファニチャーを工夫する
  - 敷地内の段差の利用を工夫する
  - トイレのデザインに配慮，工夫をする
  - 場所に応じたゆとりあるデザインの工夫をする

建築物等
- ヒューマンスケール
  - 街路沿いの処理によってゆとりをつくる
  - 建物の配置等によってゆとりをつくる
  - 建物のデザインによってゆとりをつくる
  - 身障者の利用を配慮したつくりとする
- まちなみの形成
  - ランドマーク性を付与する
  - まちなみとの連続感を考慮したつくりとする
  - 建物内外の見通しを良くする（見つつ見られつ）
  - サイン，看板などを適切にコントロールする
- 自然・環境への対応
  - 自然を大切にする
  - 都市内に自然環境を回復させる
  - 地形の変化や川，公園等のオープンスペースに対する建物の作り方に配慮する
- まちの演出
  - まちにアート性，文化性を付加する
  - まちの夜景に配慮する
  - 閉店後や土日の演出に配慮する
  - まちの賑わい感を演出する
- 市民ニーズに対応した公共施設
  - 公共施設は地域との融和を基本とする
  - 施設の複合化をすすめ，できるだけ管理を一元化する
  - 施設を開放的につくる
- ディスアメニティの排除
  - 特に目立つ場所のディスアメニティを排除する
  - きたなくなりがちな部分に配慮する

（出典：『豊島区アメニティ形成ガイドライン』豊島区都市整備部アメニティ推進担当課，1993年）

してしまっているという批判はあるものの，これから創造していくべき望ましい都市空間の具体例を指し示すための努力としては首肯できる。これらのガイドラインをもとに豊島区では，例年約100件を超す届出を受け付けている。また当初3地区だったアメニティ形成特別推進地区に新設道路の建設に伴う推進地区が1地区加わり，並行して締結されたまちづくり協定とともにアメニティ創出のためのコントロールが実施されている。また，2002年5月時点では，このルールを強制力を持つものに強化するため，街なみ誘導型地区計画の導入が検討されている。

　こうした行政側の努力だけでなく，民間側でも実際の都市開発等において魅力あふれる都市空間を創出することが魅力的な商品開発につながり，または信頼に足る企業イメージを形成していくことになるとしてアメニティ形成に積極的に取り組む例は数多い。地域のアメニティの創出が企業経営上においても有効なのである。

　しかし他方，単発のマンション開発などにおいて，最大の利潤をあげるために許容される容積ぎりぎりに詰め込んだ，周辺環境とはまったく不釣り合いな開発もあとを絶たない，とりわけ，大都市の都心部などでは，地価の下落や都市再生に名を借りて国の規制緩和政策に乗った，周辺との均衡を逸した開発が急増しつつある。

　デザイン・ガイドラインやデザイン・レビューなどの誘導型の制度だけではこうした事態に対応することは困難である。アメニティの保全を旗印としたまちづくり運動が各地で展開されることを通して，周囲と調和し，より透明で公正な，かつ詳細で規制力のある開発コントロールをわが国の都市計画制度の中に確立する必要がある。

アメニティをめぐるまちづくり
(1) 環境保全型の運動

　アメニティをめぐる日本のまちづくり運動を概観すると，歴史的環境や地域の生活環境を保全することを目的とした運動と，環境改変をもたらす開発行為を阻止し，あるいはより良好な開発を誘導することを目的とした運動の二つの側面に分けることができる。目標とする空間像が運動体のメンバーによって共有されているものと，運動の中でそうした空間像を獲得していくものという分類も可能である。もちろん同一のまちづくり運動が両側面を有している場合も少なくない。

　前者のまちづくり運動は近年多様な幅をもって拡大しつつあるといえる。このうち最も長い歴史を有しているのは1960年代に始まった歴史的町並みを保全する運動であるが，町並み保全運動の近年の傾向として，

「第一に「特別な町並みからなにげない町並みへ」という保存対象の拡がり，第二に「なにげない町並みから暮らしの想いをすくい取る」という保存対象の深まり，第三に「町並み保存運動から町並み運動へ」という運動論自体の深まり」[18]の3点があげられる．これは，物的な環境の固有性の強調から地域が共有できる歴史・文化認識としての町並みの共有へと保存対象が拡大し，そこに隠されたメッセージを注意深く読み取るという手法が深化していくことを意味している．また，町並みそのものの保存だけでなく，町並みを成立させている社会システムの新しいあり方を探る運動へと拡大している．

最近の傾向として，普段は気づかないまちの長所をこちらから積極的に見つけ出そうという，いわゆるまちの「宝探し」を広く市民の参加を得て行うという活動が官民ともに盛んになってきている点があげられる．自他共に見わけやすいアメニティだけではなく，見過ごしがちな身近な環境にも再評価の視点を向けていくことは，アメニティの裾野を拡げるだけでなく，まちづくりへの気運を高め，合意形成を容易に行えるようにするための環境づくりとしても有効である．さらに昭和の町並みの再発見や田園風景の保存など，これまでとりたてて評価されることの少なかった対象までも地域の資産として捉え直す動きが拡がりつつある．

ここ10年の間に，面的な町並みだけでなく，単体の民家や町家を保存再生する活動が急速に伸びてきている．既存の建築ストックを再利用し，用途変更を伴う大規模な転用を行う事例は歴史的な建造物にとどまらず，一般的な在来木造の住宅やRC造のオフィス建築にまで及んできている．背景には，改築の方が新築よりも経費が少なくて済むという経済的な理由もあるが，在来建築の持つ滋味を建築デザインのうえでうまく利用すればより魅力的な空間ができるという意図が読み取れる．また，こうしたややレトロな改築が一般市民の支持を得て，ビジネスとして成立するようになってきたという市民のアメニティ感覚の成熟も見落とせない．

地域活性化の資源として歴史的環境や自然環境を捉え，これらをまちづくりの中で積極的に活かしていこうという戦略は多くの地域に共通した手法となっている．事例は国内に無数に存在するが，なかでも特色のあるものとして，地域をまるごと博物館と見立ててアメニティ資源を研き，まちづくりを実践する山形県朝日町のエコミュージアムや千葉県富浦町の富浦エコミューゼなどの運動がある[19]．

農村の暮らしや農業体験など来訪者との交流をもとにむらづくりを進めていく運動としてグリーンツーリズムをあげることができる．グリーンツーリズムの考え方は，1970年代にヨーロッパ大陸に起こったといわれて

いる。その後，ヨーロッパ各地で農家民宿やアグリビジネスなどを含む広範な地域再生の努力が続けられていく。これらを総称してグリーン・ツーリズムと呼んでいる。日本へは農村地域の活性化策の一環として1990年代初頭にその考え方が紹介されたが，以来交流人口の増大を期待したむらおこしの主要な施策の一つとして広く全国に拡がっていった。

　グリーン・ツーリズムの先進地の一つである大分県安心院町では民間中心に研究会を1992年に立ち上げ，安心院方式と呼ばれる会員制の農家民泊の仕組みを組み立て，むらおこしの手段としてのグリーン・ツーリズムに取り組んでいる。その理念をうたった六カ条の冒頭には「グリーン・ツーリズムとは，地域に生きる一人一人が農村での日頃の生活を楽しく送る中で，外からのお客を暖かく迎え入れることのできる《豊かに輝く農村》を目指した，新しい農村経営を求める運動である」とあり，安易な農村観光化を目指した事業ではなく，「新しい農村経営」を追求する運動であることがわかる。また条文は続けて，「グリーンツーリズムの根付いた農村には，恵み豊かな自然環境が大切に守られていて，その中で生きる自信に満ちた笑顔がある。それを求め，心のせんたくの為に足しげく訪れる旅人により町の品位は高まり，経済も潤すことができるものである」とうたい，アメニティの維持と向上が結果として経済を潤すことにもつながるという明確な思想が語られている。

　こうした農村部のアメニティを再評価する動きは日本のみならず，先進諸国一般に共通している。例えばOECDは農村地域開発グループを1990年に設置し，以来ルーラル・アメニティの評価についての研究を重ねてきている。

(2)　開発反対型の運動

　一方，周辺との調和に欠く環境改変をもたらす開発行為を阻止し，あるいはより良好な開発を誘導することを目的としたまちづくり運動は，巨大開発や高層建造物等に対する景観および環境面からの反対運動のほか，地域の良好な生活環境を維持するための建築協定やまちづくり協定の締結へ向けた運動などとして現れてきている。

　例えば，広島県福山市鞆では，鞆港の入口部に計画された埋立て架橋の港湾事業をめぐって対立が先鋭化している。鞆の浦は万葉集にも歌われた歴史のある港町で，江戸時代の朝鮮通信使の寄港地でもあり，歴史的な町並み景観や都市の骨格が残る貴重な港町である。伝統的建造物群保存地区の画定も日程に上りつつある。また，東京都国立市ではまちのシンボルである大学通に面して建つ高層マンション建設を問題視して，景観保全のための訴訟が現在進行中である。

不況に対処するための大企業による所有地の放出や地価の下落などによって，東京を中心に1990年代末から急に高層マンションの建設ラッシュが起こり，谷中や神楽坂，横浜など各地で反対運動が激化している。従来からの地域の安定的な生活環境が激変することに危惧を抱く地域住民たちはアメニティ保全のために反対運動を各地で展開しているものの，これまで容認されてきた緩い容積制限や近年導入が相次ぐ規制緩和施策によって周辺のきめとは異質な巨大建造物が合法的に建設される事態が増えてきている。アメニティを維持するためには地域住民の善意に頼る任意のまちづくりだけでは限界があることも事実である。まちづくりの広範な世論のもとに，アメニティを計画コントロールの中できめ細かく保全していく法制度の確立が切実に求められている。

写真2-5　医王寺から見た鞆の浦全景（広島県福山市）。朝鮮通信使が「日東第一形勝」と賛えた風趣に富んだ光景が埋め立て架橋計画によって危機にさらされている。

同時にこれらの開発反対型の運動は，運動の過程において現状の環境改変に異を唱えるだけでなく，目指すべき望ましい環境のあり方を提起する地域まちづくり運動へと深まりを見せている。運動の中で日頃無意識のうちに享受しているアメニティの存在の重要性に気づき，これを顕在化する目を持つことによってまちづくり運動の新しい展望を開こうとしているのである。

(3) 地域環境の再生に向けて

地方の中小都市を中心とした中心市街地の衰退が，元来最もアメニティの高いはずの歴史的な都心部を急速な勢いで蚕食しつつある。アメニティをめぐるまちづくりの大きな課題として，こうした都市の核をどう再生させていくかということがこのところ急に浮上してきた。まちづくりNPOの数も2002年3月には1,273団体に達し，保全や開発といった個別課題を超えて，まち全体をどのように育てていくかという総合的な視点に立ったまちづくりへと次第に移行しつつある。

東京を中心とした大都市にあっては旺盛な住宅需要に支えられた都心回帰が現実のものとなり，規制緩和によって市街地の改善を促進するという政府主導型の開発施策が推進されつつあるが，地方中小都市では，従来からの開発圧力も低く，こうした規制緩和による経済刺激策だけでは都心の再生は達成できない。

こうした都市における従来の都心とは，通常，格の高い目抜き通りの商

店街を指すが，郊外型のショッピングセンターに押されてじり貧の状況にあるのは周知の通りである。

　地方中小都市の都心の存在価値を問い直さなければならない。思い返すと，都心が本来機能していたのは文化発信基地としての価値であった。これまでは商業がその位置についていたので，都心すなわち商店街であったが，賑わいの文化は本来五感をすべて楽しませるものでなければならない。食や学び，遊びや交わり，すなわち文化の容器として都心が果たすべき役割はまだまだ大きい。これからは，より総合的なアメニティが問われることになる。郊外のスーパーに見物に行く観光客などいないのである。小樽や遠野，小布施や長浜，五個荘町や飛騨古川，倉吉や石見銀山の大森町，湯布院や綾町など，元気のいい観光地は同時に都心に豊かな生活環境が実感できる，アメニティの高いまちなのである。アメニティの高いまちにこそビジネスチャンスも訪れる。

　同時に，都心を人の住むまちへ戻していく必要がある。歩ける範囲に種々の都市施設が立地するまちは高齢者に優しいだけでなく，地球環境にも優しいコンパクト都市なのである。都心居住を実現しやすくするための建築形態規制の緩和や防災計画の発想の転換，高地価体質の改善，住宅経営の相談に乗れる仕組みの開発など，都心の環境再生のための仕組みを拡充する必要がある。再開発等のハードなプロジェクト先行でなく，やれるところから実験的に試行してみる漸進的な改善の方が現実的である。そこでは地域のまちづくり運動団体が中心的な役割を担うことができる。アメニティをめぐる日本のまちづくりは，中小都市の都心の環境再生にも大きな力を発揮することになるだろう。

(4) 都市環境再生の課題とアメニティ

　イギリスで生まれたアメニティの概念は，調和のとれた物的環境の状態という当初の静的な枠組みから，次第に環境の質という総体的な観念の中に位置づけられ，また新たなグッド・デザインを創出するという動的な理念にまで拡大してきた。

　とりわけアジアの文脈でアメニティを考える場合，アメニティの保全だけでなく，アメニティの創出とそのための合意形成の戦略を考えることは重要である。ただし，アメニティの議論が我々に教えるのは，アメニティはあくまで物的な環境として捉えられるということであり，日常生活にまつわる数々の思いはすべて物理的環境に帰結し，そしてその限りにおいてコントロールの俎上にのせることができるという視点である。アメニティは単に感覚的な「快適性」を指しているのではない。

　アクティビティを重視し，変化の激しいアジアの都市空間においては，

静的なアメニティだけを論じることは難しい。変転の中でアメニティの共通の空間像を獲得していくような動的なアメニティ理解がどうしても必要である，しかし，そのことは手続き論や運動論としてアメニティを語るだけでは不足である。そこには目指すべき物的空間の像がなければならない。

都市再生がかまびすしく語られる昨今の政治的風土では，都市再生のインセンティブや手法ばかりが声高に語られ，最終的に結実してくるはずの空間の実体的な像に関しては貧弱なイメージしか持ち合わせていないという状況が続いている。本来の都市環境再生が目指すべきものは単なる都市プロジェクトの再生ではない。同時に，環境破壊以前の時代への単純な先祖帰りでもあり得ない。21世紀に到達すべき豊かな都市生活のイメージを膨らませ，それを支える物的な都市環境のありようを，歴史や文化を手がかりにイマジネーション豊かに構想しなければならない。都市の地勢や歴史的環境，眺望やランドマーク，オープンスペースや街路，水や緑は都市空間を認識し，目指すべき目標像を組み立てるうえで重要な手がかりである。

しばしば語られるイギリス都市計画の目標である，生態的に健全で（ecologically sound），美的に心地よく（aesthetically pleasing），文化的に意味深く（culturally meaningful），そして経済的に効率のいい（economically efficient）という都市空間の望ましいあり方は，洋の東西を問わないはずである。具体的な都市空間像を多くの生活者が共有し，そこへ向かう細かな改善の努力を種々のルールに託し，公正で民主的な手続きの中でアメニティの保全と創造を達成していくという地道な作業以外に，都市空間の保全と再生を達成する方途はないのである。

注
（1）Re Ellis and Ruislip-Northwood U.D.C. [1920] 1K.B. 343, C.A.370
（2）スミス，D.L.（川向正人訳）『アメニティと都市計画』鹿島出版会，1977年
（3）Grant, M., *Planning Law Handbook*, London: Sweet & Maxwell, 1981, p.361
（4）渡辺俊一「アメニティとは」日本都市計画学会編著『アメニティ都市への道』ぎょうせい，1984年
（5）Cullingworth, J.B. and N. Nadin, *Town and Country Planning in the UK*, 12th ed., London: Routledge, 1997
（6）W. Holford, *Preserving Amenity*, Central Electricity Generating Board, 1959，カリングワース，J.B.（久保田誠三監訳）『英国の都市農村計画』都市計画協会，1972年（Cullingworth, J.B., *Town and Country Planning in the England and Wales*, 1970）より引用。
（7）Cullingworth, J.B. and N. Nadin, *Town and Country Planning in Britain*, 11th ed., London: Routledge, 1994

（8）屋外広告の最高高さを8フィート，および道路境界線より10フィートの後退を定めたニュージャージー州Passaic市の条例，およびその根拠となっている1903年のニュージャージー州の授権法が土地所有者の合法的な営業権を侵害しているとして1905年に出された違憲判決（Atlantic Reporter Vol.62 [1906] at 268より）
（9）Northwestern Reporter Vol.176, [1920] at 162
（10）Smardon, R.C. and J. Karp, *Legal Landscape,* New York: Van Nostrand Reinhold, 1993
（11）348 US 26, 99 L ed 27, 75 S Ct 98, 1954
（12）Lowe, P. and J. Goyder, Environmental Groups in Politics, London: George Allen & Unwin, 1983, pp.88-89
（13）Civic Trust, *Civic Trust: First Three Years,* London: Civic Trust, 1960
（14）Rydin, Y., *The British Planning System: An Introduction,* Basingsoke: Macmillan, 1993, pp.238-249
（15）Mynors C. Listed Building, Conservation Areas and Monuments, 3rd ed., London: Sweet and Maxwell, 1999, p.140
（16）Cartwright v. Post Office, 2, 1968, All England Law Reports, 1968, 2, at 648.
（17）宮本憲一『環境経済学』岩波書店，1989年
（18）西村幸夫「新・町並み時代が目指すもの」全国町並み保存連盟編著『新・町並み時代―まちづくりへの提案』学芸出版社，1999年，p 192
（19）日本エコミュージアム研究会『エコミュージアム―理念と活動』牧野出版，1997年

（2002年10月）

町並み保全型まちづくり

町並み保全型まちづくりとは

　10年ほど前，イタリアの建築家アルド・ロッシが来日した際，「日本の都市についてどう思うか」と問われて，「これは都市ではない」と答えたと同じく建築家の團紀彦氏が紹介している[1]。ヨーロッパの整った町並みを見慣れた眼には正直な感想だったのだろう。確かに日本に限らずアジア，さらには途上国一般の都市景観は乱雑でまとまりがなく，いったいいかなるルールのもとにまちがつくられているのか，見当もつかないようなことが普通である。自然発生的な農村集落が突然都市化してしまったために急ごしらえでまちの姿をしているにすぎないと，アルド・ロッシは感じたのだろう。

　日本のまちのおもしろさは，地形との応答の中で小地区がそれぞれ形づくられてきたという点とその重層した蓄積に特色があり，それは傍目からは読みとりにくい。最も目につきやすい街路景観だけに着目すると，まさしく「都市になっていない」とも表現されるような悲惨な状況にあるといわれても致し方がない面がある。

　しかし，日本にも街路景観が一つのビジョンを表現しているようなまちがないわけではない。その代表的な例として，歴史的な町並みの風景を残すまちや地区があげられる。

　ここでは，こうした歴史的な町並みを今に残すまちや地区がどのようにしてそのビジョンを明確にして，次代のまちづくりにつなげていこうとしているのか，を明らかにすることを目的としている。それは，単に歴史的な町並みの残された都市の課題であるばかりではない。「都市ではない」と酷評された日本のまち全般が，どのようにして固有の都市の姿を組み立てていけばいいのか，共有すべきビジョンとは何なのかを論じることにつながっている。日本の都市一般に関わる，ひいては急速に変貌しつつあるアジア都市に至る，極めて普遍的な課題なのである。

「町並み」の再発見

　「町並み保全型まちづくり」という表現はこれまであまり使われてこな

写真2-6 現在の越前三国湊（現福井県坂井市三国）。港町の面影は今でも随所に垣間見ることができる。

かった。造語とまではいえないにしても、新しい表現ではある。それではここでいう町並み保全型まちづくりとは何なのか、についてまず初めに論じることとする。

町家が並ぶ様子を表す「町並み」という言葉は古く、近世初期の仮名草子や浮世草子にも用例が見られる[2]。近代に入って町並みを守るべき対象として最初に再発見したのは橡内吉胤（1888-1945年）であろう[3]。その著『日本都市風景』（1934年）は、都市美協会常務理事であった橡内が各地の新旧の都市景観を称揚するものであった。著書の中で橡内は越前三国湊の歴史的町並みに寄せて、次のようにその印象を述べている。

「私どもが、この三国のような古い湊町にもつ興味の一つは、その町の特色をつかむという事の外にわが国の町という町がこぞって新しいもの新しいものへと造り改えられつつある中に、この湊町のような旧態依然たるものの姿を見出すことには確かに一つの驚異に値する事実であること、が、やがてこうした姿も…わずかに余命少ない古老の口から伝えられるのみで、歳を経るに従って段々おぼろげなものになると同じように、わずかに残っている古い街並も段々と朽ちたり壊されたきりになってしまったり、……まったく地上から姿を消す日のあることを思うと、この日本といういわば大きな博物館の中に保存されている昔のままの生粋の湊町の形態やその町を霧かなんぞのように包んでいる歴史や伝説といったものを、単に懐かしむというよりもなんとかして記録に止めておくの必要がないであろうか…」[4]

橡内の視点はやや悲観的ではあるが、ここには歴史的な町並みを客観的な文化遺産として評価する視点が確実に存在する。そしてその視点は物理的なまちだけではなく、その都市を「霧かなんぞのように包んでいる」と彼が表現するところの歴史や伝説など、不可視の資産にまで及んでいるのである。

さらに橡内は続けて言う。

「こうした古い町に見出す一種『調和の美』といったものが果たしてどうした仕組みから出発して来るものであるかということを点検してみるということも、将来の街を造るの工夫をするうえにも重要な暗示を持ち来すものではないだろうか。」[5]

ここには単に町並みを懐古的に捉えるだけでなく，新しい「まちづくり」の手がかりとして評価するという視点がすでに存在しているのだ。橡内吉胤はまさしく日本の町並みを再発見し，町並みを通してのまちづくりまで見通したわが国では初めての人物であったといえる。ただし，1930年代後半から日本は軍部の台頭によって戦争への道を突き進んでしまい，橡内以降，町並みに向ける眼を継ぐ人材は生まれなかった。橡内が所属していた都市美協会も，1942年には機関誌『都市美』の刊行を止めている。

　また，橡内には歴史的な町並みを保全するという積極的な視点はなかった。それが生まれるのは，1960年代半ばまで待たなければならない[6]。

　戦後の町並みを巡る動きは，橡内のように外部の目で町並みの価値を客観的に論じるところからではなく，住み手や自治体による保存のための運動として起こってきた点に特徴がある。それは妻籠であり，高山であり，金沢であった。その背景には愛郷運動があり，またある時には過疎化に悩む地域の姿があり，観光化に地域の将来を託す夢があった。

　したがって1960年代半ばに始まる日本の町並み保全の動きは，当初から町並みを梃子としたまちづくり運動として築かれていったのである。町並みの全体像を明らかにする調査手法や，文化財としての価値づけなどは，まちづくり運動としての町並み保全と並行して構築されていった。

　このように，「町並み」はまちづくり運動の中で再発見された。

　「町並み」は，したがって，存在を表す従来型の静態的な概念として再発見されたのではなく，状態を表す動態的な概念として再発見されたのである。再発見された町並みは，まちづくりのなかでこそ意味を持っていた。

　町並みの保全が次第に地方公共団体が制定する条例の対象となり，文化財として認知されてくるようになる。その成果が1975年の文化財保護法の改正による伝統的建造物群保存地区制度の導入であった。これはまた，動態的な見方で再発見された町並みの制度化のプロセス（すなわち静態化）であるともいえる。

　しかしこのことは町並み運動が沈静化したことを意味するのではない。ダイナミックな動きを機能分担し，一般的な仕組みとして汎用性を持たせるための動きだったといえる。こうして，町並み保全型まちづくりは普遍的なまちづくりの一手法として確立していったのである。

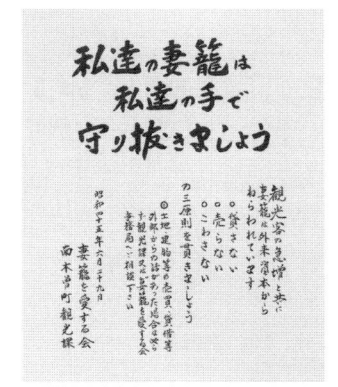

図2-3　妻籠の町並み保存をうたうパンフレット（1970年）

「保全」の考え方

　従来，町並みに関しては「保存」という語が使われてきた。1974年に結成された町並み運動の全国組織も「町並み保存連盟」（のちに全国町並み保存連盟と改称）であった。ここで私たちが「保全」を使うのは，地域社会の健全な新陳代謝を容認する意味を込めているからである。

　通常，町並みにおける保存とは，都市構造の文化財的価値を評価し，これを現状のままに，あるいは最低限の補強等を行って，対象の有する特性をそのままに維持していくことを意味している。

　一方，町並みにおける保全とは，都市構造の歴史的な価値を尊重し，その機能を保持しつつ，適切な介入を行うことによって現代に適合するように再生・強化・改善することを含めた行為全般を指している。つまり，町並み保全とは，生きた町並みを生きたまま，その特性を活かしながら補強再生することである。

　町並みには居住者がいるのであるから，現代生活に適合するように新陳代謝していくことは必須であり，不可避である。問題は，許容すべき変化をどのように方向づけ，どの程度まで制御するかという点である。変化をコントロールするのではなく，変化のスピードをコントロールするのである。そのことによって，地域社会は健康に生きながらえることができることになる。

　町並み保全型まちづくりとは，したがって，歴史的な町並みという残された空間資源を手がかりに，地域社会の活性化と再生を図る総合的なまちづくり運動であるといえる。そして，それは残された空間資源に再び目を向け，より広範なまちづくりに空間的なビジョンを与えるものでもある。

　こうした活動を通じて，日本のまちは都市空間としても成熟していくことになる。

町並みからまちづくりへ

　今日，伝統的建造物群保存地区制度が創設されてすでに30年を超える年月が経過し，地方レベルでの条例による景観形成地区等の面的な保全策も，景観上特色のある町並みの保全施策として全国に浸透してきたといえるだろう。その意味で，町並み保全型まちづくりはすでに一定の成果をあげてきたといえる。現に，各地の歴史的な町並み地区を訪れると，伝統的な町並み整備が進み，観光客の数も増えているところも多い。

　しかし，そこに問題がないわけではない。

　地区指定された町並みは伝統的に整備が進んでいるものの，その周辺にはまったく地区とは無縁の匿名的な開発が進められているというのがほと

んどの地区の実情だろう。歴史的町並みは都市のイメージリーダーとしてまつりあげられてはいるものの，都市全体の開発整備計画の中では海に浮かんだ島のように扱われてはいないだろうか。また，地区指定された町並み自体も，好むと好まざるとにかかわらず，歴史テーマパークのような扱われ方をしているのではないだろうか。

こうした現状は，町並み保全型まちづくりが本来目指してきたものからは逸脱しているといわなければならない。

図2-4 第1回全国町並みゼミ（1978年）の会場となった愛知県足助町の「足助の町並みを守る会」の会報第1号（1977年）。標題に「町並み保存は最も新しい開発の手法」とあることに注目。

町並み保全型まちづくりは，まちのビジョンを歴史的な町並みを手がかりにしながらも，単に町並みの物的な資源に依存するだけではなく，地域の底上げを図る動態的な運動として生まれてきた。現在の状況に欠落しているのは，まち全体の将来像をダイナミックに捉える構想力とそれを実施に移す戦略である。

町並み保全型まちづくりの「町並み」とは，必ずしも歴史的な町並みには限らないはずである。日本の都市が「都市ではない」と喝破されないためにも，都市らしい都市をつくっていくためのルールと戦略を持たなければならない。町並み保全型のまちづくりはその参考となるに違いないのだ。なぜなら，かつて日本の都市はまさしく「都市らしく」あったのだから，その遺産を今に活かすことを目的としたまちづくりが今日の都市ビジョン作成に参考にならないはずがない。町並み保全型まちづくりを単に歴史的地区の特別なゾーニング手法などにとどめるのではなく，町並みから始まる将来に向けた総合的なまちづくり運動の起点にしなければならない。

今，何ができるか――町並み保全型まちづくりの未来

町並み保全型まちづくりは，歴史的な町並みを有する地区の再生施策として官民双方から構築されてきた。また一方では，周辺環境の改変にあたって危機感を持った住民が，改めて自らの依って立つ基盤を見つめ直すところから環境保全問題の一環として取り組まれる場合も少なくない。近年では，こうした問題状況はとりたてて特徴的な個性を保有しているとは言い難い一般的な市街地全般にまで拡がってきている。2004年に景観法（仮称）が成立すると，こうした傾向を強く後押しすることになるだろう。

これまでの各章の記述から見通せる，現時点における実施可能な地域まちづくり戦略として，今何をやるべきなのか，何が可能なのかを展望する。

ビジョンの共有

　町並み保全型まちづくりが示唆する第一の点は，まちづくりにおいてはビジョンの共有ということが何をおいても重要だということである。そして，町並み保全型まちづくりの場合には，歴史的町並みという共通の地域像を持つことができることが幸運だということだ。

　歴史的な町並みが残されてきた事情には様々な経緯があるだろうが，その大半は近代化から取り残されてきた地域の歴史であろう。これまでややもすると遅れた地域と見られがちだったところが，逆転の発想から，近代化のなかで都市の本来あるべき姿を見失うことなく，確固とした都市像を持ち，かつ歩けるまちづくりを実践している先端的なまちとして脚光を浴びるようになる。何よりも地域の住民たちが自信を取り戻してくることにこのまちづくりの意義がある。

　問題は，地域の人々にとっては見慣れた，ある意味では風采のあげらない当たり前のまちが価値を持っているということを再発見してもらう必要があるという点である。そのためには，守るべきまちの価値とは何か，それはどのように現実のまちのなかに偏在しているのかについて明らかにしなければならない。

　また，先に「再発見してもらう」と書いたが，こうした意識構造の中に宿る専門家主導主義のようなものも解体しなければならないだろう。正確には，「地域住民と共に再発見する道筋を整える」ということだろう。専門家と地域住民，そして事務局としての行政の間の望ましくかつ新しい関係を築いていかなければならない。

　普段とりたてて重要視していなかった町並みなどの地域資産に光を当て，それをもとに計画を立案していく手法については，伝統的建造物群保存地区保存対策調査の例がよく知られている。ここで強調したいのは，こうした専門的な調査・計画立案は地道で基礎的な客観的な作業であると同時に，地域のまちづくりのスタートを促す運動でもあるという点である。調査そのものが契機となり，力となる。

　町並み調査自体が，地域住民と行政による将来ビジョンの共有という合意形成のプロセスの契機となる。往々にして，こうした合意形成は地域住民の大きな意識変革を伴うことになる。普段当たり前だと思っていたものに突然光が当たるのである。そしてそのことが，地域に住むということに新たな光を当てることにつながる。その時に訪れるであろう一瞬の心の高揚，ここにこそ町並み保全型まちづくりの神髄がある。

　まちは今までとは異なった光で輝き始めるのだ。

　これをここではビジョンの共有と呼称している。

しかしながら、この作業を単なる地域のお宝探しに終わらせてはならない。再発見されてくる多様な資源をいくつかの固有の物語として構築して、地域のポテンシャルを実見できるように構成する構想力が求められる。行政や専門家の力量が試されるのである。

ビジョンを物語へと構築する

すべての都市が今日あるのにはなんらかの理由がある。都市の立地には地形や交通網、他都市群とのネットワークなどが重要な役割を果たしている。都市成立以降の変遷も都市読解の重要な要素である。とりわけ近代以降の大変革の中でその都市がどのように振る舞ってきたかは、今日のあり方を考える際の貴重な手がかりとなる。仮にその都市が固有な風貌を失っていたとしても、こうした都市の来歴から都市の個性を読み取り、それを今後のまちづくりに活かすことは不可欠の作業である。そこに固有の町並みや歴史的建造物が残されているとしたらなおさらである。

つまり、都市を読解することによって、手がかりとしてのビジョンを立体的に組み立て直さなければならない。そこに都市固有の物語が立ち現れてくる。このプロセスの中で、都市の今日の姿自身を物語化することができる、いや、物語化しなければならないのである。そこから動態的なまちづくりが生まれる。

最も簡単なところから物語を織りあげることもできる。例えば新潟県村上市では、黒塀をつなぐことがまちづくりへの参加の具体的手法として導入されることによって目に見える町並みとひとの心とをつなぐことが可能となった。埼玉県川越市では、冊子となった「町づくり規範」が町並みの調和に具体的な形と言葉を与えた。岐阜県飛騨市古川町では、「そうばくずし」という地元の言葉の発掘がローカル・ルールの存在を説得力を持っ

写真2-7　新潟県村上市の黒塀プロジェクトで1枚1000円分の支援で購入した黒塀をブロック塀に貼りつける（左）、出来上がった黒塀（右）。（写真提供：吉川真嗣氏）

て示すことにつながった。山口県萩市では，まちじゅう博物館のスローガンが都市を見る内側からの視点をも変化させた。福岡県太宰府市では，遺産をより総合的に捉えることで遺産と共に生きるまちのこれからの姿を示している。沖縄県竹富町の竹富島では，環境管理の総体的なあり方がNPOという新しい概念の中で再度問われている[7]。

いずれの都市においても，ビジョンを共有するだけではなく，そこから飛翔するための「物語」が魅力的に紡ぎ出されているのだ。この構想力こそ学ばなければならない。なぜなら，ここで発揮された構想力は具体的な町並みを超えて有効であるからだ。

ビジョンを現実のものとするために

ビジョンを現実とするためには，物語として構築するだけでは残念ながら力不足である。現実的なパワーが必要である。それは望ましいものを残しておくための力であり，不必要なものを撤去する力であり，必要なものを創り出す力であり，不必要なものを防止する力である。

これらの力はどのようにして獲得できるか。それは共有されたビジョンをルールや計画として明文化することである。そのためには多様な方法がすでに存在している。

第一に，具体的な地域資産をもとにその保全のためのマスタープランを作成することである。作成にあたっては文化財保護行政や都市計画行政に関わる専門的な知識が要求される。そのためには専門家の助力が不可欠である。

こうしたマスタープランづくりとは別に，地域のローカル・ルールとでもいうべき町並みの保全と形成に関する規範が明らかにされ，それを遵守していくための仕組みが構築されなければならない。地域住民の理解と協力がない限り，いかなる保全マスタープランも無力である。

こうしたローカル・ルールは規制力の弱いものから順に，地域のまちづくりの申し合わせ，より進んで，まちづくりの理念を明文化してうたうまちづくり憲章などの憲章，より具体的に守るべき基準を明らかにした紳士協定的なルール，条例や法律の根拠を持つ協定，景観条例などの地方自治体の自主条例による規制，都条例や法律の根拠を持つ建築協定などの協定，都市計画による地域地区の指定や地区計画など国法によるコントロール，など多様な段階が存在しており，地域のまちづくりの熟度に合わせて適宜選択が可能である。

また，新しいものを作り上げたり，電線の地下埋設のように現在あるものを取り除いたりするためには，財政支出を伴う具体的な事業の導入が必

要となる。従来は起債事業や国土交通省などのモデル事業などでまかなわれていたが、起債の償還分を地方交付税交付金で手当てするやり方や国の補助事業そのものが地方分権の趣旨に反するということから、現在では財源だけでなく税源まで地方への移譲が広範に検討されるようになってきた。ここ数年でこうした地域の個性を醸成するための事業の仕組みそのものが大きく転換することが予想される。

　ここで問題としているような町並み関連の事業は、地域の個性を引き立たせるための事業であり、全国に平等で画一的に計画される通常の公共事業とは根本的に性格が異なっている。逆に、十分な税財政上の裏付けをもとに、地域単独事業として計画されるような方向が望ましい。町並み保全型まちづくりは、地方分権と税源委譲の問題にまで関わることになる。

マスタープラン型の計画を超えて

　もう一つ、ここで留意しておかなければならないことがある。それは、総合的まちづくりに関するマスタープランはまちづくりに有効ではあるが、万能ではないということだ。

　マスタープランが策定されない限り、町並み保全型のまちづくりは前進できないというものでもない。もちろん、基本計画の存在は望ましいが、計画を常に先行させる考え方だけでは柔軟な地域のニーズには応えにくい。

　また、いかにも行政主導だという批判も聞こえてくるかもしれない。とりわけ現実的な開発圧力のそれほど高くないところでは、計画の存在が事態を誘導することに寄与するという度合いはかなり限定されてくるだろう。

　住み手の感覚は、当然のことながらもっと生活の現場寄りだ。図面の上に拠点や軸が物理的かつ模式的に描かれるのが通常のマスタープランだとするならば、それとは異なったまちづくりのビジョンのありようがもっと模索されてもいい。例えば、仲間との語らいや楽しげな寄り合いなどの生活のビジョン、これが明確に描ける諸場面を支えるものとして構想される地域の生活空間こそ望ましい将来の地域の姿であるといった動態的なまちのあり方である。

　すなわち、まちでの将来のライフスタイルが提示されるようなまちづくりのあり方である。

　個々のアクションが満たされること、それを支える空間が町並みの中に埋め込まれること、それが点のネットワークとして結びつけられることによって地域に次第に変化が顕在化してくるような、そうしたまちづくりの

あり方があるはずだ。

　とりわけ，生活者の視点でまちづくりを考えるとすると，こうしたスタンスはごく自然のはずである。町並み保全型まちづくりにあっても，活動者に舞台を提供するようなまちづくりの方法がもっと探求されてもいいだろう。そこから，マスタープラン型を超えた21世紀の日本の，ひいてはアジア的なまちづくりの方法論が育っていくかもしれない。

ビジョンは遍在する

　ビジョンはどこにでもある。歴史的な町並みが目に見えるかたちで残されていなければすべての運動がスタートできないということはない。ハードであれソフトであれ，どんなにささいなものであっても，町並み保全型まちづくりのきっかけに不向きなものはあり得ない。町並み保全型というスタイルは，ビジョンを空間に依拠するということを出発点にしているところに特徴があるが，出発点は必ずしも現存する文化的資産としての町並みに限らない。より柔軟に，新しい景観づくりの場面においても，ここまで述べてきた手法は適用可能である。

　現在検討されている景観法（仮称）は，こうした可能性をさらにひろげる契機となることが期待される。同法が現在500近くの地方公共団体で公布されている自治体の約15％に拡がっている自主条例としてのいわゆる景観条例に法的根拠を与えることになった。またローカル・ルールとして，建築の意匠や形態，色彩をはじめとして，斜線制限，建蔽率や容積率，壁面線の後退距離などに横出しや上乗せの規定を置くことが明文的に認められ，町並み保全型のローカル・ルールは財産権に対する公共の福祉に関わる本来的な制約として合法化されることになった。さらに，土地利用規制という二次元的なコントロールに加えて，景観規制という三次元的な規制が並立されることになり，空間ビジョンの持つ意味はこれまでになく重くなる。

　都市空間の将来的なビジョンは，次第に地区が保有すべき必須の将来像となるに違いない。そこを手がかりに将来のまちづくりが進められるとするならば，町並み保全型のまちづくりはそのモデルとなり得るだろう。そしてそれは，町並みの保全にとどまらず，町並みの創生につながる豊穣な内実をもつことになるはずだ。ビジョンはどこにでもあり得る。遍在するビジョンがまちづくりを新たな段階に導くことになるだろう。

　今，何をなすべきか。答えは明白である。町並み保全の射程を可能な限り延ばして，都市空間の将来ビジョンをもとに我々のまちの将来像と将来のライフスタイルを語ることができるように，まちづくりの可能性を広げ

ることである。資源マップでもいい，協定でもいい，マスタープランでもいい，生活プログラムでもいい，まつりでもいい，共感できるところから町並み保全型のまちづくりの一歩を踏み出すことである。

　町並み保全型のまちづくり，それは現代文明のあり方を批評する深さを持っているのである。

注
(1) 團紀彦「日本の街路景観―新町家論」，森地茂・篠原修編『都市の未来』日本経済新聞社，2003年。
(2) 例えば，仮名草子『恨の介』(1617頃)には「かの姫を，我ら夫婦の物どもが彼方此方と隠し置き，このまちなみに忍びつつ」とある。また，井原西鶴の『世間胸算用』(1692)にも，「町並みの門松，これぞちとせ山の山口」とある。
(3) 椽内吉胤の業績については，中島直人他「都市運動家・椽内吉胤に関する研究」，『日本都市計画学会論文集』第36号，2001年11月，229－234頁参照。
(4) 椽内吉胤『日本都市風景』時潮社，1934年，pp.210-211，旧字旧仮名遣いは改めた
(5) 同上。
(6) 1960年代以前にも例外的に町並み保全の運動が起こったところとして倉敷がある。倉敷では大原総一郎の主導のもと，1938年頃から倉敷をローテンブルクのようにしようという構想が立てられ，戦後すぐの1948年には民芸運動の一環として町並み保全が動き出し，翌49年には倉敷都市美協会が設立されている。しかし，町並み運動として倉敷の後に続く都市は現れなかった。日本の終戦直後に奇跡的に一輪だけ咲いた（そしてその後も今日に至るまで継続されている）歴史的環境保全の運動なのである。
(7) ここにあげた都市の町並み保全型まちづくりの実践例については，日本建築学会編『町並み保全型まちづくり』丸善，2004年。第5章に詳しく紹介されている。

(2004年3月)

都市保全計画という構想

「都市保全計画」という名前の講義

　東京大学工学部都市工学科で「都市保全計画」という講義を開講して，かれこれ12年が経過しようとしている。当時，こうした名前の講義は大学院も含めて日本ではほとんど行われていなかったし，その状況は今でもあまり変わっていないかもしれない。通常では都市計画という講義が工学部の建築学科か土木工学科に1科目はあって，その中で保全計画に関しては一コマ，1時間半が充てられればいいほうだというのが実情だったといえる。そもそも保全に値する都市や歴史的環境が日本にはあるのか，というのが一般的な反応だろうし，したがって教師の側にも情報や経験が蓄積されてないのである。

　私がこうした希少な（？）研究分野に関心を持ったのは70年代の半ばであり，高度成長期の反動から歴史的なるものへの関心が一時ではあるが高まった時代であった。75年には文化財保護法が改正され，伝統的建造物群というものが文化財の一つのジャンルとして確立された，そうした時代だった。関東にいて歴史的町並みを追っかけて調査を続けるということにはハンディキャップがあった。それに，高度経済成長期は終焉したとはいえ，時代の雰囲気はまだまだ右肩上がりであり，過去に拘泥するような研究テーマは都市計画関連の学会ではマイノリティであり続けた。

　しかし，現地調査を続けていくにつれて，日本にはその気になって探せばここかしこに歴史的環境の痕跡が明確に残されており，それを保全し，まちづくりに活かしていこうとしている多くの人たちが居ることに気づいた。大都市の日常にかまけていると，そうした感覚を忘れがちになることがあるが，日本には豊かな田舎があるのだ。いや，大都市にだって，読解方法に注意すれば歴史的なるものは色濃く残っていることがわかるようになってきた。

　また，事はひとの住んでいる環境に関わることであるから，納得ずくで進めなければ守れるものも守れない。合意形成が重要であること，そして何よりも，自分たちの身の回りに大切にすべき都市の記憶の断片がそこここに残されていること，そしてそのことを住み手の方々にも意識してもら

わなければならないことを思うようになってきた。

　人の手になる環境の全体にわたって，そこから保全すべきものを浮き彫りにしてそれを現代社会の中で有効に位置づけるような計画を立てることを都市保全計画というならば，それをしっかりと確立させたいと思うようになってきた。

　これまで，古い民家や町並み，道標などがあっても，なぜそれらが保存されなければならないのか，それはなんの役に立つのか，そうした意識はどのようにして芽生えてきたのか，それは諸外国とは異なるのか，などの点について，意外にも突き詰めて考えられてはこなかったということに気づいたのである。古いものが大切であることは直感的にはわかるとしても，これが道路パターンや都市の立地などになると，そもそも何が大事なのかほとんど意識もされないだろう。これらを本格的に研究している業績も日本には皆無に近かった。それならば自分で解明するしかない。調査やまちづくり活動の合間に研究を続け，それが「都市保全計画」という講義の開講につながった。時代はちょうどバブル経済崩壊の頃だった。

新しい視点からの都市計画

　いろいろ調べていくうちに痛感したのは，従来の都市計画制度が現状を否定する「改善」指向に色濃く染められているということだった。建設関連の法律には歴史や伝統という用語はほとんど見られないし，あっても文化財建造物を建築基準法の適用から除外するといった，おのれの世界から外すだけの規定ばかりである。法令の名称を見ても，区画「整理」や市区「改正」，首都「改造」など旧悪を糺すことが法の使命だといわんばかりである。

　補助金の制度にしても新築が前提であるし，土地評価にしても土地に付着した樹木や建造物は減価の対象でしかなかった。緩い容積率指定は地権者の権利と考えられるばかりで，そのことが歴史的建造物の建替え圧力として作用しているということに対する配慮はなかった。相続税の物納財産に関しても，更地にして売却し，なるべく迅速に現金化することが基本であり，貴重な文化的資産を積極的に活かすという視点は，残念ながらない。

　土建国家の体質は単に政界と建設業界との癒着というにとどまらず，この国の法財政制度の隅々にまで染みついていたのかというのが実感である。

　それでもまだ都市が膨張し，経済成長が続いている間は，国主導でナショナル・ミニマムを保障するという意味では，都市政策はなんとか機能してきたといえるかもしれない。ただし，そこで目指されていたのは，量の充足であって，質の向上ではなかった。シビル・ミニマムという当時流行

した概念自体が，そのことを物語っている。その間に日本の風光の美は大きく蚕食され，大都市，中小都市を問わず都市の風景はやせ細ってきた。

「開発」ではなく，「保全」を中心に据えた新しい視点の都市計画が樹立されなければならない。日本の近代化を後押ししてきた巨大なシステムを大きく転換しなければならない。——これは大仕事になる。そして私が構想してきた都市保全計画が，その歯車の一つ，それもできれば大きな歯車となって，時代をごろんと先に動かすことに私なりに寄与したい，そういう想いが強くなってきた。

新しい時代の計画の一翼を都市保全計画の構想が担い得るのではないか。ここでいう都市保全とは，単に今ある都市をそのまま保存するのではなく，都市を構成する要素を読み取り，歴史的な経緯に沿ってそれを強化することによって，都市の魅力をさらに磨きをかけることを含んでいる。これはまた，都市だけではなく，小集落や田園環境においても適用可能な計画手法である。

教科書をつくる

開講したものの，都市保全計画にはこれといった教科書がなかった。日本でも珍しいテーマの講義なので，教科書として使えるようなものが編まれていないのは，当然といえば当然ではあったが，用語すら確定していないのは何としてもまずい。例えば，「保全」と「保存」，「保護」とをどう区別するのか，といった初歩的な問題でさえ，統一的な回答が用意されていないのである。

振り返ると自然保護の分野では，このような用語の定義はすでに確立しているようである。自然環境は「保全」するものであり，種は「保存」されなければならないのだ。都市計画の分野が過度に開発に傾注し，いかに保全型思考とかけ離れていたかということを物語っている。

教科書を作ろう，と思った。講義を開講して5，6年経過した頃だったと思う。幸い，20年来書きためてきた原稿があった。教科書にするつもりで書いてきたわけではないが，都市保全に関して，運動論を書いてきた身として，いつしか計画論を書かねばと思いつつ綴ってきた個々のパーツがあったのである。東京大学出版会編集部の長谷川一氏が，こうした私の思いにかたちを与えてくれ，都市保全計画の教科書構想は次第に固まっていった。それが2004年9月末に上梓される『都市保全計画—歴史・文化・自然を活かしたまちづくり』（東京大学出版会）である。

教科書としてまとめるつもりで開始はしたが，取りまとめようとするとあれもこれも紹介したいことばかりが構想として頭をよぎる。日本の歴史

的環境保全の明治初年以降の経緯は誰もまとめていないので，ぜひ書き記したい。都市の読解方法のようなことも整理しておきたい。京都や金沢，鎌倉や盛岡など重要な事例は触れておきたい。都市保全の先輩である欧米諸国の歴史的経緯と現在についてもきちんとページを割いて述べる必要がある。訳語については詳しい一覧が要るだろう。西側諸国だけでなく，アジアの国の都市保全についてもまとまった著作がないので入れておきたい。巻末には歴史的な法令や条約，宣言類も欲しいし，詳細な年表もあればなおいい……などと夢想していくうちに，瞬く間に執筆構想は肥大化していった。もっと手軽でスリムなものをとも思ったが，現時点でやれるだけのことをやれば，後にいろんな人がいろんなかたちで利用可能なので，大は小を兼ねるに違いないと，大部なものとして出版することとした。出版社もそのことを決断してくれた。結果的には千ページを超す，教科書とはいえない厚さ（と値段）の本になってしまったが，心は今も教科書にある。

　ただし，問題は教科書の出版だけでは終わらない。そもそも周辺と調和した人間的な環境をつくることが建築・土木・造園など環境に関わりを持っていこうとする学問領域の最終的な目標であるはずだ。それでは，そのための教育指導の方針が現時点で確立されているといえるだろうか。自戒を込めていうが，ヒューマンスケールに関わり合いの深い学問分野でさえ，研究領域は細分化され，人間の息吹も何も聞こえないような研究論文が数多く再生産されているのではないだろうか。

時代は動く

　そうこうしているうちに時代の方が動き出した。2003年7月には，国土交通省がこれまでの建設行政を「自ら襟を正し」て自己批判し，量から質へと大きく方向転換する大方針として「美しい国づくり政策大綱」を発表した。同大綱の路線に沿って2004年6月には，景観法が成立し，建物の形態や意匠をコントロールする認定制度を持った規制が2005年にはスタートすることになる。

　日本の総人口もあと数年のうちにピークを迎え，いよいよ人口減少時代が始まる。いや，すでに生産年齢人口のうえでは減少時代は始まっているのだ。そこでの都市計画は，抜本的に拡大基調の従来のものから大きく転換されなければならない。国から地方への権限，財源，事務の委譲はすでに始まっている。改革は途上にはあるが，着実に進んでいる。国も地方も財政状況が厳しい中では，大規模な現状否定型の新規開発は現実的ではない。環境の保全を主軸に据えた新しい計画論が時代の要請のもとに浮上

することになる。

　巷では，町家の再利用はブームの様相を呈してきており，民家再生やコンバージョンについても数々の出版物が刊行されるようになってきた。保全がなんら特別な趣向としてではなく，社会の要請として，あるいは若者たちの嗜好の一部として選択されるようになって来つつあるのだ。動いている時代に合わせるように生活者の選好そのものが変化しつつある。

　都市化が著しい他のアジアでも，都市のルーツとしての文化や歴史的環境を保全する動きは急速に広まりつつある。「冬のソナタ」で一躍有名になった韓国の風物であるが，その舞台の一つはソウル北部に拡がる韓国の伝統住居である韓屋の保存地区である。ソウル中心部の仁寺洞は歴史的な建造物があちこちに残る滋味のある地区として若者たちにも人気がある。開発の圧力の高い北京においても，都心部には高さ9mから12，18，24，30，45mの高さ規制が課されている。近代都市で名高いシンガポールには，現時点でなんと72の保全地区が指定されている。そのすべてがそもそも近代化の尖兵であった都市再開発公社（URA）によって保全されている点がおもしろい。インドネシアでは2003年が「インドネシア遺産年」だった。台湾では，欧州にならって，2001年から9月の第3週末を「古蹟認識デー」（認識古蹟日）として古蹟や博物館の無料開放などをスタートさせている。

　すでに以前から成熟社会に入っている欧米では歴史的環境の保全は1970年代の主要テーマであり，その後着実に制度が整えられ，90年代からは都心部の保全のみならず，都市の縁辺部から農地に至る広大な都市風景そのものの保全へと関心を拡げつつある。日本が1919年時点で生み出した「名勝」の観念が西欧にとっても役立つかもしれないというおもしろい状況も生まれつつある。

　今，私は都市保全計画という新しい時代の構想が，美しい日本の再生ひいてはアジアの魅力再興につながることを夢想している。そのための歩みは始まったばかりである。しかし，一歩は踏み出せたのではないか。これからも仲間たちと長い道のりを歩いて行きたい。

（2004年10月）

欧米先進国の都市保全施策と日本への示唆

　世界の先進諸国ではどのような仕組みで都市の保全を行ってきているのだろうか。本節では，英米独仏の主要4カ国の例を取り上げて見てみたい。その結果，日本固有の都市保全のあり方も明らかになってくるかもしれない。

都市計画の一環としての古都保存：イギリス
　イギリスの都市保全で特徴的なことは，単体の保存にせよ面の保全にせよ，その出発が都市計画にあるということである。つまり，都市計画を立案する際に考慮すべき重要事項の一つとして歴史的建造物や町並み地区があげられてきたのである。
　こうした制度の出発点は，1932年の都市農村計画法にまでさかのぼる。同法によって地方計画当局は，建築的または歴史的に重要な建造物に対して保存命令を出す権限を与えられた。
　下って1944年の都市農村計画法では，第二次世界大戦による被害を把握することを直接の動機として，国の権限として建築的または歴史的に重要な建造物のリスト作成が規定された。これが今日まで続く登録建造物 listed building の制度の始まりである。
　現在，登録建造物は3段階に分けられ，その総数はイングランドだけで45万件を上回っており，イギリス全土で90万件を超えるといわれている。これだけの登録数が許容されているということは，都市計画的な視点からリストが捉えられていることによって初めて可能になっているという側面がある。
　ここが非常にイギリス的なところである。なぜなら，これらのリストを文化財として評価していこうとすると，評価するための作業が膨大になるだけでなく（都市計画的観点からはエクステリアをもっぱら評価するのであって，インテリアには踏み込まない），あげられた建造物の保存に行政主体が責任を持たなければならないとすると，そこまで多数の物件をリストにあげるというインセンティブは働かないことになるからである。
　イギリスの場合は逆に，都市計画的な観点から拾い上げられた登録建造

物が，実際に現状変更を申請してきた段階で初めて本格的な文化財的価値の検討にかかることになる。したがって，登録が行われた段階では所有者には実質的な制約が課されているとは見なされず，したがって，所有者の同意なしで登録できることとされている。また，登録されたという事実そのものを裁判で争うことはできないという判例が確立している。

同様のことは面の保全の制度についてもいえる。保全地区conservation areaの制度は1967年のシビックアメニティーズ法によって導入されたが，同法はのちに都市農村計画法に統合された。現在では1990年計画（登録建造物及び保全地区）法が保全地区の根拠法となっている。1967年に4地区から始まった保全地区指定は，現在では全国で9,000地区を超えるに至っている。

保全地区制度の特色は，現状変更が地方計画当局の同意を要するという仕組みになっている点である。同意の可否は申請者と担当官との間の協議によってもたらされるものであって，事前に許可基準が数値として明文化されているわけではない。行政当局の裁量性が強い性格のものである。

現状変更にあたって，提案されている計画がその場所の保全や改善にどのように寄与するのか，それは現状と比較してよりよいものといえるのか，地域のアメニティにとって有害ではないか，といった定性的な判断基準によって行政の都市計画および歴史的建造物に関する専門家によって下されることになる。

こうした裁量性の高い行政のあり方は都市の保全に特別のことであるわけではなく，都市計画一般に共通している。その意味でも，イギリスの都市保全は都市計画の仕組みの一環として実施されているということができる。逆に言うならば，制度上，都市の保全を特別視していないのである。

詳細で多様な保全施策の重層的展開：フランス

フランスの都市保全の仕組みは，点としての歴史的モニュメントmonument historiqueと面としての景勝地siteの両面からの保全を目指しているという意味で文化財保護の側面が強い。いずれも指定制と登録制の双方の仕組みを持ち，国が一元的に価値判断を行っている。登録は指定の予備軍の性格を有し，登録された物件も指定された物件も国が責任を持って保存することになるため，その数は限定されている。登録・指定合わせて歴史的モニュメントが約4万件，景勝地が約8,000件である。

フランスの文化財保護で特徴的なのは，歴史的モニュメントの周囲に半径500mまでの区域を周辺域abordsと称して，景観上の規制がなされているということである。具体的には，周辺域内の現状変更物件に関して，中

心の歴史的モニュメントから望見できる計画および歴史的モニュメントとともに同時に見える開発行為に関しては現状変更が許可制となっている。

これらの規制の結果，パリ市ではほとんどすべての地区が歴史的モニュメントの周辺域に入ってしまううえ，そもそもパリ市の大部分が指定もしくは登録の景勝地となっているため，通常の都市計画上の開発規制に上乗せして文化財としての景観規制が実施されているのである。

フランスでは以上の他に，都市計画の面からの対応として，保全地区secteur sauvegardeの制度が1962年に導入されている。これは建築単体の内部に至る詳細な保全活用計画PSMVを立案し，保全地区内ではこれが既存の都市計画規制に替わって適用されることになる。その意味で，従来の規制を白抜きにする保全型の詳細計画が実施されているのである。これは全国で90をやや上回る地区が指定されている。指定地区がそれほど多くないのは，指定までの調査等に手間がかかることによる。

従来からの土地利用規制である土地占有計画POSは2000年以降，地域都市計画PLUへと改変されることとなったが，このPLUによっても比較的細かい高さ規制などを行うことができる。さらに詳細には，界隈別に詳細で独自の規制メニューを持った詳細POSにあたる界隈プランが立案され始めている。

このほか，建築的・都市的・景観的文化財保護区域ZPPAUPという地域制が1983年より導入されている。当初はZPPAUと呼ばれていたが，1993年に景観法が制定されたのに伴い，区域対象として「景観的」というジャンルが加えられ，現在に至っている。

ZPPAUPは日本の伝統的建造物群保存地区に類似しており，地元自治体が中心となって，緩やかな景観規制を行うもので，手軽に利用できるところから数多くの自治体で採用されている。やや古いデータではあるが，1999年現在，277区域が指定されており，538区域で策定中となっている。

このように，フランスでは文化財保護および都市計画の両側面から詳細で多様な保全施策が実施されていることがわかる。

地方分権の中の文化遺産保存と風景計画：ドイツ

ドイツの場合，文化財保護の権限は各州にあり，国にはない。したがって，全国共通の文化財保護法のような法律は存在しない。おそらくは連邦を形成する際，各都市国家Landのアイデンティティを形成する基盤として文化財が捉えられ，これを守ることが都市国家（のちに州）の独自性を保持することと重ね合わされて施策が実施されたことによるのだろう。

19世紀前半より歴史的モニュメントのリスト化がそれぞれの都市国家

において開始されている。現在では，リスト化された総数は全国合計で約90万件にのぼるといわれている（面的な歴史地区内の個々の建造物もカウントされている）。また，多くの州において歴史的モニュメントの周辺Umgebungも同様に文化財として保護されるという規定がある。例えばベルリン市の場合，都心部の点的な歴史的モニュメントの周辺に対して周辺保護Umgebungsschutzの規定が存在している。

このうえ，さらに面としての地区も保全されている。こうした保全地区は英仏の例とは異なり，アンサンブルEnsemble（この用語はフランス語がそのまま使われている）や記念物地区Denkmalbereicheなど，州によって呼称が異なっている。

こうした文化財としての保存とは対照的に，都市計画においては，全国一律の制度が整えられている。

単体建築物の規制に関しては，20世紀前半より，大半の都市において詳細に建物配置やセットバックを規定した建築条例が制定されており，詳細な形態規制が行われている。加えて，1950年代以降，大半の州において自治体に景観条例の制定権を付与しており，詳細な形態意匠の規制も可能となっている。さらに，1976年の連邦建設法典改正によって，都市景観や自然景観を守るための保全条例を制定する権限が自治体に与えられた。これらのツールを利用して，詳細な景観コントロールが実現している。

また，1976年の連邦自然保護法以降，風景基本構想，風景枠組み計画および風景計画（Lプラン）の3段階の計画が定められ，これに州の自然保護法によって定められる緑地整備計画（Gプラン）が加わり，各レベルでの主としてオープンスペースと生態系の保全が図られることが定められている。

これらの風景関連の計画は土地利用に関する州計画，広域地方計画，土地利用計画（Fプラン）および地区詳細計画（Bプラン）と対応することになる。特に1998年の建設法典改正によって，FプランとLプラン，BプランとGプランの調整規定が建設法典の中に明記された。これによって建蔽地の計画と非建蔽地の計画との整合が都市計画の中で確立されることになった。

なお，建設法典の第1条（5）の末尾に，FプランとBプランの策定にあたって，「既存集落の保持，更新と発展，ならびに集落と自然の景観形成」および「文化財の保護と保全，ならびに歴史的，文化的または都市計画的な意義を持つゆえに保存価値のある集落，町並み，広場が，配慮されなければならない」と明記されている。

面の保全から始まる施策の多様な展開：アメリカ

　ほとんどの国が点としての歴史的モニュメントの国家的保護から文化財保護施策が出発しているのに対して，アメリカでは興味深いことに，面の保全施策から文化遺産保護行政が出発している。1930年代前半に自治体による歴史地区historic districtのゾーニング指定が始まったのが発端だった。

　なぜ，点としての文化財保護行政が出発点とならなかったのか。それは，点的な建造物の保存は，民間団体による買い取り保存が主流であったからである。行政が特定の建造物の保護のために規制を課すことは，財産権の不当な制限として訴えられる恐れが大きかった。

　自治体が制定を急いでいたゾーニング条例の合憲性が1926年に連邦最高裁で認められ，合理的な土地利用規制が保障措置なしで行えるようになったことが歴史地区のゾーニング指定を一挙に後押しすることとなった。したがってこれらの歴史地区は地方自治体の手によって指定され，独自に規制がかけられているものである。国や州の関与は基本的にないといえる。なぜなら，ゾーニングを行う権限は本来，州政府に帰属しているが，各州の授権法によってその権限が自治体に分権されているからである。

　一方，国も1966年に制定された国家歴史保全法NHPAによって登録制のナショナル・レジスターの仕組みを導入し，歴史地区のみならず単体の歴史的建造物や工作物までリストアップしている。その数は7万件を超えている。

　面の保全を行う歴史地区は，地方自治体によるゾーニングに基づくものと，連邦および州が行う登録制度（州もナショナル・レジスターに準じた州レジスターを創設している）とが入り交じり，相互に別々の規制内容と区画を有するという錯綜した状況にある。連邦，州，地方の各政府が対等の立場で施策を行うという地方分権の趣旨が徹底すると，このようなおかしな状況も生まれてくるのである。現在，それぞれの歴史地区の総計はおよそ8,000地区にのぼるといわれている。

　このほか，アメリカの都市保全で特徴的なのは，インセンティブの導入によって市場原理の中で保全施策を誘導していくためのバラエティに富んだ手法が開発されてきたことにある。その代表例が単体の保存修理事業費に対する財産税の減免措置，保全活用に関する所得税控除，保全物件に関する資産評価方法の変更および減価償却への定率制の導入，未使用の開発権の移転TDRとTDR市場の創設，保全地役権の活用などである。

　もう一つアメリカの都市保全施策に特徴的な点として，環境アセスメントとの関係がある。アメリカは1969年の国家環境政策法NEPAにおいて，世界で初めて総括的な環境アセスメントを導入した国として有名である。

同法の中で歴史的環境の保全についても触れており、連邦政府か関与する主要な行為について、それが環境に重大な影響を及ぼす恐れがある場合、その影響評価を行うこととしている。ここでいう主要な行為には計画立案や立法行為なども含まれている。さらに多くの州は州環境政策法SEPAを定めており、美観や景観を含む広範囲な環境アセスが実施されている。

欧米先進国から見た日本の都市保全施策の課題

以上述べてきた都市保全の施策から、日本で行われてきた手法の特色と課題を洗い出すと、以下のようなことになるだろう。

第一に、施行40周年を迎えた古都保存法の場合、関心が古都の郊外スプロール開発を食い止めることに集中しており、既成市街地内部をよりよくしていく施策に欠けていることがあげられる。これは、1960年代後半に急ピッチで進行した都市化の波を考えるとやむを得なかったといえるが、その後も都市内部の計画的なコントロールと連動することがなかった点は反省せざるを得ないだろう。欧米の例は、文化財保護と都市計画との二面作戦（もちろん国によって優先度合いや施策の強弱はあるが）が必要なことを示唆している。

第二に、点としての文化財の周辺を守る手だてが日本の場合ほとんどないことがある。文化財保護法には環境保全の条項（例えば重要文化財に関しては、文化財保護法第45条）が存在しており、これらをうまく使いこなせることができれば文化財の周辺のコントロールも不可能ではないが、今までに適用されたことは一度もない。ドイツの周辺保護やフランスの周辺域などのような制度がないと、歴史的な建造物や史蹟の指定地内は厳密に守れるとしても、すぐその外側はほとんど野放図だというのが現在の日本の実情である。文化財側で守れないのであれば、都市計画上の景観地区や風致地区をかけるといった施策のほか、各種の自主条例によっても保護策は考えられるだろう。

第三に、点の保存、面の保全ともに総数が日本の場合貧弱であるということ。重要伝統的建造物群保存地区やそれに準じるものが例えば300地区、登録有形文化財の建造物は20,000件くらいないと、欧米と比べて遜色がないとはいえないだろう。日本の方が充実しているのは、40万超を誇る周知の埋蔵文化財包蔵地数くらいのものである。

第四に、ドイツにならって非建蔽地の計画を都市計画へと連動させることが課題となるだろう。景観計画の中にうまく緑化率の値を地区ごとに書き込んでおく、などといったことが日常的に行われることからまずは始める必要があるだろう。日本では建蔽率や容積率は都市計画決定されるので

多くの人が関心を持っているが，建物が建っていない土地の使われ方については建築基準法でも都市計画法でもほとんど意識してこなかったといっていい。それが連動することによって，緑化率とそれに関する計画とが土地利用計画のペアとなるのだ。考えれば当然なことともいえるが，こうした調整規定などを学ぶことによって，日本の都市計画法制，文化財保護法制に慣れきっている身にも，ほかの制度設計の可能性があることに気づかされることになる。

　第五に，環境アセスメントを景観の保護や歴史的環境の保全，良好な都市景観の創造にまで拡げて運用できるように改善していくという課題があげられる。当面は景観アセスを環境アセスの主要な項目として重視していくこと，計画立案段階でのアセスメントすなわち戦略アセスを推進していくことなどが課題である。

　第六に，都市保全における経済施策の位置づけをはっきりさせておく必要があるだろう。アメリカのように税制上の優遇措置やTDRによるインセンティブを用いた市場重視型の都市保全策を推進すべきなのか，欧州のように計画規制主導で都市保全を行うべきなのかを判断しなければならない。これまで自治体では補助金によるインセンティブによる誘導型の保全施策によって合意形成を図ってきた側面が強かったが，これからは，まずベースとなる計画規制が存在するところから計画協議が開始されるような仕組みが構築される必要があるだろう。

　こうした課題が解決されて初めて，古都保存は都市保全と言い換えることができるようになる。特別な「古都」から当たり前の「都市」へ，緊急避難的な凍結的「保存」から柔軟かつ創造的な「保全」への道をたどるのである。古都保存法施行40年という節目の年に，こうした将来展望ができることを期待している。

参考文献
1) 窪田亜矢『界隈が活きるニューヨークのまちづくり—歴史・生活環境の動態的保全』（学芸出版社，2002年）
2) 東京文化財研究所国際文化財保存修復協力センター『叢書［文化財保護制度の研究］ヨーロッパ諸国の文化財保護制度と活用事例・ドイツ編』（独立行政法人文化財研究所，2003年）
3) 同上『フランス編』（同上，2005年）
4) 鳥海基樹『オーダー・メイドの街づくり—パリの保全的刷新型「界隈プラン」』（学芸出版社，2004年）
5) 西村幸夫『都市保全計画—歴史・文化・自然を活かしたまちづくり』（東京大学出版会，2004年）
6) 西村幸夫『環境保全と景観創造—これからの都市風景へ向けて』（鹿島出版会，1997年）

7) 西村幸夫＋町並み研究会『都市の風景計画―欧米の景観コントロール 手法と実際』学芸出版社，2000年

（2006年7月）

世界遺産とまちづくり

世界文化遺産の暫定リストの改定論議

　文化庁は2006年9月に，文化審議会文化財分科会のうちに新たに世界遺産特別委員会を設置し，日本における世界遺産の基本的な問題についての新しい議論をスタートさせた。直接的には，数少なくなっている日本の世界文化遺産暫定リストの改定が具体的な日程にのぼっている。

　現在，世界文化遺産暫定リストには鎌倉，彦根城，石見銀山，平泉の4件が掲載されているが，すでに石見銀山は本申請をユネスコ本部に提出済みであるし，平泉も2007年1月中に正式な申請を完了する予定である。そうなると，残された案件は2件のみとなり，暫定リストの改定が現実味を帯びてきたからである。

　もちろんこれ以外にも，すでに世界遺産として登録されている物件の対象範囲の拡張や定期的なモニタリングのあり方の議論など討議すべき問題はあるのだが，新聞報道は新たな暫定リスト入りを目指す各地の自治体の自薦活動ばかり注目しているのが現状である。

　筆者は新設された世界遺産特別委員会のメンバーであり，これ以前に熊野古道，石見銀山，平泉の3件を暫定リストに追加登録した際の検討メンバーでもあったので，この件について若干触れることにしたい。

　先の暫定リスト改定は日本では初めて各地の自治体に推薦を公募するかたちで実施され，2006年11月末までの応募期間に24件の提案がなされた（**表2-2**）[1]。現時点において提案書に見られる文化財に関する新しい視点とそれがまちづくりにもたらすであろう肯定的な影響について，まずは考えてみたい。

新しい文化財概念の広がり

　今回，文化庁は初めて都道府県と市町村に対して，暫定リスト入りのための候補物件の提案を求めた。また，提案された24件はすべてその内容がホームページ上で公表され，どのような主張が述べられているのかが容易にわかるような仕組みを取っている。ちょうどユネスコの世界遺産委員会に各国が申請書を提出するのに倣ったかたちで地方公共団体に対して国

	提案名	都道府県
1	青森県の縄文遺跡群	青森県
2	ストーンサークル	秋田県
3	出羽三山と最上川が織りなす文化的景観―母なる山と母なる川がつくった人間と自然の共生風土	山形県
4	富岡製糸場と絹産業遺産群―日本産業革命の原点	群馬県
5	金と銀の島、佐渡―鉱山とその文化	新潟県
6	近世高岡の文化遺産群	富山県
7	城下町金沢の文化遺産群と文化的景観	石川県
8	霊峰白山と山麓の文化的景観	石川県・福井県・岐阜県
9	若狭の社寺建造物群と文化的景観―仏教伝播と神仏習合の聖地	福井県
10	善光寺―古代から続く浄土信仰の霊地	長野県
11	松本城	長野県
12	妻籠宿と中山道	長野県
13	飛騨高山の町並みと屋台	岐阜県
14	富士山	静岡県・山梨県
15	飛鳥・藤原―古代日本の宮都と遺跡群	奈良県
16	三徳山	鳥取県
17	萩城・城下町及び明治維新関連遺跡群	山口県
18	錦帯橋と岩国の町割	山口県
19	四国八十八箇所霊場と遍路道	徳島県・高知県・愛媛県・香川県
20	九州・山口の近代化産業遺産群	福岡県・佐賀県・長崎県・熊本県・鹿児島県・山口県
21	沖ノ島と関連遺産群	福岡県
22	長崎の教会群とキリスト教関連遺産	長崎県
23	宇佐・国東八幡文化遺産	大分県
24	黒潮に育まれた亜熱帯海域の小島「竹富島・波照間島」の文化的景観	沖縄県

表2-2 世界文化遺産暫定リスト追加にあたって提出された提案書一覧。網掛けした4件が2006年度改正により暫定一覧表に加えられた。この他に世界自然遺産の候補地として選定されていた「小笠原諸島」を暫定リストに記載することが決定した（2007.1.29）

が求めたのである。

　このことは，従来の文化財の指定事務が（世界文化遺産の登録の際だけでなく）上からのトップダウンで行われていたのと対照的に，地方の主体性を重んじたスタンスを取っていることを意味している。そして，提案は都道府県と市町村とがそれぞれ合意して，連名で提出することとされた。これによって，地元の間にも議論が生じ，また，新しい提案のアイディアが案出されるなど，文化財議論の活性化がもたらされたということができる。ただし，これが一時の夢として終わるならば，首長による単なる政治的アドバルーンとあまり変わらないという批判も聞かれるが。

　提案の案件は，原則として複数の国指定の文化財が含まれていることが求められた（文化庁発表の手続きおよび審査基準による）ため，従来の，国宝―国の重要文化財―都道府県の指定文化財―市町村の指定文化財―国の登録文化財―その他といった文化財のヒエラルキーのさらにその上にスーパー国宝を付け加えるというのではなく，複数の文化財が一つの群をなし，それによって単体の総和を超えた新しい文化的な価値をもたらしてくれるといった，これまでにない文化財の考え方を地元から提案してもらうという枠が用意されたことになった。このことが今回

の提案プログラムでは最も大きな意味を持っていた。

そこで，提出された案件を横並びで見てみると，そのような期待を裏切らない，興味深いプロポーザルをいくつも見出すことができる。

例えば，出羽三山（山形県），白山（石川県・福井県・岐阜県），国宝投入堂のある三徳山（鳥取県），など信仰の山に関する複数の提案があること。富士山（静岡県・山梨県）や宇佐・国東の八幡文化圏をうたった提案（大分県）もこれに加えることができるだろう。山や半島などの自然地形をもとにした自然崇拝と信仰とが有機的に結びつくという日本固有の信仰のあり方がいかに多くの地方にいまだに生きているか，そしてそれが確固とした風景を保っているかを知ることができる。これに沖の島（福岡県）や若狭の地（福井県）の信仰関連遺産を加えると，地形と信仰との関係はさらに広がっているといえる。

また，妻籠宿と中山道（長野県）や四国の遍路道（徳島県・高知県・愛媛県・香川県）などのように道や街道に関わる文化に目が向けられていることも特色といえるだろう。

さらに，今後世界的な規模で再評価がなされていかなければならないとされる分野として産業遺産，20世紀建築，文化的景観がユネスコによって特定されているが[2]，日本の実情を見ると，文化的景観にあたるものの拡がりが飛び抜けて高いことがわかる。24件の提案のほとんどが文化的景観をなんらかのかたちで視野に入れているということができる。

産業遺産に関しては，富岡製糸場（群馬県）と九州を中心とする製鉄・造船・石炭産業の遺産が提案されている。これらも非欧米諸国で最も早く近代化を達成した日本の特色を表す文化遺産として世界への発進力が高いということができよう。とりわけ九州・山口の産業遺産群はこれまでの文化財指定のスケールを超えた拡がりを持っているので，広域の文化財の捉え方に一石を投じる意味でも有意義なものである。

一方，20世紀建築は日本では戦後の建築物がようやく国の文化財指定の対象となってきたところであり，いかに今日の日本の現代建築の水準が国際的に注目されているとはいえ，世界文化遺産の議論にはもう少し時の経過が必要のようである。

いずれにしても世界遺産の暫定リストの改定という話題を，単に興味本位に日本のスーパー国宝レースがどうなるのかという目で見るのではなく，まちづくりの重要な手がかりの一つである文化財の範疇が拡がる契機として捉える視点が，とりわけまちづくり側には必要だろう。

世界遺産とまちづくり

　しかし，こうした暫定リストの改定問題は，文化財概念の拡がりには一定程度寄与するかもしれないが，地域のまちづくりに対してむしろマイナスの影響をもたらすかもしれないということもできる。マスコミが興味本位にあおりたてたり，観光目当ての世界遺産フィーバーが突然巻き起こったりして，それまでの地道なまちづくり活動が吹っ飛ばされてしまうといったことが起きかねないからである。

　それに，そもそも地域のまちづくりにとって世界遺産はおよそ必然性のないテーマであり，それよりも足が地に着いた地域遺産の方が大切だという正論もある。

　確かに，たまたま世界遺産の暫定リストが話題となるような地域にとっては関心のあるテーマかもしれないが，地域のまちづくりにとっては本来世界遺産は無縁のもののはずであり，むしろやっかいな問題をもたらす困りものかもしれない。

　したがってここでは，地域のまちづくりにとって世界遺産とは何なのかを問うのではなく，世界遺産論議が起きている地域において，まちづくりとの関係をどのように調整すべきか，という問題に絞って考えたい。

白川郷の例

　例えば，白川郷である。この合掌造りの世界遺産集落は，現在，春秋の行楽時に自動車があふれかえる事態に陥っている。合掌造りの建物周辺に農地が点在するといった典型的な風景も，駐車場やお土産物屋のために農地が潰されることによって次第に影が薄くなって来つつある。

　もっとも，こうした事態は世界遺産登録の前から予想されていたはずである。世界遺産登録以降，観光客が増え，事態の深刻さは増している。さらには2007年度末には東海北陸自動車道の全通が予定されており，中京圏からの手軽なドライブ圏内に入ってしまうことになると，この傾向は加速される恐れがある。

　ただし，白川郷の集落の住民たちが手をこまぬいているわけではない。2001年には車両通行制限とパークアンドバスライドとしてシャトルバスによる駐車場からの送迎という社会実験が実施され，それなりに有効な成果を収めている。また，2006年度は1週間程度の交通規制日を設定してクルマの侵入規制を実施しており，2007年度にはその日数を倍増することが予定されている。

　しかし，改革はゆっくりであり，地元の合意形成もそう簡単ではない。それはなぜか。

白川郷の場合，民宿などによる観光まちづくりはすでに40年近い歴史を有している。白川郷荻町集落の自然環境を守る住民憲章が制定されたのは1971年12月のことである。しかし，こうした輝かしい歴史が同時に住民の間に観光に依存した利害を生み出すことになるのもやむを得ないことであった。そしてそうした利害が既得権益化すると，なかなか改革するのが難しくなってしまう。駐車場問題もそうした困難を抱えてしまった一例なのである。

　これを克服するには，もう一段のまちづくりが必要になる。

　たとえ駐車場が不便になっても，それを超えるだけの魅力を集落と個々のお店が持たなければならない。そしてそうした魅力とは何であり，それを磨くためにはどのような努力をしなければならないのかを真剣に議論しなければならないのである。それこそまちづくりと呼ぶことのできる運動なのだ。白川郷は今，そうしたまちづくりの一層の展開の時期を迎えている。

石見銀山の例

　白川郷の抱える問題は，敷衍するならば，小規模な集落が注目された際に直面する共通の問題であるといえる。同じ世界遺産登録地であっても，歴史的な集落や小都市は，巨大なモニュメントや本来来訪者を受け入れることが前提として作られている宗教施設とは異なった課題を抱えているのである。

　そのことはちょうど今，世界遺産登録の審査が行われている石見銀山でも同様である。

　世界遺産登録候補地としての石見銀山は鉱山部分のほか，銀を積み出した港，鉱山と港をつなぐ街道，鉱山の管理運営にあたった山麓部の集落などの複合的な資産から成り立っている。

　このうち，かつて代官所が置かれた大森の町は鉱山町として重要伝統的建造物群保存地区にも選定されている来訪者の一拠点であるといえる。同時に大森は人口500人足らずの小集落であり，ここに世界遺産登録後に大勢の観光客が車で押し寄せるようなことが起こると，集落全体がパンクしかねない。また，突然観光土産店ばかりが立ち並ぶようになると，これまでの落ち着いた生活が破壊されかねない。

　しかし一方で，自分たちの住むまちが有名になり，誇りを持って住み続けることができるとするならば，それは歓迎すべきことでもある。地域住民の間に不安と期待が入り交じるなかで世界遺産登録のための準備が進められていったことになる。

写真2-8　石見銀山の集落，大森の町並み風景。1987年に重要伝統的建造物群保存地区に選定されている。

写真2-9　石見銀山協働会議全体会での議論の様子。約200人の公募メンバーが参加した。（写真提供：太田市）

　保存と地域資源の活用の両者をどのように均衡させるべきなのか，これはまさしくまちづくりの問題である。

　大森が所在する島根県大田市では，こうした事態を事前に予測し，官民の協働によってあらかじめまちづくりのなかでこうした問題に対処すべく，石見銀山協働会議を2005年6月26日に立ち上げている。これは公募メンバー約200人（これを市民プランナーと呼んでいる）に大田市・島根県の職員が加わり，石見銀山に関わる行動計画を1年がかりで議論していこうという組織で，全体会と世話人会，そして保全・活用・受入・発信の四つの分科会での延べ77回に及ぶ大小様々なかたちの議論を行っている（**写真2-9**）。その結果，2006年3月に『石見銀山行動計画－石見銀山を未来に引き継ぐために』(3)をまとめている。

　『行動計画』の全体構成は**図2-5**のようになっている。「石見銀山を守る（保存管理）」「究める（調査研究）」「伝える（情報発信）」「招く（受入）」「活かす（活用）」という五つの柱を立て，それぞれに石見銀山ルールの確立やブランドイメージの構築，ガイド体制の充実整備，空き家活用の推進などの項目ごとに近未来のアクションプランをまとめている。

　登録申請段階で，このように申請後

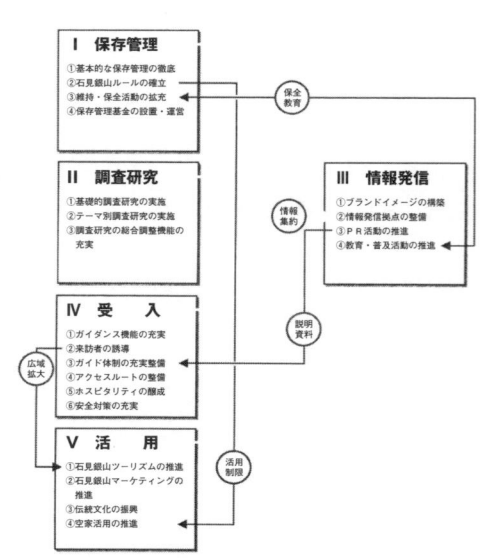

図2-5　『石見銀山行動計画』の構成。5つの活動分野で官民協力して歴史を活かしたまちづくりをすすめていくことがうたわれている。（出典：『石見銀山行動計画』，11頁）

の変化に対処するためにまちづくりを進めている例はこれまでの日本にはなかった。おそらく他のアジアの国でもないだろう。その意味でこうした石見銀山協働会議のあり方は，世界遺産の論議をまちづくりのなかで解こうとする新しい仕組みの一つのモデルとなるだろう。

これからへの指針

このように，まちづくりにとって世界遺産は降って湧いたような話題かもしれないが，世界遺産が議論されるところでどのようにまちづくりを展開すればいいのかに関してはある方向が見えてきそうである。

また一方で，世界遺産の暫定リスト改定の論議がもたらすものとして，新しい文化財概念の面的広がりによって地域を見直す目がさらに多くの手がかりや資源を発見することができるようになるということもいえる。

そしてこうした動きは，地域資産を活かしたまちづくりに一つの枠組みを提供してくれるということができる。世界遺産の問題はいささか極端な話題ではあるが，これを例外的な地域の例外的トピックと考えるのではなく，そこに地域資源を活かしたまちづくりの一つの典型的な姿を見るとするならば，得られるヒントも少なくないのではなかろうか。

注
(1) 本稿執筆後，文化庁文化審議会文化財分科会世界遺産特別委員会は表2-2に示す4カ所を2006年度分として新たに暫定一覧表に追加した。2007年度分も同様に公募により選定が進められている。
(2) 1994年，ユネスコの世界遺産委員会は世界遺産リストをよりバランスのとれた信頼性の高いものにするためにグローバル・ストラテジーと呼ばれるプロジェクトを開始した。一連の議論のなかで，もっとも世界遺産リストに反映されていない文化遺産のカテゴリーのうち，比較研究が進みつつある分野として，産業遺産，20世紀建築，文化的景観の3分野を例示している。
(3) 石見銀山協働会議『石見銀山行動計画』2006年3月12日。具体的なアクションプランは巻末に「事業リスト」として官民あげて行う5分野21本の柱で合計113のアクション（事業）が列挙されている。

（2007年4月）

第3部

都市の再生とコモンズの復権

本当の都市のルネサンスとは何か

21世紀の都市を構想する

この時期に本当の都市の再生―ルネサンスを問うということはどういうことなのか。

それは20世紀とは異なる21世紀の都市を構想することである。では，20世紀の都市と21世紀の都市はどのように異なるというのであろうか。

それは，ある意味で自明である。20世紀の100年間に日本の人口はおよそ3倍近くに爆発的に増加した。そして同時に増加した人口の大半が農村を離れ，都市へ向かったのが20世紀だった。このような歴史はかつて日本のどこにもなかった。実に異常な都市爆発の歴史だったのである。

しかし，これまた異常なことに，こうした前代未聞の都市人口急増の時代をわたしたちはさほど特異なこととも実感することもないままに21世紀に突入してしまっているのである。

つまり，これまでの100年の当たり前だと思い続けてきたことの異常さを，初めて客観的に見直し，それではどうであれば正常なのかを足を地につけて考えるというのが，21世紀に入った日本人がまっさきにやらなければならないことなのである。

例えて言うと，どういうことだろうか。

・秩序立ち，計画され，効率的な都市こそよい都市だというような常識，
・広い道の方が狭い道より優れているという常識，
・人口の大きい都市ほど格が上であるという常識，
・大都市にこそ職があふれ，その職を求めて人が集まるという常識，
・大都市にこそ文化が生まれるという常識，
・匿名性の高い大都市の孤独という常識，
・都市が農村を収奪するという対立の構造の常識，
・活力のある都市は常に変わり続けるという常識……。

こうした「常識」をまず疑うということではないだろうか。

「強者の時代」の20世紀から21世紀の新しい常識の確立へ

20世紀はまた，強者の論理の時代だった。すべて右肩上がりの時代だ

ったのだから，競争のなかで生きなければならず，公正で平等な競争が時代のルールであった。まさしく機能する市場がすべてを解決してくれる時代だったといえる。大量生産が大量消費時代を作っただけでなく，大量消費をまかなうためにも大量生産が求められた。これが時代の正義だった。

大量生産の時代はまた，製造者が商品のあり方に枠をはめ，最大公約数的な商品を追究する仕組みですべてが支配されていた。少数者は好むと好まざるとにかかわらず，切り捨てられる運命にあったのだ。

強者の論理はえてして環境にしわ寄せをもたらす。過剰生産やそのための資源の過剰な収奪が環境に不可逆的な負荷をもたらす。環境には強者の後見が期待できない。機会均等の競争社会は競争のフィールドそのものを痛めてしまいがちである。こうして20世紀は環境破壊の世紀になってしまった。

21世紀は，こうしたチャレンジを受けて立ち，新しい常識を確立すべき世紀である。

例えば，20世紀の都市の常識に対しては，次のような逆説的な問いかけができよう。
・自然発生的な地区や道には滋味があふれているとはいえないか，
・無駄が安全を保障しているとはいえないか，
・職場を求めて人が動くのではなく，人材を求めて職場が動くことだってあるのではないか，
・田舎にこそ人間味あふれた文化があるとはいえないか，
・場所に制約されないネットワーク社会が築かれつつあるのではないか，
・都市と農村とは補完関係にあるのではないか，
・地域の安定こそ活力の元ではないか……。

本当の都市のルネサンスを問うということは，私たちのものの見方そのものに再考を迫ることなのである。私たちの日常感覚こそ問われているのだ。

20世紀が強者にとって居心地の良い世紀であったとしたら，21世紀は弱者が弱者ではなくなることのできる世紀であるべきだろう。疲弊した工場跡地の再生に象徴されるような，大きな規模での環境の再生が重要な課題となる。都市の再生は決してプロジェクトベースで達成されるようなものではない。身近な環境と向き合い，これを根気よく恢復させていくプロセスなのである。

また，高齢者や障害者，あるいは低所得者など，様々な意味での社会的な弱者をどのように救済できるかが大きな課題となる。こうした人々の声

はなかなか政治的にも経済的にも聞き届けられにくい。彼らの声が政治に反映されるような仕組みが整えられていないからである。

生産者でも経営者でも，労働者でもはたまた消費者ですら，社会的にその利益を代表するようなスポークスマンがつくりだされてきた。しかし，高齢者や子供たち，子育て中の主婦には政治的な代弁者はいない。政治的にも20世紀は強者の時代だったということが実感される。

都市環境の善とは

都市内の環境を見ても，これまで善とされてきたものが，いかに機能主義的であったかが実感されるだろう。例えば，狭い道路は自動車の通行に不便だという理由から忌避されてきた。しかし，幅広い道は自動車には都合が良いだろうが，歩いて快適な道とは別物だろう。身体感覚にフィットした心地よい散歩道とは，屈曲し，入り組んで先が見えず，通過交通もないような静かな路地のはずである。

考えてみると，世界初の量産車であるT型フォードが発売されたのが1908年なので，自動車はまったく20世紀の産物である。19世紀までの数千年に及ぶ人間の都市社会の歴史の中でまったく経験してこなかった自動車というものの登場とその大衆化によって，人間の都市空間を見る目が著しく偏ってしまった。自動車の通行に便利か否かだけで街路が値踏みされるようになってきたのである。

ただし，このような現象があと100年ももつのかどうか，はなはだ疑問である。ちょうど1900年の人間が2000年の自動車社会を想像だにもしなかったように，2000年の私たちも2100年の都市空間の評価軸を想像することはほとんど不可能である。確実にいえることは，現在まちなかを走っているような形式の自動車が人間の最有力な移動手段ではなくなっているだろうということだ。

予言することはできないが，おそらくは，もっと人間くさい，小回りのきく環境に優しい移動手段が時代の主流となっているだろう。そうしたら，狭い路地を見る目も異なってくるに違いない。少なくとも，自動車にとって不便だからという理由で路地を煙たがる必要はなくなるだろう。

21世紀の「郊外」と「中心市街地」

郊外の問題にしても同様である。

日本の都市の顕著な特徴の一つに，「豊かな郊外」という環境の概念も実態も形成されてこなかったことがあげられる。郊外は，いくつかの例外を除いて，あとからあとから押し寄せる新規の都市移住者層を受け入れる

ための安価な住宅地として無計画に拡大していった。これも20世紀日本が生み出した負の遺産といえるかもしれない。これを21世紀にどのように転換していけばいいのか。

　人口減少下の21世紀の日本の都市においては，容赦のない郊外の選別が始まるだろう。これには住宅地だけでなく，郊外型のショッピングセンターも含まれることになる。こうした状況下，歯抜けになった郊外地を空地の側で戦略的に緑化を図り，より住みよい住宅地へ転換する動きが活発化してくるだろう。いわば緑の都市へのスプロールである。

　対する中心市街地はどうだろうか。

　都心へ定住人口が戻ってくる現象は当分続くことが予想される。都心が比較的高齢の居住者によって支えられる福祉の拠点となることは想像に難くない。手厚い福祉は経済波及効果も大きい。

　さらに，都心の商業も公共交通機関も全体の重心を高齢者に移してくるだろう。都心は豊かな高齢者によって支えられた成熟した文化の拠点となっていくだろう。

都市のルネサンスの実現に向けて

　それでは，どのように考えたらこうした21世紀型の都市のルネサンスは可能だといえるのだろうか。

　一つには，20世紀の人口急増時に比べても引けを取らないような急速な人口減少の予測がある。おそらく22世紀に入る時点で，日本の人口は現在の半分近くにまで減少しているはずである（**図3-1**）。そして単に人が減るだけではなく，人口の年齢別構成が変わる。現在約20％の高齢者の比率が2050年には人口の約35.7％を占めるまでに肥大化すると予測されている（**図3-2**）。

　つまりこれからの100年，日本はこれまでの時代とは対照的に，ジェットコースターが急降下するような人類史上まれにみるような人口減に見舞われることは確実なのである。

　そこでは価値観の大転換が急激に起こることが予想される。そのモメントを建設的に捉えることができたなら，今世紀における都市のルネサンスは十分可能であろう。ピンチであるからこそ，チャンスに化けることもあるのだ。例えば，人口の減少はウサギ小屋脱出の好機でもある。住宅団地の二戸を一戸分にするような改装が広がれば団地の再生も夢ではない。

　もう一つ，これからの日本の100年を支えてくれる可能性があるのは情報化の技術である。先に20世紀は大量生産と大量消費の時代であったと書いたが，これと比較すると21世紀は少量多品種生産とこだわり型消費

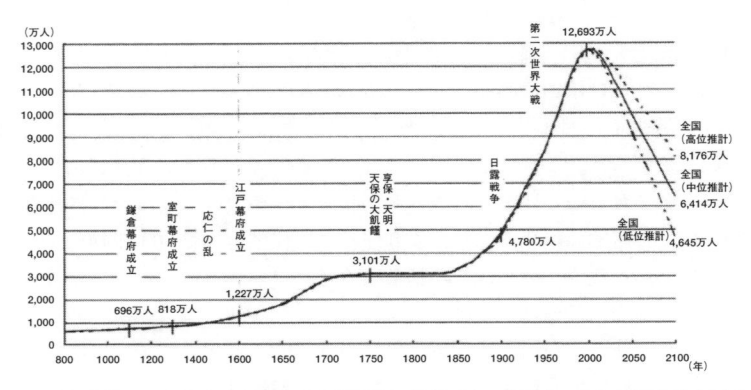

図3-1 超長期の日本の人口の推移。20世紀と21世紀が人口動態上いかに異常な時期であるかがよくわかる。（出典：国土交通省資料）

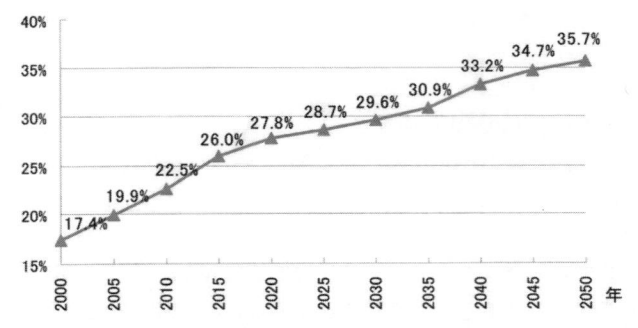

図3-2 日本の高齢化比率の推移。社会保障・人口問題研究所の日本の将来推計人口（2002年）の中位推計をもとにしている。（出典：国土交通省資料）

の時代であるだろう。生産者があらかじめ消費者の行動を想定して大規模生産を行うという20世紀型の製造システムではなく，消費者側が自分に合ったものを注文し，ほかにはない独自の製品を注文通りに一品生産するという中世的なの生産システムが21世紀には主流となるだろう。すでに世界最大のパソコンメーカであるデル社の販売スタイルにおいて，消費者主導型の受注生産システムが機能しているのである。

ITはまた，地域間の情報格差や距離の格差をなくしてしまう力を持っている。世界中の人が，インターネットに接続されてさえいれば，巨大な情報リソースを平等に享受できるだけでなく，不特定多数に対して自由に情報発信できる手段も手に入れたのである。

こうした新しい武器を手に，21世紀の都市問題に立ち向かうとするな

らば，新しい戦略も開けてくるのではないだろうか。とりわけ，ネットワークのあり方が従来の地縁型のつながりを超えて，テーマによって自由に仲間とつながれる柔軟なものとなったことは新しいコモンズを生み出す可能性を秘めている。

　イタリアに端を発するヨーロッパのルネサンスは文芸や絵画，建築などに限らず，幅の広い人間中心の文化運動であった。だからこそ時代を超えて普遍的な影響力を後世に与えることができた。現在私たちが課題として直面している都市の再生──ルネサンスも，究極的には人間中心の文化運動であることによって都市の可能性を幅広く展望してくれるものになるだろう。都市の再生とは，そこに住む人々の再生，その豊かな生活スタイルの復興にほかならないからである。

（2007年4月）

都市再生：欧米の新潮流と日本

ワールドトレードセンター跡地をめぐって

　冒頭からジャーナリスティックな話題で多少気が引けるが，都市再生のあり方を考える一つの重要なきっかけを与えてくれるホットな話題として，ワールドトレードセンタービルの跡地問題を取り上げる。なお，執筆時点で筆者は文部科学省の在外研究でニューヨークに滞在中であり，現場の生の情報も含めて報告したい。

　ここで取り上げる問題は，具体的にワールドトレードセンタービル跡地をどのようなかたちで再生するかということである。

　ニューヨークタイムズは2001年9月23日の紙面でこの問題を取り上げ，著名な建築家の意見をまとめて紹介している。それによると，空白のまま残すべきだとする意見や広く世論を喚起して議論を尽くすべきだという意見は少数派で，大半は再建を主張している。

　例えば，「もちろん再建すべきである。それもより大きくよりよいものを……確かに追悼する場はあるべきだが，それは主題ではない，そこは未来を見つめる場であるべきであって，過去を見つめる場ではない」（バーナード・チュミ），「以前のタワーと同じ高さのものを建てるというところから引き下がらないことを望む，その点から引き返すべきではない，我々は退却できない」（ピーター・アイゼンマン），「摩天楼は，建築の面から見て，我々の最大の成果であり，我々は新しい超高層のワールドトレードセンターを持たなければならない」（ロバート・スターン），「かつての建物がニューヨークのシンボルであったのと同様にパワフルな建築群がそこになければならない」（リチャード・マイヤー）などの意見である

　これらのすでに名をなした建築家たちの意見からは，さらによりよい建築物を造るべきだという意気込みは伝わってくるものの，残念ながらこの問題を建築再生の問題としてだけではなく，都市再生のテーマとして考えるという視点が共通して欠けている。

　ワールドトレードセンタービル跡地の再生は，都市の再生の一環でなければならない。そして実際の再建計画はその方向で考えられているようである。

9月11日の事件から2週間も経たないうちに再建計画案の検討が民間事務所を中心として始まっているが，2001年11月上旬の執筆時点で，跡地計画は一般には全く公開されていない。ニューヨーク市長の交代が2002年1月に迫っているという時期でもあり，事態は流動的である。実際に民間側で再開発計画を立案している担当者やニューヨーク市役所の都市計画局のスタッフへのヒアリングから浮かび上がってくる現段階での跡地再生構想を素描すると，以下のようになる。

まず第一に，ここは現代のゲティスバーグともいうべき記念の場であり，この場所の記憶を確実にとどめておく空間が必要であるということである。そしておそらくその場所の性格上，高層のオフィスビルといったハードでソリッドなものではなく，公共に開かれたオープンな空間となる可能性が高い。

第二に，9月11日の悲劇を地区の再生へ向けた第一歩と捉え直し，この機会にこの巨大なスーパーブロックと周辺との空間的な断絶をどう改善するかということである。西側の道路の地下化や鉄道駅の導入によってワールドファイナンシャルセンター側とつなぐことや，メモリアルパークを中心として過去の道路パターンの再現を意識して建物を配置すること，東側の金融街とつなぐ動線の整備などが議論されているようである。

現時点の構想では，巨大なタワーではなく（かつてのスーパーブロックはそれまでの16ブロックを潰して生み出された），周辺となじんだ高さのビル群が有力のようである。それでも十分にかつての床面積は消化できるらしい。1974年にシカゴのシアーズタワーが竣工するまで一時世界一の高さを誇ったこのビルの敷地の法定容積率は，実は1,500％（しかない）。1,500％であれば別の建て方も当然考えられるのである。

ロウワーマンハッタンは18世紀半ばから何重にも埋立てをしながら拡大してきた。跡地には，こうした土地の特性を見極めつつ，その年輪をつなぐ役割が期待されているといえる。つまり，ここで議論されているのは巨大な摩天楼を超えた新しい都市構成のあり方である。そこには潰された16のブロックの記憶をなんらかのかたちで再生させようという意図が見える。

ワールドトレードセンタービル跡地の再生計画は，世界的建築家たちの思い描くシンボリックな超高層ビルという20世紀文明の象徴ともいえる光景とは異なったものになりそうである。著名建築家たちは，意識しているか否かにかかわらず，自分たちを有名にしてくれた建築デザインの記念碑的なあり方そのものに思考の回路を搦め捕られてしまい，都市の側からものを見るという視点を忘れてしまっている。単体建築物だけでは都市は

再生できない。単体建築物を都市再生へ向けた布石とする全体の戦略が必要なのである。

ワールドトレードセンタービル跡地の議論に見られるように，21世紀の環境再生の構図は，ヒューマンスケールの側へ軸足を移して，地区の総合的な再生計画の一環としてのプランとしてまとまっていくものと思われる。

1973年にオープンした110階建て，高さ417mと415mのワールドトレードセンターのツインタワーは，ロウワーマンハッタン再生に向けた1960年代の思想を反映していた。規模の面からも建築デザインの面でも計画発表段階から各界の批判の的となってきたことも事実であるが[1]，このタワーが60年代のメガロマニアックなスーパーブロック主義の一つの象徴的な回答だったことも疑いない。このビルは60年代の都市再生のアメリカにおける一つの答えだったのである。

皮肉にもそのことが標的にされたわけである。

ワールドトレードセンターがテロの対象となったのはこれが最初ではない。1993年2月にイスラム過激派の爆破対象となり，足もとに5フロアの床を吹き飛ばす破壊が行われたのは記憶に新しい。

そして今回である。

しかし，今回の悲劇に対する都市再生の回答は60年代とは違ったかたちで出されるだろう。これは21世紀の都市再生の目指すべき方向性のシンボリックな先駆けとなるかもしれない。

写真3-1　ハドソン川に面して建つ建設当初のワールドトレードセンタービル（出典：Robert A.M. Stern et al., New York 1960, Monacelli Press, 1965,. 57）

バッテリーパークシティの教訓

ワールドトレードセンタービル敷地の西隣の埋立地には，オフィスと住宅，商業ほかの複合開発として名高いバッテリーパークシティが位置している。この地の開発計画の経緯はよく知られており，新潮流とは言い難いが，ワールドトレードセンタービル跡地計画との関連でその教訓を簡単に振り返ってみたい。

ワールドトレードセンタービルが建設されたとき，その西側はハドソン川に直接面していた。あのような超高層ビルの立地がウォーターフロント開発の適切な答えであるか否かはここでは問わないとしても，ワールドトレードセンタービル

開発にあたって掘り出された土砂の処理のためにバッテリーパークシティの埋立てが現実化したというのは歴史の皮肉ではあるだろう。

この地の港湾部分を住宅供給のために埋め立てる構想は早くも1950年代半ばから本格的に動き出しているが，現在のかたちに至るまでに，1962年，66年，69年，75年，79年の五つの計画案が提案されている。このうち最初に公式のマスタープランとして認められた1969年案を見ると，敷地中央南北にペデストリアン・デッキから新交通までのあらゆる新機軸を網羅した7層からなる高架の都市軸が貫き，これによってそれぞれの高層ビルが結ばれるという巨大コンプレックスの計画だったことがわかる。このデッキがワールドトレードセンタービルまで延びるという構想である。

このプランはワールドトレードセンタービルのスーパーブロックと一脈通じる計画で，当時のハイテク未来志向の世相を反映していた。専門家もマスコミもこぞってこのプランを賞賛したのである。

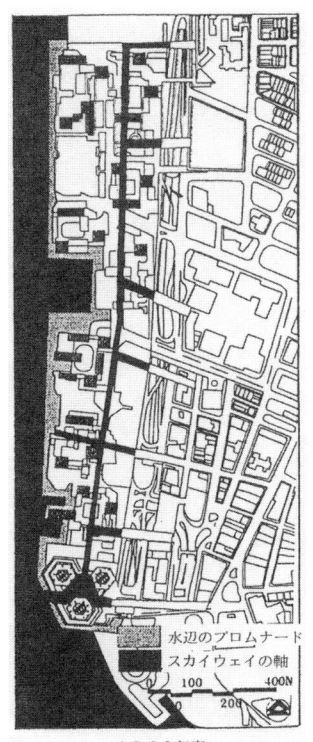

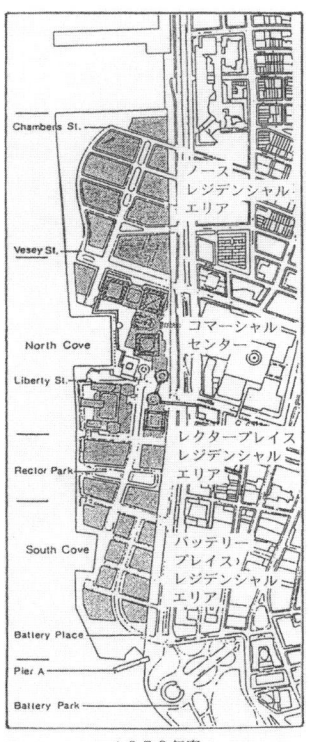

図3-3　バッテリーパークシティのマスタープラン

しかし1970年代半ばの不況で、わずかに1ブロックが建設されただけで[2]、ほとんどの計画は実現しなかった。ワールドトレードセンタービルに隣接する街区でもこの高架の都市軸と連結するための公共のプラザを2階に配置したオフィスビルが実現しているが[3]、これも他のビルと結ばれることもないままに、歩道橋は閉鎖され、プラザもほとんど機能していないという現状である。

巨大な都市軸はすべてつながらない限り役には立たないうえに、それまでには長い年月がかかる。その移行期間の計画が欠落していたのである。また、巨大な計画はそこに居合わせる人間をとるに足らない存在のように感じさせてしまう。ヒューマンスケールが欠如していたのである。

現在のマスタープランは1979年に作られた。その思想は69年案とは対極にある。69年案が背骨となる都市軸を中心に自己完結型の計画であったのに対して、現行の79年案は東側に残されている旧来のロウワーマンハッタンの格子状の道路パターンをそのまま東に延長し、歩道を持ったグリッドパターンの道路が地上レベルで川べりまで延びるような計画となっている。街区も従来の大きさで、この街区単位に詳細なデザイン・ガイドラインが用意され、周辺となじみのいい規模、形態、素材そして色彩の建物がそれぞれ異なった建築家により、少しずつ異なったデザインのもと、徐々に街を形成していくという仕組みをとっている。

その結果、大規模な新規開発プロジェクトにもかかわらず、ずっと以前からそこに建物群があったかのような落ち着いた住みやすい環境を形成することに成功している。戦後ニューヨークにおける最も成功した大規模開発であると評価されるのもうなずける。

79年案以前に計画されたゲートウェイプラザとその南側に79年案に沿って建設されたレクタープレイスやバッテリープレイスの空間の質の違いは、現場に立てば一目瞭然なのである。

バッテリーパークシティのマスタープラン転換は、ワールドトレードセンターの跡地計画の転換と並行している。バッテリーパークシティで1979年に実現できたことを、ワールドトレードセンタービルでは、たまたまの不幸な出来事を機に実現できるかもしれないのである。

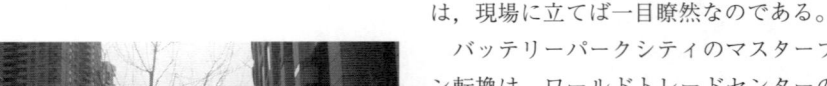

写真3-2　バッテリーパークシティの街路風景。1979年案のもとにデザインされた地区の姿。ロウアーマンハッタンの都市スケールと違和感なく馴染んでいる。

アメリカでの都市再生の動き

　ニューヨーク都心の巨大開発といった一方の極から一転してアメリカ中小都市を中心とした一般的な都市の再生の動きを見ると，ここ10年くらい都市再生に向けた広範な動きが各地に浸透しているように見える。

　一つは都心部を物理的にも経済的にも再生しようという動きである。一時は低所得者層のみが居残り，ドラッグや犯罪などの発生率の高さから危険視された都心部を居住と経済，文化の中心地として再生させようという動きが都市の大小を問わずすでに大きな潮流となっている。これと関連して，公共交通機関を再生させることが課題となっている。

　また一方では従来型の低密度の，ある意味では退屈な郊外型の住宅地をどう再生させるかという問題に対する関心が高まってきつつある。

　都心部の物的環境の改善に関しては，米国ナショナル・トラストによるメインストリート再生のプログラムがよく知られている。これは歴史的環境の保全を中心に行っている非営利民間団体であるナショナル・トラスト National Trust for Historic Preservationが実施している中心市街地再生のプログラムで，一般にメインストリートと呼ばれる都市の目抜き通りを中心とした都心部の包括的な活性化を，歴史的環境保全といった文脈で行おうというものである。対象となるのは主として中小の都市であるが，近年は大都市における適用例も増えてきている。

　メインストリート沿いには古くから都市の核として成長してきたので，現在は見逃されているような歴史的建造物や由緒のある土地などの手がかりが多い。こうした歴史的な資産に注目して，都市空間の再生整備を進めるとともに，組織づくりや経済的な活性化，プロモーションを同時に仕組むことによって都心部の再生を図ろうという技術支援プログラムである。

　1977年に試験的に中西部の3小都市を選び，プログラムが開始され，その後1980年にはナショナル・トラスト内に全国メインストリート・センターが設立されて，運営にあたっている。ナショナル・トラストによると，2001年までに1,600を超えるコミュニティにおいて同プログラムが実施され，中心市街地への官民の投資総額は152億ドル，1地区あたり930万ドルにのぼっている。5,200の新しいビジネスが都心に戻り，20万人を超す雇用が創出されたといわれている。

　具体的な支援内容は，プログラム開設時の構想立案，対象コミュニティの選定，州および地方政府職員の研修，各種委員会の委員の研修，プログラム設立運営に関する専門的技術支援，資金調達方法や不動産開発・マーケティングなどに関する技術支援，デザイン・コントロール等の専門分野におけるセミナーやワークショップの開催などである。

ナショナル・トラストのプログラムだけではなく，現在では州レベルでも同様の助成プログラムが40州において実施されており，そのほかボストンやボルチモア，サンディエゴ等の大都市においても独自のメインストリート・プログラムが行われるようになってきている。

都心再生の問題を単に地区再開発や歴史地区の保存などの物的環境の改善問題であると考えず，経済の再活性化や地域コミュニティの再生をも含めた幅広い課題と捉えた点にメインストリート・プログラムの特色と成功の鍵がある。もちろんこうした動きの背景として都市の歴史や文化を見直し，そこから出発する再生を支持する広範な世論があることは疑いない。

メインストリート・プログラムの主たる財源は，地方政府の普通会計からの支出が最も多く，次いでプログラムに参加する事業者からの寄付，会費，コミュニティ開発一括補助金（Community Development Block Grant: CDBG）の順である。このほかビジネス改善地区（Business Improvement District: BID）などの地方政府による特別課税地区を指定している例も少なくない。

BIDでは，地区ごとに清掃や警備，広報などのソフト事業および街灯や歩道の整備など軽微なハード事業を行う半公共的な組織が設立され，その活動資金の大半は地方税である資産税の一部が充てられる。資産税の一部に関して，その使途を資産が存在する地区の環境改善のために自らの意志で充当するのは不当ではないという考え方に立っている。地区改善の活動の結果が資産価値の上昇につながれば，上昇した資産税分によって十分埋め合わせ可能なので，この論理はさらに説得力を増す。地域での努力が目に見えるかたちで還元される仕組みを整備することによって，関係者が実感を持って地区再生に取り組むことができるようになるのである[4]。

都市再生の問題はここでは地区ごとの再生策にブレークダウンされ，地区に委譲された権限と財源によって裏打ちされている。つまり都市再生の問題は地区の将来像を組み立てる構想力と，それを可能にする財政的な戦略からなっているのである。

郊外の再生に関してはここでは詳しくは触れないが，問題の核心は，1960年代から80年代にかけてのスプロールの時代に豊かな郊外が形成されたのと同時に，郊外のコミュニティ間の所得格差が拡大したことによる一部に見られる郊外の経済的衰退という現象にどう対処するかという点である。

アメリカの主要な24大都市圏，554の郊外コミュニティの1960年から90年に至る人口および経済実態調査によると，1960年から90年に至る30年間で41.5％の郊外コミュニティにおいて人口が減少し，12％の郊外コミュ

ニティにおいて家計所得の中央値が都心部のそれを上回る勢いで低下し，1980年から90年の10年間に限るとその値は32.5％に上昇している。郊外コミュニティ間の所得格差は，この30年間に2.1：1から3.4：1に開いているというのである[5]。

こうしたアメリカの都市の現実にどう対処するのか。これ以上の郊外化の阻止や都心活性化，公共交通政策などの都市政策と並んでソーシャル・ミックスと呼ばれる社会階層間の複合計画や教育および福祉に関するより広域的視点に立った政策がとられない限り，問題は解決しないだろう。

地区再生から都市再生へ向かうという課題の分権化，ミクロ化とは別の次元で地域の再生から都市の再生へと向かう課題の広域化が同時に要請されているのである。

都市郊外部の再生に関しては，物理的空間の改善の面からも，格子状の道路や浅いセットバック，比較的高い密度の住宅群など，より都市型の生活空間を提案していくという動きがここ10年間で広く定着しつつある。ニューアーバニズムと呼ばれるこの動きは，巨大な駐車場を抱えたショッピングセンターや歩者分離の道路システムに異を唱え，歩道を持った道路と道路沿いの駐車帯，そしてそこに連続する路線型の商店街という空間パターンを推奨し，新市街地においても従来の郊外コミュニティの再編計画においても幅広い支持を得ている。こうしたデザインの流行はネオ・クラシシズムとも呼ばれ，都市の伝統的空間への回帰という都市デザインの新潮流の一部をなしている[6]。

ヨーロッパの都市再生の論点

ヨーロッパにおける都市再生の論点は，当然ながらアメリカとはやや趣を異にする。すなわち，厳しい計画規制のもとでコンパクトな都市と部分的な計画的郊外地という構成を曲がりなりにも保ち続けてきたヨーロッパの都市には，郊外の衰退といった問題は話題にのぼらない。また，文化や歴史を軸とした都心の再生に関しては，すでに1970年代に高揚期を迎えていたのである。欧州会議が都心部の総合的保存をうたったアムステルダム宣言を採択したのが1975年，ヨーロッパ・アーバンルネサンス年のキャンペインを展開したのは1980年のことである。

もちろん分権化の中での官民協力による環境の改善など，アメリカとヨーロッパで関心が共通している点も少なくないが，現時点におけるヨーロッパ諸国の都市再生へ向けた視線は次の段階の課題を見通しているといえる。

例えば，イギリスでは1999年に政府の都市問題タスクフォースの最終

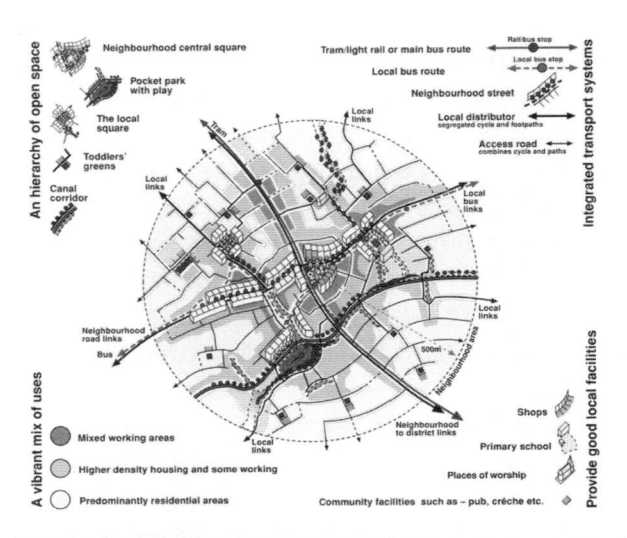

図3-4 イギリスの都市再生報告書（1999年）が目指す多様でコンパクトな都市の姿
（出典：Urban Task Force（1999），p.66）

報告書がまとまっているが，その標題はずばり『都市再生へ向けて』である[7]。同報告書の目次構成を見ると，冒頭にあげられているのは都市デザインの質の向上であり，続いて経済的社会的に衰退している地区の再生が課題とされている。こうした取り上げ方に都市再生問題に対する姿勢が現れている。

報告書は，都市デザインの面ではコンパクトな都市とそれをつなぐ交通システムのあり方，中層中密で複合的な都市空間像の提起を重視しており，向こう10年間の交通関連予算の65％を歩行者および自転車交通，公共交通関連施策に振り向けるべきであるという明快な提言を行っている。伝統的な都市空間のイメージを基盤にしたまちづくりの構想は，アメリカでのメインストリート・プログラムなどの発想と一脈通じるものがある。

衰退地区の再生の面では，深刻な問題を抱えている地区に対する集中的な社会的経済的物的な環境改善施策の提案を行っている。政府もこの点に関しては1990年代に入ってイングリッシュ・パートナーシップ（1993年より）やシングル・リジェネレーション・バジェット（SRB, 1994年より）などの補助金スキームにより，都市再生へ向けた事業を展開してきている。例えばSRBは，それ以前に存在していた20を超すプログラムを統括し，多様なニーズに応えられるように単一の補助金のスキームとして再構築されたもので，地区再開発から荒廃した建物の再利用，雇用の促進や職

業訓練まで多様な支援策がとられている。SRBの総額は近年一貫して10億ポンドを上回っている。

　目をヨーロッパ大陸に転じると，イギリスと同様の問題もなくはないが，近年の都市計画の課題はむしろ自然との調和によるサスティナブルな都市の実現といったことが中心となっているといえる。都市とその周辺に広がる自然景観を一体のものとして捉え，そこにある種の調和を求めることが地域の目指すべき方向として各国共通に考えられているようである。そしてそこでの最大のキーワードは「風景」である[8]。

　イタリアが1985年にガラッソ法によって各州の風景計画を義務づけたのはよく知られているが，風景に関する計画を法的な仕組みの中に取り込むという動きはイタリアに限ったことではない。

　ドイツでは，1976年の連邦自然保護法が冒頭に自然および風景を「人間の生存基盤として」「保護し，維持し，発展させなければならない」とうたっている。このため風景計画の体系を策定することが規定された。風景計画の体系は広域の風景計画（Lプラン）と詳細な緑地整備計画（Gプラン）からなり，それぞれ従来から定められている土地利用計画（Fプラン）と地区詳細計画（Bプラン）とのコンビネーションが義務づけられた。さらに1987年建設法典の98年の改正によって，両者の調整規定が建設法典の中に移され，自然や風景への介入によって予想される環境への影響評価や代替措置の建設管理計画（FプランおよびBプラン）への明記が定められた。

　フランスでは1993年に通称，風景法（景観法）と呼ばれる新法が制定され，広域的な風景の保護および再生に関して全国的な施策の枠組み並びにその保全方法が定められた。また，1983年に定められた建築的・都市的文化財保護区域（ZPPAU）が風景法のもと，建築的・都市的・景観的文化財保護区域（ZPPAUP）と改称され，同区域制度は歴史地区に限った指定から景観一般の保護を対象とした区域制度へと拡大された。1999年時点で，277区域がZPPAUPに指定されており，538区域において指定を検討中である。従来，農村部や地方小都市での指定が多かったが，近年大都市へも拡大してきている。

　さらに欧州会議においてヨーロッパ全域を対象にした欧州風景条約が，風景の保護，管理および計画の推進および風景に関するヨーロッパの協力の組織化を目的に，2000年10月に制定された。加盟国は風景の保護を法律において位置づけ，風景政策を確立することを義務づけられることになった。

　こうしてヨーロッパ全域において風景の保護と管理が重要な課題とな

り，都市の問題も自然との関係や風景の一部として考えられる側面が強くなりつつあるといえる。つまり都市の再生は，より広い地域の再生の一環として認識される側面が強くなってきつつあるのだ。

　日本の都市再生論議を見ると，大都市における規制緩和にしても，中小都市における中心市街地活性化にしても，あまりに開発プログラム志向だという共通した印象を受ける。制度改革論には熱が入るものの，その後にじっくりと構築すべき都市の空間像に関しては，お粗末なイメージしかないという現状である。1960年代から70年代初めまでアメリカがワールドトレードセンタービルやバッテリーパークの初期の計画を立案したときのような，巨大・ハイテク志向と似ていなくもない。ヨーロッパでもこうした開発は1960年代に卒業している。

　都市再生は，再開発型の物的環境改善一本槍では達成することはできない。歴史や文化を基調として都市の文脈を再構築すること，周辺の自然環境との調和まで考慮して都市の風景を守り，育てていくこと，さらに社会的経済的な支援策を総合的に講じることによって衰退地区の改善を徐々に進めていくことなどを通じてしか都市の再生は実現しないということを，欧米の今日の思潮は示している。

　都市の再生とは，都市における生活の質を総合的に向上させていく一連の施策を実施していくことにほかならない。いかに文化的背景が異なるとはいえ，これは都市社会のグローバルな流れであり，日本の都市再生論もここを逸脱して正答に達することはできないのである。

注
（1）ワールドトレードセンターの建設が始まってから，8ヶ月経過した1967年4月12日のニューヨーク・タイムズ紙は社説で，「今からでもこの怪物を食い止めるのに遅すぎるということはない」と述べている。
（2）1982年に竣工したゲートウェイプラザ。34階建ての3棟のタワーと8階建ての住戸からなる1700戸の集合住宅。
（3）ワン・バンカーズ・トラスト・プラザ（1973年竣工）。2階レベルの公開空地は約2万3000平方フィートにのぼる。
（4）BIDは特別改善地区（Special Improvement District）やセントラライズド・リテール・マネージメント（CRM）など都市によって様々な名称で呼ばれている。BIDの歴史とその詳細に関しては原田英生『ポスト大店法時代のまちづくり』日本経済新聞社，1999年に詳しい。
（5）Lucy, W.H. & Phillips, D.L., *Confronting Suburban Decline, Strategic Planning for Metropolitan Renewal*, Islamd Press, Washington D.C., 2000, pp.166-172
（6）郊外の再生をめぐるニューアーバニズムの最新の著書として，Dutton, J.A., *New American Urbanizm, Re-forming the Suburban Metropolis*, Skila, Milano, 2000および Hall, K.H. & Porterfield , G.A., *Community by Design, New Urbanism for Suburbs*

and Small Communities, McGraw-Hill, New York, 2001があげられる。このほかニューアーバニズムを紹介した代表的著作として，やや古いが，Katz, P., *The New Urbanism, Toward an Architecture of Community*, McGraw-Hill, New York, 1994がある。
(7) Urban Task Force, Towards an Urban Rebaissance, E & FN Spon, London, 1999
(8) ヨーロッパを中心とする風景計画の概要については，西村幸夫＋町並み研究会編著『都市の風景計画：欧米の景観コントロール　手法と実際』学芸出版社，2000年に詳しい。

(2002年1月)

[付記]
　この原稿を書いた2001年末以降，ワールドトレードセンタービル跡地を巡る動きは二転三転した。そして本稿に述べたような見通しでは事は進まなかった。その後の経緯を簡単にまとめておく。
　いわゆる9.11以降，跡地の再開発のためにロウワー・マンハッタン開発公社（LMDC）が設立され，LMDC主導のもと開発構想が練られていった。一般市民にまで意見を募る広範な公聴会や計画素案の展示会，公開フォーラムなどを通じて，様々な議論が展開された。2002年7月にLMDCは六つのデザイン案を公表した。これは先に筆者が予想したような地域の文脈を再生させる方向での案だった。同月には5,000人規模の巨大な市民ワークショップが開催される。こうした議論を通して，しかしながら，これらの案は一般には受け入れられないことが明白となった。テロリズムとの闘いに高揚した世論は，微温的に見えるコンテクスチュアルなデザインコンセプトでは満足しなかった。特徴的なスカイラインを強調した，よりモニュメンタルな主張の強い案を求めた。超高層ビルが強いアメリカのシンボルとして求められたのである。
　2002年の秋，LMDCは世界に向け革新的なデザイン提案を求めた。これに対して406件の提案が寄せられ，このなかから7グループの9案，さらに2案に絞られ，2003年2月にダニエル・リベスキンド案が選ばれた。これはアメリカ独立の年と同じ1,776mの高さのフリーダム・タワーと名付けられた108階建ての超高層ビルを敷地北側に建てる案である。
　しかし，事業者側はこの案に不満であり，事業者側の意向を反映させるため，この案にSOMのデイビッド・チャイルズが加わり，2003年12月に改定案が発表された。ところがこの案にはセキュリティに問題があると市側から指摘され，デイビッド・チャイルズが再び計画し直したものが2005年6月に公表された現在の実施案である。
　ややスリムで方形になった大改訂案であるが，1,776フィートの高さや260万平方フィートのオフィスの延べ床面積などは原提案を踏襲している。かつてのワールドトレードセンタービル跡地には祈念の施設が設けられ，それを取り囲むように5本のタワーが建つ予定である。
　土地の文脈の回復よりも，都市の記念性の回復の方が選択されたのである。デザインの議論が地面を歩くヒューマンな視点からではなく，主として模型や鳥瞰図の図面をもとに，上から見下ろすような視点を主に行われたことも，こうした結果をもたらした一因かもしれない。
　フリーダム・タワーの建設は2006年4月に開始され，2011年の完成が予定されている。

都市環境の再生
―― 都心の再興と都市計画の転換へ向けて

　日本における都市環境の再生を考える視点として，以下の四つの点から論じることにしたい。すなわち，①すべての都市問題の背景としての人口減少という課題がもたらすパラダイムシフトの問題，②パラダイムの転換が特に都市の計画システムに与える影響，とりわけ都市計画全般にわたる制度再構築の問題，一方，③地域的に考えると問題が集中し対応が特に必要となるのが都心地域であり，その再生戦略である。そして，④こうした問題をより広い視野で相対化しつつ考えていくための重要なヒントが欧米の都市再生の事例にあるという考えから，欧米の特徴的な都市環境再生戦略をレビューし，日本がそこから学ぶべき点をまとめる。

　これらを通じて，日本における都市環境の再生問題は決して都市を舞台とした経済活動再生策ではないこと，むしろ討議を経て合意に至る再生のための仕組みの改善プロセスであることを示したい[1]。

人口減少のもとでの新しいパラダイムへの転換
(1)　人口増大に対処するための20世紀の都市計画
　20世紀の日本は総人口が約2倍に増大するといった爆発的な人口膨張期であった。これに第二次大戦後の急激な都市化の時期が重なったため，結果的に増加した人口のほとんどを都市で受け止めることになっただけでなく，従来の農村人口まで都市に吸収してしまった。過密と過疎が同時に進行するという奇妙な時代を迎えたのである。

　急激な流入人口に対処するため，都市は郊外部へ向けて無計画に膨張せざるを得なかった。市街地の虫食い的拡大を意味するスプロールという用語が普通名詞化していくのは1960年代のことであった。同時に既成市街地の過密化も進行し，劣悪な居住環境の改善が求められるようになるのもこの時代からである。OECD環境委員会が「日本は数多くの公害防除の闘い（battle）を勝ち取ったが，環境の質を高める戦い（war）ではまだ勝利を収めていない」という有名なコメントを残したのは1977年であった。公害との闘争が集結してしまったわけではなかったが，当時，都市環境が

アメニティの獲得に成功したとはいえない状況であったのは明らかな事実であった。EC委員会の報告書（1979年）が，日本の住宅を「ウサギ小屋」と評したのもこの時代である。

都市自体も工業誘致に奔走することになる。「近代化のバスに乗り遅れるな」という表現がこの頃頻繁に用いられるようになるが，これは都市にとってみると，とりもなおさず工業誘致を成功させることにほかならなかった。さらに，生活様式のうえでも核家族化が進行し，家庭における自家用車の普及，テレビの茶の間への進出，ダイニングキッチンの定着など，急速な「近代化」が進行し，都市の様態は外延的にも内実においても大きく変貌していった。

土地利用計画や交通計画，公共施設の計画的配置などすべての都市システムは，こうした変化の影響を分散させながらどのように受容していくかという点に対処するために構築されていったといっても過言でない。

(2) 縦割り行政の浸透

これを行政側から見ると，増大する都市人口という緊急の問題に対処するということは，道路行政や鉄道行政，都市計画行政や建築行政など各方面の専門部局が，各自知恵を絞りながらそれぞれの論理で予算の獲得競争を行いつつ，個別に問題に対処するという局所的最適解の総和として施策が構築されることを意味する。文字通りの縦割り行政である。

つまり，縦割り行政が有効に機能するということは，こうした右肩上がりの経済の中でそれぞれがパイを大きくすることが可能であるという前提があって初めていえることなのである。そして，そのことは単に効率的な分業体制を確立という結果を招来しただけでなく，分業間の垣根を高め，それぞれの持ち場の独りよがりの論理の増大を抑止できにくくし，縦割り間の縄張り争いを激化させるという副作用をもたらすことになる。

この時代の都市政策とは，目の前の問題にそれぞれの持ち場で対処することの寄せ集めという域を出てはいないのである。それは時代の限界でもあった。大きなビジョンを掲げて将来像を描き出そうにも，日々の問題はあまりに切迫しており，そこで夢を語ることはあまりにも現実離れしていた。こうした事情は，例えば，1958年に定められた第一次の首都圏整備計画が英国流のグリーンベルト（近郊地帯）によって都市にたがをはめるという理想主義的計画であったものが，近郊地帯指定予定地での反対や人口の首都圏への予想を超えた集中などによって改訂を余儀なくされ，1965年の第二次首都圏整備計画以降は，各省庁の計画を持ち寄った調整計画的色彩を強めていったことに典型的に見ることができる。この時，1958年計画では開発を抑制すべき地域であった近郊地帯は，第二次計画

以降，近郊整備地帯と名を変え，緑地を保全しつつも計画的に市街地を整備する地域へと変質してしまったのである。

(3) 事業推進型の都市計画

また，人口増加の圧力が非常に高い社会的状況においては，大半の都市施策は具体的な事業を推進することを中心に組み立てざるを得ない。都市を計画的にコントロールするというもう一方の行政手段を用いるには，事態の変化があまりにも広範で急激でありすぎるからである。都市内の土地に対する投機的取引を抑止するための有効な仕組みをついに案出できなかった点に，その大きな禍根を見ることができる。

開発とは価値の増進を意味しており，物理的に人口を収容する地域を拡大していくことが善であった。そして，都市施設を付加し，それによって地価に代表される都市の経済的な価値を高めていくことが求められたのである。投機的な土地価格を生み出すなど弊害も多かったが，開発による地価の上昇が見込まれるからこそ，プロジェクトが成立するという構図が確かに存在した。

例えば，しばしば「都市計画の母」と呼ばれる土地区画整理事業を見ると，宅地の整形化によって地価が上昇することが見込まれるので，一定程度の土地を無償で供出させることも説得できるということが事業の前提となっている。このように無償で土地を供出させることを減歩と呼んでいるが，減歩された土地をもとにして道路や公園などの公共施設を生み出していくところに土地区画整理の知恵がある。公共のために土地を供出するからこそ地価の上昇も獲得できる，したがって，みんなが一様に貢献しなければならないのだという論理は，減歩の和製英語の訳がcontribution（寄与，貢献）であることにもよく現れている。ただし，この手法は地価の上昇を前提としているという現実が変わるわけではない。

都市計画の具体的な手法も，1888年の市区改正条例以来，1919年の最初の都市計画法においても区画整理や計画道路の建設など事業推進型の手法が中心となって組み立てられていた。そのことはまた，公共事業主導による利益誘導型の地方政治を蔓延させることになり，効果的な事業推進のための，上位下達型の計画遂行の仕組みを要請することになった。市民参加とはほど遠い，都市計画の現実があった。

大規模な人口増加，そしてその大半が都市に流入してくるという20世紀の日本の現実が以上のような都市環境の状況を創り出し，それに対処するための都市計画の性格を決定づけていったのである。

(4) 迫られる都市計画のパラダイム転換

こうした都市計画の基本的な仕組みが，ここ十数年で再び大きな方向転

換を迫られている。

　すでに大々的に報道されているように，日本の総人口は2005年には減少に転じ，その後は急速な勢いで減少していくことが予想されている。推計方法にもよるが，21世紀末には日本の人口は現在の半分にまで減るとされている（**図3-1**参照）。いかに海外からの移民を受け入れたとしても，こうした構造的な変化を食い止めることは不可能であろう。人口増の時代にはその受け皿となった諸都市が，今度は人口激減の影響をもろに被ることになるのである。

　これからの急速な人口減少社会において，どのような都市システムが必要とされるのか，そうしたパラダイムシフトを大きな齟齬なく達成するためにはどのような視点に立たなければならないのか……。都市環境の再生のあり方を問うということは，まずはこの問いかけに答えることである。

　これからの人口減少社会では，従来型のパラダイムを維持することは不可能であるということは明白である。土地区画整理で地価が上昇するという夢は過去のものになりつつある。市街地再開発事業も事業期間が長期化することから，大都市でしか成立しにくくなってきた。道路事業にしても，そもそも今後とも交通需要が伸び続けるとする予測はすでに説得力を失っている。それ以前に事業費の確保が困難な状況に陥っている。

　都市計画を巡るパラダイムは，価値増進型の環境開発から，価値維持型の環境保全・再生へと大きく舵を切らなければならないのである。

　再生とは，縦割り行政のもと，相互に脈絡のないあわただしい開発によって乱雑になってしまった都市の環境を，自然と調和した秩序ある美しいものへと向けて甦生させることを意味している。都市再生とは，まずもってそうした指向を持つものでなければならない。都市環境再生とは，決して都市の経済環境を好転させるためだけのものであってはならないのである。都市空間を経済活動の草刈り場として放置してはならない。

(5) コミュニティの復活と地方分権

　また，都市社会のあり方を見ても，増大する都市への流入人口を抱える社会では，匿名でアトム化した都市生活者が個々ばらばらに生活するという都市社会のあり方を前提にすべての社会システムが構築されてきたが，こうしたあり方は大きな転換を余儀なくされることになる。

　ある程度の人口の流動化は今後も引き続き持続するとしても，都市社会はかつてよりもはるかに地元志向を強め，一定程度の定住を前提としたまちづくりが主流となってきた。安定した地域社会のつながりを見直す声は格段と高くなりつつある。コミュニティの復活である。

　地域コミュニティは，子育てや介護，災害時など特定のニーズに対応し

て要請されているだけでなく，広範なまちづくりのフィールドとして各方面で育ちつつある。これは都市計画の場面では，計画立案や地域運営への市民参画や計画実施における市民事業化の推進として現れてくる。業務および管理の委託などの点でも，官民の共働は急速に進みつつある。

こうした現象は，単に旧来型の，しばしば拘束的な封建的コミュニティの復活を意味しているわけではない。討議デモクラシーと表現されるような新しいかたちの議論と合意形成の場を併せ持った新しいかたちの都市型コミュニティが生成しつつあるのだ[2]。

このことは続けて，計画の地方分権，さらには計画の都市内分権の議論へと進むことになる。

足もとの地域コミュニティが新たに地域の担い手として再生しつつあるということは，都市計画の立案のあり方を大きく変えることにつながる。透明で民主的な手続きが強く要請されるようになり，都市計画とは都市環境のある一定のサービスレベルを目指すという諒解を達成することを意味するようになってくる。都市計画は，国が責任を持つ行政計画から，次第に基礎自治体が地域住民に対して責任を持つ計画目標という性格を強くしていく。さらには，地域社会と自治体とが相互に諒解する，自分たちの住む都市環境の将来像を意味するようになっていくだろう。

(6) 都市の縮退現象への対処

これから都市は縮小していかざるを得ない。縮退とでもいえる環境の中で都市の再生を考えるということは，まずは，もう一度都心を見つめ直し，都心への投資を集中させ，良好な郊外の環境を達成すると同時に都心居住を復活させることであり，都市環境の量ではなく質を高めることに傾斜させることである。そのためには現有の環境資産を詳細に把握し，保全を図るべき資産と改善すべき環境とを特定し，戦略的に保全整備を進めることである。

こうした施策を通して都市の総合的なイメージを確立することも重要になってくる。定住人口だけでなく，交流人口をも対象とした都市施策が立てられることによって，人口減少社会においても十分な都市の経済活動ベースが保たれることになるだろう。

一方で，都市の縮退現象は，都市フリンジをどのようなかたちで秩序正しく自然的土地利用に戻していくかという課題を我々に突きつけることになる。例えば，都市内農地の問題は，都市側にとってはこれまでは副次的な自然環境・オープンスペースを提供するものとして評価されるにとどまっていた観があるが，これからは，都市環境を誘導していく手がかりとして，魅力的な郊外とコンパクトな都市を成り立たせるための補完的な意味

を持つ貴重な資源として，積極的に活用されていかなければならないだろう。

(7) 詳細かつ厳格な計画規制へ

このような諸課題に答えるためには，なんといっても詳細かつ厳格な計画規制が必要である。いかに上質の構想を練っても，いくら将来の美しい夢を描いても，実際にそこへ向かう実効性のある筋道が整えられていなければ実現は不可能である。そしてその道とは，日々の建設活動を確実にコントロールし，大きな構想を実現するために個々のパーツである一つ一つの建物やその利用，空地や道路空間などの都市のインフラを整えていくことなのである。

幸いなことに，人口減少社会では，都市内における建設活動はこれまでほどには活発ではないだろうから，その詳細なコントロールは計画実施主体のキャパシティを超えることなく，十分に可能な範囲に収まると考えられる。逆に言えば，これらの建設活動を様々な観点から監視し，検討できるような容量とそこへ向かうロードマップを，都市計画のシステムが持たなければならないのである。そしてそのことが計画サイドの目標として措定される必要がある。

都市計画システムの再構築こそ，21世紀の都市環境再生がまず手をつけなければならない課題なのである。

都市計画システムの再構築

都市計画のシステムを新しく構想する際に留意しなければならないのは，計画システムが目指す最終的な都市の姿を論じることと，アウトプットのあり方を合意するための計画プロセスの姿を論じることを明確に区別することである。両者とも重要であることに変わりはないが，それぞれを考える思考の回路は大きく異なっている。

(1) 市民参加と「諒解達成型」プロセスの重要性

私たちはまず，計画プロセスを再構築する必要があると考えている。なぜなら，最終的な都市像は「何を」描くかと同時に「誰が」描くのかというところに鍵があるが，計画に関する意志決定が民主化されることによってこの問題はクリアできるといえるからである。つまり，描かれた「何か」を正当化するのは，それを描くのが「誰か」にかかっているという時代に立ち至ったからである。

かつては王権や為政者の政治的な力が描かれるべき都市像を正当化していた。封建時代とはそういう時代のことである。時代が下ると，都市計画の分野にもテクノクラートが登場するようになり，将来の都市像を描くの

はそうした技術官僚の役割となっていく。

　ある特定の分野において技術と情報が専門家と呼ばれる特定の階層に独占されている社会では，専門家の判断が正しい判断ということにならざるを得ない。他の選択肢がないからである。そこで重要なのは専門家をまさしく教育し，認定していく仕組みを持つことと，計画を迅速に立案し，実行に移すための仕組みを整えることだということになる。テクノクラートによる都市計画の独占は議会制民主主義の成立とともに始まり，戦後復興期の盛り上がりを経て，つい最近まで続いてきた。いやむしろ，今でもそうしたテクノクラート主導型の都市計画が多くの場面で行われているのが実状である。

　それがここに至って，これまで自明であるはずだった「誰か」が揺らぎ始めている。「何を」描くかと「誰が」描くかは，これまでは為政者や都市計画テクノクラートの存在のもとでは不可分に結びついていたのであるが，広範な都市大衆が計画ステージに台頭してくるとともに，都市の将来像を描く主人公としての市民の姿がおぼろげに浮かび上がるようになってきた。ここにおいて，都市の将来像を「誰が」描くかという問題は，そこで描かれたものの正当性をも左右する，すなわち「何を」描くかにも関わる重大な問題となる。

　つまり，計画のプロセスを再構築するということは，単に手続き上の問題であるのではなく，このように都市計画のパラダイムを転換することにまで至る深刻な課題なのである。

　したがって今，望ましい都市空間を実現するという「空間達成型」の都市計画から，望ましい都市空間とは何かという合意に至ることを重視する「諒解達成型」の都市計画へのパラダイムシフトが望まれる。そこでは達成された合意が目指す空間こそが望ましい空間であるという新しい価値観が生まれてきつつある。

　討議デモクラシーの成熟によって，討議を通しての合意というこれまでの日本の合意形成の歴史の中でもまれな新しい民主主義の形態が生まれつつあるのだ。

　そこでは，理想像は「誰が」描くかが重要なのではなく，「どのように」描くかが重要なのである。そしてその「どのように」を規定することになるのが，透明で公正な議論のあり方である。そうした議論は決して，強い要請があったから実施されるといった例外的な性格のものであってはならない。議論のプロセスが計画立案の既定の過程として組み込まれていることが重要なのである。討議デモクラシーは，そのような条件の下で花開くことになる。

それでは、そのような計画プロセスとはいったいどのようなものであり、満たすべき要件は何なのか。

(2) 参加と公開の原則

計画に関わるすべてのステークホルダーが広範に意志決定に参加するような仕組みが必要である。計画の策定課程が透明で開かれており、一般市民でも意見表明の機会が保証されていることが重要である。さらに、主要な公益的組織には計画立案過程を含めて様々な機会に積極的に情報が供給され、意見照会の機会が与えられるべきである。

こうした仕組みを整えることによって、まちづくりNPOなどを組織化することが住民にとっても有利になってくる。そうすることで、利己的ととられかねない個人の意見を超えて、より公共的な意見が民主的に形成されてくる契機が与えられることになる。

「総論賛成・各論反対」が住民参加の抱える普遍的な問題としていつもあげられる。一般論としては認められることも自分の身の回りの問題となると認めがたいという地域エゴを克服するためには、地域エゴ同士が冷静に正面から向き合う場が必要である。

従来の仕組みでは、反対の各論は行政に対して向けられるばかりなので、その結果、防御的な行政と攻撃的な住民団体という構図から抜け出すことができなかった。こうした対立も時には必要だろうが、このような場面では、反対派は自らの主張を展開するばかりで、その主張を実現するためにかかる余分なコストを比較考量する視点や、その主張が他の立場の住民たちに及ぼすかもしれないリスクに配慮する心情はあまり持ち合わせていないことが多い。

そんな余裕はないというのが実状だろうが、現時点では、別の立場に立って公共性を考えるという機会が与えられていないことも原因としてあげられる。公共性は自治体が一手に責任を負っており、反対派はそれに自分の立場からコメントを加えるのみだという構図から逃れられないのである。

こうした事態を克服するためには、行政担当者と向き合うだけでなく、地域の他者と同じテーブルにつき、同等な立場で議論し合う場が必要である。行政もそのような場を用意する必要がある。そうした討議の場を通して、本来の意味での公共性とは何かを問い直すことが求められる。

それでは、そのような場はどうすれば可能なのか。

都市計画の現場に即していうと、それは、計画立案過程、計画検証過程などあらゆる場面での議論が公開され、さらには、議論に参加する場が保証されていることがまずは必要である。

議論の公開とは、単に議論の場を傍聴者に開いたり、議事録を公表する

ことにとどまらず，議論の中に参加者・傍聴者からの意見発表の場を設けたり，意見照会の機会を設定することが含まれなければならない。都市計画のように税金をもとに計画が実施される事業に関しては，住民は意見を発表する場を納税者の権利として持っているはずである。

従来，こうした意見聴取は住民説明会の開催や意見書の受付け，さらには行政不服の申立て，住民監査請求などの行政の手続きもしくは法手続きの中で行われてきた。確かに民意を汲み取る仕組みがないわけではない。しかし，現実に行われている住民説明会は計画決定の直前の段階で実施されており，説明会で異論があったとしてもそれを計画変更につなげる余地は時間的にも手続き的にもほとんどなかった。住民にも計画原案を明示したというアリバイをつくるために実施されてきたといわれても仕方がない代物である。

住民説明会の参加者は，直接利害が及ぶ場合は別であるが，一般的な計画の場合にはごくわずかだというのが通り相場である。これは住民が関心を持っていないからなのではなく，関心を持っていたとしても自分の意見が活かされると感じられないから関心を失っていった結果だと見なすべきだろう。

意見書にしても，仮に行政組織に受領されたとしても，その意見書がどのように実際の施策に反映されるのか，あるいは反映されないのかについては，実に不透明だった。これでは意見書を提出する意欲も萎えてしまうというものである。

計画立案の議論への参加と公開を進めることによって，多様な立場の意見が計画へ反映される契機が生まれるというだけでなく，意見を言う側にも公共性を考えるという指向が生まれることになる。

地域エゴをそのまま繰り返し主張していてもなかなか聞き届けてもらえるものではない。いかに自分たちの主張が公共性を有していて，中立の立場の人にも重要なのかを示さなければならない。地域エゴの論理を地域の公共性を背景とした論理へと高める努力と，そのプロセスの制度化が図られる必要がある。こうした過程を通じて「公共」とは何かという公共哲学の議論が深まり，民間非営利組織が成長していくことになる。

また，地域エゴと別の地域エゴとの衝突の中で，水掛け論を超えた新しい提案が生まれる可能性がある。全員賛成はほとんど不可能であるとしても，大多数のものが納得せざるを得ない論理というものが生まれてくるかもしれない。これこそ討議デモクラシーではないだろうか。

(3) 参加を支援する仕組みの整備

以上のようなことが機能するためには，都市計画のすべてのステークホ

ルダーが合理的かつ建設的に諸事項を判断できるようにするための支援の仕組みが整備されなければならない。例えば，戦略的アセスメントが義務づけられることによって，専門家だけでなく多くのステークホルダーが計画を科学的かつ客観的に評価することが可能となる。また，計画立案の際に義務的考慮要素として環境や景観などが明確に位置づけられることによって，問題点の所在もおのずから明らかになっていくだろう。

とりわけ周辺環境に決定的かつ不可逆的な変化をもたらしかねない大規模な土地の現状改変行為は，より詳細にチェックされる必要があるだろう。チェックに際しては，土地利用規制の規定値を周辺調和型に変更するといった柔軟な対応も必要になってくる。こうした仕組みはまさしく，その土地に固有のものであり，国家がメニューで提示できるものではない。ボトムアップによる個性的な都市計画規制の積み上げがあるべきだ。

例えば，地域によって気候風土が異なるのであるから，建築物の規制の基準も異なっていてよいのではないか。東北の豪雪地帯と亜熱帯の沖縄で同じ建築基準が適用される必要はないのではないか。全国一律の建築基準法がそれでも必要だというならば，それは法律第1条がいうように「建築に関する最低限の基準」に文字通りとどめておいて，それを超えた規制は地方分権の中でつくられる建築条例に任せるべきだろう。

さらにその上部に，地域に愛されている風景や眺望を守るための規制が上乗せされることになる。それらの規制は，当然のことながら，各地の自治体によって異なる。これこそ2004年に成立した景観法の論理である。すなわち，景観法では地方公共団体が「その区域の自然的社会的諸条件に応じた施策」（第4条）を立案・実施することがうたわれており，地域の固有性を尊重した施策であるべきことが明示されている。そしてそれらを推進するのも主体としての景観行政団体なのであり，国が景観上の規範を上から押しつけるものではない。

こうしたスタンスは，まさしく都市計画におけるパラダイムの変革である。

また，硬直的な都市計画審議会のシステムを変革していく必要がある。あらかじめ結論が用意されているような審議会の運営は変革されなければならない。審議会での討議によって新しい都市計画のルールが生まれてくるような，そうした運営を可能にするための制度改革こそ望まれる。

そのためには，環境や景観，土地利用のうえでの周辺との調和を専門的に判断する部会が必要だろう。各種の都市計画決定とこれらの部会とを連動させ，さらに，そこでの決定の積み重ねが都市全体の用途地域指定を規定していくような議論の進め方が必要となってくる。

(4) 規制力強化の原則

　決定した計画を遵守させるための規制力の強化が必要である。さもなければ，これまでの議論は文字通り絵に描いた餅になってしまう。既得権的な容積率や土地利用に踏み込んで臨機応変に協議を行っていくためにも，強い規制力が背景になければならない。現況の環境資産を保全することを前提とした規制と強い規制力をベースに様々な交渉が進められるとすると，より創造的な都市像が描けることにもつながるだろう。

　これまでの都市計画は既得権益に踏み込むのを恐れるあまり，誰も不満を持たないくらいに緩い規制しかかけられないという事態に甘んじてきた。そのかわり，そうした甘い規制であるからその適用にあたっては例外を認めず厳格に運用するということでバランスを保とうとしてきた。「緩くて堅い」といわれる都市計画システムを作り上げてきたのである[3]。

　こうした規制のあり方が可能であったのは，一つには人口増大型社会があった。つまり，既成市街地内部の詳細な規制に関わり合うことよりも，都市の外延部に広がりつつある問題を抱えた新開発地を一定程度の環境条件の下に押さえ込むことの方が緊急を要する課題であり，そのための最大公約数的な規制を実施することが，とりあえず可能な施策であった。100点満点は取れなくとも，60点から70点の合格点を取ろうとしたのが日本の都市計画のこれまでの姿であった。

　しかし，こうした態勢は人口減少化の社会では通用しないことは明らかである。市街地の外延的拡大が見込まれないこれからの時代の都市計画は，既成市街地内部を改善していくことが中心とならざるを得ない。そこでは，より詳細な都市計画コントロールが実現されなければ意味がないのである。

　もちろん，都市はそれぞれに固有なのだから状況に応じて臨機応変に規制の中身を変えていける柔軟さも同時に要求されることになる。「緩くて堅い」都市計画から「厳しくて柔軟な」都市計画への転換が求められているのだ。

　「厳しくて柔軟な」都市計画を実現していくためには，地域の実情に精通し，さらには現状変更の具体的な状況をリアルタイムで把握している必要がある。地域ごとに異なる規制内容を課すといった細かな芸当をやるためには，それ相応のマンパワーが要請されることになる。小さな政府を目指していかざるを得ないこれからの社会で，このようなことを可能とするには，地域のモニタリングのために，地域自身の協力が不可欠となるだろう。住環境の監視をすべて行政に任せるのではなく，地域社会が自らの手で，地域情報の収集システムを作り上げ，あるいはNPOなどへの委託を通

して実施していく態勢を，官民協働のもとに組み立てることが必要となる。

また，チェック機構を有効に働かせるためには，規制内容がわかりやすいものでなければならない。例えば，建築物の形態規制であれば，容積率や条件付きの道路斜線よりも，絶対高さや壁面の後退距離の方がわかりやすい。密度規制や斜線制限自体を否定するわけではないが，万人がチェックできる明快でわかりやすい規制がまずは基本にあるべきだろう。そうでなければ一般の地域住民自身による自己申告や相互監視のシステムは機能しない。

誤解しないでいただきたいのは，都市計画が「柔軟」であることは，決して都市計画規制が「緩い」ことではないということである。ところが今日の都市計画制度の改正の方向を見ていると，都市計画決定および開発申請手続きの時間短縮や開発事業者を優先した制度への偏向が目立ち，さらには規制の透明性の拡大の名のもとに個別協議のうえに成立してきた総合設計制度の一般ルール化など画一的な規制緩和が進められており，「緩くて柔軟な」都市計画への転向という性格が強いといわざるを得ない。「柔軟な」協議は「厳しい」都市計画規制が前提となって初めて成立するという基本を忘れてはならない。

(5) ゾーニングの問題点

さらに，既往の密度規制の値を現状に合わせて厳格化していく，いわゆるダウンゾーニングを実施する必要がある。現状を反映した容積率と高さ規制を基礎的な許容値として措定し，やむを得ずこの値を超える必要がある場合には別途，協議の余地を残しておくような，「厳しくて柔軟な」ルールが確立される必要がある。

ただし，ダウンゾーニングは一朝一夕で実行できるわけではないので，いくつかの段階的措置が必要になるだろう。例えば，高密度の容積が認められている地区においても，200％程度の密度までをいわば生存権的容積として無条件に認める代わりに，それを超えた許容容積率は，周辺の都市環境の整備状況に合わせて協議のなかで認めていくといった誘導容積制度をとることが考えられる。これを敷地規模のコントロールと連動させる必要がある。

また，現行の商業系の用途地域指定は，容積率が400％を中心にかけられており，とりわけ地方都市においては中心部に現実からかけ離れた高密度が割り当てられていることが多い。そのうえ，商業系の土地利用には日影規制が適用されないなど，商業地に居住することはそもそも前提とされていないといえるが，こうした前提は，大都市はともかく，商住併用の建物が主流を占める地方中小都市の中心部にまったくあてはまらないのは誰

の目にも明らかである。

　さらにいうと，現在の日本の都市計画が前提としているゾーニングのシステムは，いわゆるユークリッド・ゾーニングと呼ばれる累積的ゾーニング（cumulative zoning）を採用しているが，この有効性そのものに疑問符が投げかけられている。

　累積的ゾーニングとは，ゾーニングの基本に住宅を置き，住宅が建つ場所として望ましくないものを次々に排除していく形のゾーニングのことをいう。住宅という純粋な用途に，次々と他の許容できる土地利用を蓄積していく形でゾーニングが組み立てられているところからこう呼ばれる。

　こうした形態は，確かに人口増大社会で戸建ての住宅地のような環境を守るといった目的にはうまく機能してきたといえるが，逆に高層マンションなどの住宅様式は商業地や工業地にも自由に建設できることになってしまう。大都市の都心部や工業跡地で問題となっている工住混合や商住混合を防ぐ，もしくは一定割合の用途混合を誘導していくといったことに対しては累積的ゾーニングは不向きなのである。

　また，累積的ゾーニングは住居系用途を中心に組み立てられているため，それ以外の工業系や商業系の土地利用を精密にコントロールするのには適していないということがあげられる。例えば，商業施設は必ずしも商業系の用途地域のところでなくとも立地することが可能となっている。これがかつての工業地帯や郊外に大型商業施設が立地することを可能とし，中心市街地の商業活動の衰退を招いたことは周知の事実となっている。商業やオフィスの立地に焦点を当てた，より詳細かつ厳格な土地利用規制が望まれるゆえんである。

　2006年の都市計画法の改正案によって，郊外部での大規模商業施設の規制が全国一律において行われることになった。ようやくこうした路線での制度設計の変更に手がつけられることになったが，今後，より一層の抜本的変革が求められるところである。

(6)　資産評価システムの改善

　良好な景観や居住環境，オフィス環境を正当に資産として評価するような資産価値評価システムの改善が望まれる。

　例えば，不動産鑑定の世界には「建付減価」という概念がある。土地が最も有効利用できる状態になく，建物等の除去のためにかかる費用を買い手が負担する場合の減価のことである。これがいきすぎると，えてして土地に建物や樹木が付随していると，土地の資産評価が減ぜられるということになりかねない。こうした更地絶対主義的な傾向を克服しなければならない。

確かに，更地には付随するものがない分，開発の広い可能性がある。建設方法も制約されることがない。しかし，これも開発の規模と可能性が無限定に大きければそれが善であるとされてきた人口増大社会の遺物といえる。人口減少社会では，開発の量よりも質の方が重視されることになる。歴史的な建造物や見事な樹木がその土地に付随しているならば，これを活かす計画を立てることの方が価値が高くなるのは当然である。土地の状況によって「建付増価」とでもいえるようなことが自動的に評価される仕組みを定着させなければならないのではないだろうか。そうした時代へ向けた新しい不動産鑑定の仕組みが必要なのである。

　これからの時代の資産評価は，周辺環境をより積極的に取り上げるものになっていかなければならない。美しい風景が実現している場所やすばらしい眺望を得ることのできる場所が高い資産的評価を受けることになる。

　ただし，だからといって超高層ビルを建てれば良好な眺望景観が得られるからいいという単純なものでもない。超高層ビルは，それ自体が周辺環境に大きな負荷を与えている場合が少なくないのである。さらに将来の建替え時の困難を考えると，超高層ビルを手放しに称揚するわけにはいかない。自分の土地から得られる最大限の便益だけでなく，周辺環境との総和としてどのような環境の質を長時間にわたって維持することが可能なのかが都市計画によって示されて，そのもとで良好な景観と環境を競う「質」の面での開発競争が行われなければならない。

　こうしたことが実現するためにも，その前提として土地の保有コストを上げ，流通コストを下げるような税制の改革が必要である。将来の値上がり期待で土地が死蔵されていたり，貴重な歴史的建造物が無為に空き家のまま放置されているのは，土地の保有コストがあまりにも低いため，有効な活用がなされるというインセンティブが生まれないからである。

　ただし，こうした土地が有効に活かされるということは，更地になって高層化されるということを意味するわけではないのはいうまでもない。地域になじんだ有効利用という道を探ることも同時になされなければならないのである。

　健全な流動性に支えられた不動産市場が形成されなければならない。そして，最終的には，生み出されている風景の美しさや歴史的意味合いの深さが環境の総合指標としてその土地の価値を決めていくような評価システムが確立されなければならない。欧米の事情を見る限り，日本においてもそれほど遠くない将来にこのような価値観を持った社会が到来することは確実である。そのときのインフラとして，こうした資産価値評価システムが必要である。

中心市街地の再生戦略──市街地再生へ向けたロードマップを

　都市環境の再生にとって最も重要でかつ緊急の課題は，都心の再生であろう。現在，全国各地の中小都市で都心の溶解とでもいえる憂うべき事態が進行中である。かつて繁華を誇った都心のアーケード街は今ではシャッター街と化してしまい，郊外のロードサイドショップやショッピングセンターに圧倒されてしまった。一方でまだ力のある大都市では，地価の下落に伴って都心が高層マンションの適地と化し，都心への人口回帰は進むものの，それがまた新たな景観破壊や住環境の悪化をもたらす原因ともなっている。

　中心市街地再生のロードマップを明らかにしなければ，この国の都市に将来はないことになってしまう。いくつかの大都市と特色のある中小都市を除いて，この国には都市というものがなくなってしまうかもしれないという事態に我々は直面しているのである。問われているのは，それでも「都市は要る」[4]と断言できる論理と，都心地域の再生へ向けた手法とプロセスを具体的に明らかにすることである。

（1）郊外化の阻止

　そのためには第一に，これ以上の郊外化を阻止しなければならない[5]。大きな方向としてコンパクトシティを目指すことを，これからの都市経営の方針とすることを官民で合意しなければならない。とりわけ大規模な商業施設の立地に関しては，まず旧来の都心を優先し，それが不可能な場合には都心近接地，さらにそれが無理な場合には規模を限定して郊外の適地を探すといった補完性の原則を確立する必要がある。

　そもそも，それぞれの都市において総量としてどの程度の商業床があることが適正なのかを適切に判断して，商業床の新規開発総量を一定限度に抑え，商業施設の競争を進出床の総量という量の競争から，魅力ある商業施設の開発という質の競争へと移行させる必要がある。市場に任せて，現況と比較してあまりにも過大な商業床の開発を安易に許容すべきではない。こうした開発が規制緩和の名のもとにまかり通るならば，収益の少ない既存の郊外型商業施設を迅速に撤退させることも市場の正義であるということになってしまう。これで迷惑するのは，使い物にならなくなった大規模商業施設跡地の後始末を引き受けなければならない地元だけである。これが規制緩和の正義だというのだろうか。

　郊外のバイパス沿いの商業施設に関しても，集積の方法や許容すべき土地利用の範囲，敷地内の建物配置や駐車場のデザイン，屋外広告物の掲出等のルールをあらかじめ規定するといった計画立案を，道路計画の前提条件にすべきである。

そもそも，大規模な商業施設が用途地域において商業地域に指定されていないところに立地できるという現状が間違っている。2006年5月に可決成立された都市計画法の改正による1万m²超の大型商業施設の全国的な立地規制は，遅きに失したとはいえ，市計画法の改正案はこうした方向性を盛り込んでおり，これを第一歩として規制強化を進め，累積型ゾーニングの欠点を埋めるべきである。

また，バイパスを建設することは通過交通を排除するためであって，沿道土地利用を促進するためではないことをもう一度確認すべきである。すなわち，バイパス沿いの大規模な沿道土地利用を厳格に規制すべきである。

こうした郊外での商業開発は，自治体にとっては雇用の創出や税収の確保にとって好都合なだけでなく，消費者にも喜ばれ，土地所有者も土地の高度利用を望んでいるという四重の抗いがたい魅力を発散させている。カンフル剤的な効果を有するこうした郊外開発に冷静に対処できる為政者は少ないだろう。だからこそ長期的な視野で，将来の地域のあり方を具体的な空間像をもとに描いた都市の計画が必要なのである。オーバーストアの現状にいち早く気づき，商業の長期的展望に立って，短期的な麻薬的魅力に冷静に立ち向かうべきである。貴重な郊外地を近視眼的な欲求で食いつぶしてはならない。

また現状では，冷静に対処したとしても，隣町に開発拠点が移るだけであって，地元の商業環境や開発事情が好転するわけではない。より広域での総合的な土地利用施策が実施されない限り，自治体単独での対処は困難であるというのが実状である。広域的な調整を行う実効性のある土地利用計画の確立が急務である。都市計画法をはじめとするいわゆるまちづくり三法の改正が，この面においても実効性を発揮することを期待したい。

当面は，都市計画区域外や都市計画区域内の白地地区，市街化調整区域内など，基本的に市街化を前提としていない計画地に関しては，特別な場合を除いて市街地の外延化を阻止するような緊急措置が望まれる。現況では特定用途制限地域などの指定が想定できるが，こうした地域指定は付加的に選択できるメニューであるというのではなく，逆に一般的に広く適用すべきであって，逆に土地利用の変更を認める場合は例外的に認定などによって扱うように方針を転換すべきであろう。

一方で，郊外住宅地の今後を考えることも忘れてはならない。都心の魅力が高まっていくと，相対的に郊外部の住宅地の魅力が低下していくからである。地方都市においては，すでにこうした問題が表面化し始めている。郊外住宅団地の再生や農地と宅地とが混在しているような都市フリン

ジ部の将来像の再設定が，重要な課題として浮上してきている。現在日本には約300万戸の公的賃貸住宅が存在しているが，その大半は団地型のハウジングであり，今日，更新期を迎えつつある。その望ましい再生のあり方を考えることを始めとして，一般的に郊外部における余裕のある住環境水準の再設定とその達成を検討しなければならない。

(2) 都心商業地域の魅力再生

こうした一層の郊外化の阻止と並んで，第二に，都心の商業地域の魅力を再生させる必要がある。

もちろん物流や商業慣行が激変し，交通体系や都市の構造が過去とは変わってしまった今日において，昔日と同様な賑わいをかつての目抜き通りに求めるのは不可能だろう。しかし，都心とその周辺には高齢化したとはいえ，人がまったく住んでいないわけではないので，こうした居住層にターゲットをあてた商業戦略は可能性がないわけではない。それは，交通弱者に対する福祉的な施策にも通じることになる。歩いて暮らせるまちづくりが重要な施策課題としてクローズアップされてきた今日，都心部の目抜き通りはその最大の舞台となり得る。

どんなに疲弊した商店街であっても，すべての店が経営困難に陥ってしまっているわけではない。なじみの床屋や美容室，いきつけのクリーニング店や居酒屋，ある程度の規模の生鮮食料品店や雑貨店，落ち着いたコーヒーショップ，おいしいパン屋やケーキ工房，たこ焼き屋やお好み焼き屋が身近にないだろうか。きめ細かなサービスで顧客のニーズをつかんでいる店はほかにもあるだろう。経営の規模拡大に執着することなく，細く長く，良いものや良いサービスを提供してきたこうした商店の今でも元気な姿を見てみると，そこから学べることも少なくないはずである。今日の中心商店街の衰勢には旧態依然たる個店の商店主の怠慢も見過ごせないが，自助努力によって業績を伸ばしている商店の知恵と工夫にも学ぶべきである。

中規模以上の都市や個性のある小都市ならば，近隣の商圏のみに依存した商業戦略以外の活路も見出せるだろう。そこでしかないものを提供し，より広い顧客層を開拓するような都心商業のあり方である。例えば，賃料の安い裏通りに目をやると，新しいショップの動きが見られるかもしれない。関心やセンスの同じ仲間がつながっていられるような居場所を創り出したいという若者たちの素朴なニーズが，外観は質素だけれどユニークな商品を並べた，インテリアに気持ちの入ったおもしろい店を作り出していないだろうか。大きな売上げを目指すよりも，信頼できるネットワークを広げたいという新しいショップの動きは都心の魅力再生に一つの手がかり

を与えてくれる。

　これまでに投下されてきた道路網や上下水道などの都心基盤整備のための公共投資を無駄にしないためにも，都心部の再生は必要である。郊外部に新規に基盤整備のための投資をするという二重投資を避けるためにも，都心部の再生が必要なのである。持続可能なコンパクトな都市を目指すという21世紀の課題に対しても，旧来の都心を再生させる視点が有効である。

(3)　公共交通機関の強化

　さらなる郊外化を阻止し，都心の魅力アップを目論んだとしても，都心へアプローチすることが困難であるとするならば，すべては元の木阿弥になってしまう。都市内のモビリティをいかにして確保するかが次なる課題である。

　問題はただ一点，自動車に頼らない都市を作り上げることができるかにかかっている。自動車を使わなくても済むような都市構造を実現することができるかという問題と並んで，自動車の代替となり得る公共交通機関を再生することができるかという問題を解かなければならないのである。

　そのためには人口減少社会に適合した，交通政策の大転換が必要である。従来のように道路行政と公共交通行政とが分離しているような状況は一刻も早く改善されなければならない。具体的には，国税の揮発油税や自動車重量税，地方税の軽油取引税や自動車取得税などを中心にして年間約6兆円にのぼる道路特定財源の使途を，道路の建設にとどまらず，都市交通の一般的な改善に向けて広げる必要がある。

　道路整備を進めるために特定の財源を確保するという考え方は1953年にまでさかのぼるが，1958年に制定された道路整備緊急措置法のもとで設置された道路整備特別会計は，まさしく人口増大社会において緊急に整備を要する道路のための「緊急措置」をうたったものであり，都市化社会の申し子であった。同法によって道路建設の財源が国庫の一般会計とは別に作り上げられ，部外者から口を差し挟まれることなく道路建設を自己の論理のみで継続する仕組みが生まれたのである。人口減少が始まる今の時代に同法の命脈はついえたといえる。都市環境の再生ための総合的な交通管理に関する新たな仕組みが作られる必要がある。

　道路特定財源の見直し議論は2005年9月以降，本格的論議が開始されたところであり，今後の情勢は予断を許さないが，少なくとも暫定税率をかけた財源の使途は，都市の公共交通機関を支援することを中心にすべきである。現状のように，一方では道路特定財源によって道路建設を際限なく続け，他方ではバスを中心とした公共交通機関の経営に独立採算を強いるとすると，都市に自動車があふれ，それ以外の交通機関の選択肢がやせ細

写真3-3 富山市に導入されたLRT，ポートラム。JR富山港線7.6kmが2006年2月に廃止され，同年4月富山ライトレールとして甦った。運行本数をかつての3.5倍，日中は15分間隔とし，利用者は従来の約2倍，初年度から運営は黒字となっている。モダンなデザインの車両や停留所も人気だ。

っていくのは火を見るより明らかである。

　現行の道路建設偏重の交通政策は，道路建設の中期計画や五カ年計画などという自らが定めた行政計画にのっとって，議会によるチェックを受けることもなく進められる仕組みになっている。対照的に公共交通には道路特定財源はわずかな例外を除いて注入されない。このため結果的に自動車を過剰に優遇した偏重施策となっており，公共交通機関は利用者が少なくなるので，赤字になり，赤字なのでサービスが縮小され，それがさらに交通機関の不便さを助長することになって，利用者が減るという悪循環を起こしている。

　各地でワンコインバスの実験が進み，それなりの成果を上げている背景には，こうした運賃の面でもルートやその他のサービスの面でも細部に心配りの行き届いたこうした公共交通機関ならば利用したいという根強いニーズが隠れている。現在の制度は，こうした可能性の芽をもつみとってしまっているのだ。ゾーン別の一律運賃の適用やバスと地下鉄や鉄道など複数の交通機関の運賃が統合されるならば，乗り継ぎコストが省かれ，より効率的な交通サービスが実現するはずである。

　公共交通機関の運賃を政策的に引き下げることは，公共交通機関の利用者を増加させ，その結果，都心部の活性化につながり，巡り巡って都市の税収の増大につながることになるだろう。こうした施策は欧米の多くの都市ですでに実施されている。これこそ，目指すべき都市再生のシナリオではないか。道路の混雑が減ることはドライバーにとっても好都合であるはずだ。

　こうした事業に道路特定財源を投入することは公共性にかなっている。公共交通機関が衰退して，すべての生活者が自動車に頼らなければならなくなったとしたら，道路の混雑も緩和されず，道路改良の要求も衰えることなく続くだろう。そのために道路建設を今後も続けなければならないとしたら，不要な出費がよけいにかさむことになる。公共交通機関への投資は有利な都市再生施策なのである。

　もちろん，公共事業に依存しているような地方経済やその基盤のもとにある地方政治が変革されることが前提である。あるいは，こうした土建国家的体制を是正することが都市環境再生の最大のターゲットであるといえ

るかもしれない。

(4) 都市型住宅のプロトタイプ確立へ

　大都市や地方中核都市の都心地区に進出し始めた高層・超高層マンションについても対処が必要である。首都圏における超高層マンションの建設ラッシュはここのところ，年間30棟を超えるハイピッチを維持している。

　これらのマンションは環境条件や眺望などをすべて周囲に頼ったものであり，周辺環境の維持の面でも将来の持続可能性の面でも問題を抱えたしろものである。

　例えば，将来起きると見込まれる大地震時に停電が長引いたりすると，いかに非常時の自家発電が可能だとはいえそれも限りがあり，階段の上り下りから，給水，トイレの水の始末まで，超高層マンションは瞬く間に日常生活が不能になってしまう。仮に停電からの復旧は迅速に対応できたとしても，水道やガスの復旧は遅れることが見込まれる。また，余震の恐怖から超高層に速やかに戻ることをためらう人は多いだろう。

　また，超高層マンションの足もと周りは，一見心地よいオープンスペースがデザインされているように見えるが，見守っているのは監視カメラだけであり，暖かいコミュニティの眼は期待できない。防犯上も管理上も問題が少なくない。

　そのうえ，こうした超高層マンションでは，円滑な建物更新ができないのではないかという大きな懸念がある。膨大な数の権利者の意向を調整し，建替えをスムースに実行することは非常に困難だろう。これらの住戸は民間の市場で売買されるに任せられることになり，近い将来，大規模マンションのスラムが生まれることすら懸念される。

　一方，都心での商業活動の退潮傾向がこうした高層マンションブームを招来する契機となっているという面もある。商業系の用途地域に住宅が建つことを容認している現行のゾーニング制度の問題点については前述したが，問題はゾーニングに限ったものではない。

　連続した商店街にこうした高層マンションが挿入されることによって，物理的に商店街が分断されることになる。マンション建設が避けられない場合でも，少なくとも地上階は商店として，左右の商店街の連続性を遮らないような配慮が必要である。あらかじめ下層部分の土地利用と容積率を上層部分と異なって設定し，周辺環境との調和を図るような詳細ゾーニングを設定するといった工夫が必要だろう。

　現実に京都では，都心部にマンションが進出してくるのに対処するため，職住共存特別用途地区を設定して，立体的な土地利用と形態規制を合成したような規制を実施している（**図3-5**）このような詳細規制こそ，先にあ

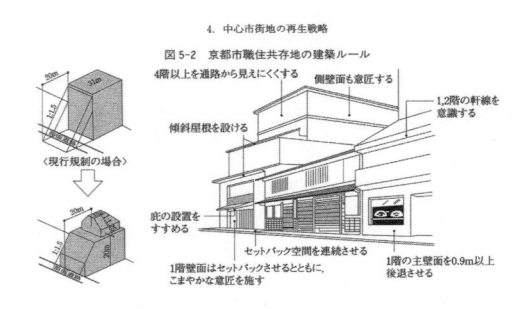

図3-5　京都市職住共存地の建築ルール（出典：京都市パンフレット）

げた望ましい規制強化のよい実例である[6]。

　高層・超高層マンションを巡る問題が全国各地で起こっているという現実の背景に，日本の用途地域制度が寛大すぎることと並んで，高層マンション以外の都市内での集合住宅のあり方，とりわけ中層高密の住宅群の住み方のプロトタイプを私たち自身が確立しきれていないという問題点をあげることができる。少し前の公団住宅に典型的に見られた無味乾燥な板状住宅の平行配置ではない，はたまた足もとが淋しい近年のタワー型超高層マンションでもない，都市型の住宅のプロトタイプを我々は早急に構築しなければならないのである。

　かつて近世の日本には町家という優れた都市型住宅のプロトタイプが存在した。今日，これに匹敵する中低層の都市型住宅のスタイルを，高層マンションが建つような都市内の比較的規模の大きな土地でこそ，提案していかなければならないのである。京都市の職住共存特別用途地区が想定している商住併用型の中層建物は，こうした都市型住宅の現代的な解の一つといえよう。

(5)　文化情報の発信基地化

　ここまでのいわば受動的・対症療法的な都心防衛策だけでなく，積極的に都心の魅力を再構築する視点も同様に重要である。都心はこれまでの商品流通・消費の場という役割から，文化の流通・消費の場として，再生させていけるのではないだろうか。

　都心をモノの集散地と見なすのではなく，情報の集散地としての価値を見直すのである。考えてみても，よその都市へツーリストとして訪れたとして，誰が郊外を観光したいと思うだろうか。その都市の対外的な観光資産は都心周辺に集中しているものであり，その都市のイメージを決定づける情報を発信しているのは都心以外の何ものでもない。都市のイメージ戦

略として都心は決定的に重要な役割を担っている。そしてそこに込められたメッセージの多くは文化的なものである。

　いずれの都市においても，都心に立地するデパートや専門店が消費文化の最先端を形成してきた。また，都心に残された重厚な近代洋風建築がいかに都市の歴史と文化の蓄積を体現してきたかは，例えば大阪の中之島を考えればよく実感できる。そこに先鋭的な現代建築が加わり，新しい文化の風を感じさせてくれる。

　都心に文化の香りをもたらすのは，こうした大規模な建築群ばかりではない。洒落た横丁やファッショナブルな大通り，そこに構える小粋なレストラン，おいしい和菓子屋さんやユニークな専門店，一等地のオフィス街とそこで働くエリートたちをターゲットしたカフェやランチの店，若者たちがたむろする小さなスペシャリティ・ショップ，若者もおじさんたちも喜ぶ屋台村，昔からの社寺や由緒のある勝地などは，都心やその周辺に集まっていることが多いはずだ。

　文化は他者のまなざしなしでは育っていきにくい。都心という舞台でこそ，こうした文化は発生し，生きながらえることができるのだ。都心を文化情報の発信基地として再生させることが重要な都市再生戦略となり得るのである。東京の原宿や渋谷に日本のみならずアジアの多くの若者が集まってくるのも，回遊性のある町全体が発散する文化情報を生身で感じたいからなのだ。

(6) 個性を活かした景観整備

　都心が文化の流通と消費，さらには文化発信の場となるためには，都心を中心に都市全体が外見的にも美しく，魅力を発散させるものでなければならない。都市の景観整備は単なる都市のお化粧なのではなく，都市の総合的な魅力を端的に表現するためのバロメータの整備なのである。

　例えば，東京丸の内がいかに首都のオフィス街の水準を示しているか，定禅寺通りや青葉通りの見事なケヤキ並木がいかに仙台の杜の都としてのイメージを決定づけているか，信濃川にかかる万代橋とそこからの風景がいかに新潟の景色を決定づけているか考えてみるとわかりやすい。

　そうした特別の例ばかりではない。駅前通りを都市の顔としてすっきりと見せるような街路整備，ゆったりとした緑を大切にした無剪定や自然仕立てにすることで並木を軸にした町並みを生み出すことはどこの都市でも多かれ少なかれやられている。

　大都市ばかりではない。例えば，函館の基坂や二十間坂，大三坂，角館の武家屋敷群，栃木の蔵のある表通り，佐倉の小野川ぞいの町家群，倉吉の玉川沿いの土蔵群，木曾妻籠の宿場町の風景，高山や古川の飛騨の匠の

町並み，金沢の東の茶屋街の木造建築群，倉敷の倉敷河畔，川越の時の鐘周辺（**写真3-4**），沖縄竹富島の漆喰赤瓦の集落風景などの歴史的な町並みがいかに都市のシンボルとしての役割をうまく果たしているかを考えてみると，中小都市であっても歴史や文化をもとに強力なイメージ発信が可能なことが実感できる。

写真3-4 埼玉県川越市の蔵造りの町並みに建つ時の鐘とその周辺。重要伝統的建造物群保存地区の風景が都市としての川越のイメージを先導している。

歴史や文化をキーワードとしなくとも，豊かな自然や眺望をまち自慢にしているところは数多い。日本は四方を海に取り囲まれているので，美しい渚や海岸線を都市の目玉にすることは比較的容易である。さらに日本は山がちな国なので，どこの町からも郷土自慢の山や慣れ親しんだ里山が見える。弘前から望む岩木山や盛岡の背景としての岩手山から，ふもとから遠望する月山の崇高な姿，北関東の平野にそびえる筑波山，富士山と麓の富士吉田や富士宮，裾野などの都市群，富山に迫る立山連峰，白山と周辺の諸都市との関係，あおぎ見る大山のどっしりとした山容，熊本で体感する阿蘇山，鹿児島から見る錦江湾の向こうの桜島の噴火まで，日本には都市と山とが切っても切れない関係にある例には事欠かない。が，これらの山の眺望を大切にしながら都市づくりを行っているかによって対応に差がでてくるだろう。魅力的な風景を大切にしている都市こそ，今後多くの人が住みたくなる都市のはずである。

また，縁辺部では自然環境の再生に向けた新しいかたちでの公共事業の導入も必要になってくる。例えば，海岸線に醜く積み重ねられた消波ブロックやコンクリートむき出しののり面の仕上げなど，急激な近代化の負の遺産ともいえる土木工事の後を始末していくことも必要である。ただし，これが新たな公共事業依存に陥らないような細心の注意をしなければならない。

(7) 地域コミュニティを重視した再生型のまちづくり

都心地域の再生とは，単に商業の活性化やコンパクトシティの実現など物理的経済的な問題にとどまらない。すでに述べたとおり，計画の立案過程に一般市民や企業市民が参画できる仕組みを組み込み，自分たちの町の将来を自分たちで決めることができるようにする必要がある。清掃や美化，諸施設の維持管理や将来計画の進捗状況をチェックする進行管理制度への参画など，地域の管理の問題でも，地域住民や一般市民，さらには企業市民が果たすことのできる役割は少なくない。行政側も，地域自治が進むよ

うに地域施設の管理の一部を地元組織へ事業委託したり，地方税の一定割合が各地域やそこでの活動に還元されるような仕組みを試行したりすることによって地域コミュニティの強化を図ることも可能となっていくだろう。

現に千葉県市川市では，2005年度に導入した市民が選ぶ市民活動団体支援制度によって，申請した市民の住民税納税額の1%までを公益的事業を行う団体に支援金として公布する制度をスタートさせている。2005年度にこの制度の利用を申請した市民は約6,000人で，総額1,300万円が，公益的活動を行っている市民団体として認められた81団体に回されることになった。この制度が広く受け入れられるかどうかはこれからにかかっているが，ごくわずかな額であるとはいえ，自ら関与または応援している活動に自分の家計の市民税の一部を回せるとすると，税金に対する見方が変わってくるのは間違いないだろう。また，活動費の補助を受けるうえでメリットがあるため，地域で活動団体を立ち上げることが促進されるという効果も期待できる。このように，地域のお金の循環の中で税の問題を考えることができるようになってきつつあるのだ[7]。

アメリカで1980年代以降広まっているビジネス改善地区BIDのように，課税権を有する団体が都心部を中心とした地区の環境管理の権限を持って，関係企業をまきこんで活動を進めている例など，地域の魅力を保持し，高めるために地域関係者自らが組織を作って動き出すエリア・マネジメントと呼ばれる例は世界的にも増えてきている。国内でも東京大手町・丸の内・有楽町地区のNPO法人大丸有エリアマネジメント協会（2002年設立）や汐留地区の中間法人汐留シオサイト・タウンマネジメント（2002年設立）などのほか，各地のまちづくり協議会などによってタウンマネジメントが実質的に担われている例も少なくない[8]。

こうした動向は，単に権限を地方自治体から各地元に下ろして小さな政府を目指しているというだけではなく，地元に地域を担う新たな人材を育て，発掘することにつながる。都心再生はまちづくりによるひとづくりという側面を併せ持つ必要がある。このことを通して旧来型の自治会や町内会とは異なった，事業を担うことができる新しいかたちの地域型組織が生まれてくる。このような新しい地域型組織は，高齢化が進む都心地域では日常生活の支援の面でも防災の面でも大きな役割を果たすことが望まれる。都心地域の再生とは地域型組織の再生問題でもある。

注
(1) 本章の多くは「環境再生政策研究会」（代表：宮本憲一前滋賀大学学長）の中に設けられた都市環境再生部会（主査：塩崎賢明神戸大学教授）の議論によっている。部会メンバーの真摯な議論に謝意を表したい。また，本章の梗概的な骨格部分は，

してすでに発表している。
(2) 討議デモクラシーに関しては，篠原一『市民の政治学——討議デモクラシーとは何か』（岩波新書，2004年），石塚雅明『参加の「場」をデザインする——まちづくりの合意形成・壁への挑戦』（学芸出版社，2004年）などを参照。
(3) 福川裕一『ゾーニングとマスタープラン——アメリカの土地利用計画・規制システム』（学芸出版社，1997年）。
(4) 蓑原敬・今枝忠彦・河合良樹『街は，要る！——中心市街地活性化とは何か』（学芸出版社，2000年）。
(5) 都市郊外部の計画規制の全般的な問題点と施策に関しては，水口俊典『土地利用計画とまちづくり——規制・誘導から計画協議へ』（学芸出版社，1997年）が詳しい。
(6) 京都の職住共存特別用途地区に関しては，青山吉隆編『職住共存の都心再生——創造的規制・誘導を目指す京都の試み』（学芸出版社，2002年）が詳しい。
(7) 岡本博美「税を市民活動に配分する——市川市の納税額1％支援制度」『季刊まちづくり』第9巻（学芸出版社，2006年）所収
(8) エリア・マネジメントに関する近年のまとまった著作として，小林重敬編『エリア・マネジメント——地区組織による計画と管理運営』（学芸出版社，2005年）がある。

（2006年5月）

西村幸夫「都市環境の再生」『環境と公害』第35巻第1号（2005年1月）pp.31-34と

「生きられた空間」と都市再生
――賑わいのある都市空間の創造

賑わいの再生を目指して

　規制緩和に後押しされた再開発によって巨大なタワーを林立させることが都市再生の目的だと考えている人は，そう多くはないのかもしれない。それでは，都市のインフラを充実させ，よりよいストックを形成することが都市再生の目的であるというとすると，どうだろう。反対する人は少ないのではないか。しかし，都市再生とはそれだけのことだろうか。

　良好な都市環境の維持・創造へ向けた努力を行うことは都市再生のための必要条件として確かに重要なことではあるが，それだけで都市再生が十分に達成されるわけではない。都市は人の住む場所なのであるから，住まい手たちが満足して都市環境を享受する場が保持されることも，ハード整備同様不可欠なことである。

　都市住民が満足してくれる都市空間とは，巨大アトリウムのショッピング空間のようなテーマパーク的空間だけではないのはもちろんである。むしろこうしたメガロマニアックな商業空間は，より新奇なもの，より巨大な対抗馬の出現に終生おびえなければならないという宿命を帯びているともいえる。こうした一番乗りや勝ち負けを競う生存競争ではなくて，文化の香りがする賑やかな目抜き通りや息抜きができるちょっとしたポケットパーク，さらには自然が豊かな大オープンスペースなど，都市内の多様な空間を活き活きと復活させるような価値付加型の再生が求められているのだ。

　なかでも多くの人が集う賑わいの場の再生は，旧来の都心商店街がシャッター通りとなり果てつつある今日，緊急性が高い。ショッピングセンター型の租界的な（再）開発で人集めをするのではなく，今ここにある都市空間を多様な視点から再評価して，再び活力を取り戻すべく工夫をすることは，まさしく都市再生というにふさわしい作業である。

　また，賑わいの再生は単にその都市の生活者だけのものではない。魅力的な空間には外からも多くの人がやって来る。そうしたビジターの目を意識することによって，空間はさらに磨かれていくことになる。そのような仕掛けを賑わい再生の中に仕組むことも必要である。

こうした試みの例として、東京都が2003年度実施している「観光まちづくり」の事例を取り上げてみたい。これは上野と臨海副都心というまったく性格を異にする2地区をモデルに、賑わいの構築から都市の再生を考えようという試みである。そして興味深いことに、対象としてあげられた二つの地区はどちらも特徴的なオープンスペースを基調としているのである。

「観光まちづくり」とは

観光まちづくりという用語は生まれて間もないが、地域が主体となって、自然・文化・歴史・産業・人材など、地域のあらゆる資源を活かすことによって、交流を振興し、活力あるまちを実現するための活動であるということができる[1]。まちづくりが観光まで踏み込んだ運動であるという側面があると同時に、観光というソフト戦略がまちづくりにまで拡がってきているという面もある。いずれにしても、観光を単に過去の資源を食いつぶして延命を図る産業と後ろ向きに捉えるのではなく、新しい感覚で賑わいを創造するまちづくりの仕掛けだと捉える視点がここ数年、急速に浸透しつつある。

これまで何もしなくても人が来るという気持ちからか、観光にそれほど熱心でなかった東京都までも、「都市再生への確かな道筋」という副題を持つ『都市づくりビジョン』（2001年10月）において、都市観光を主要施策の柱の一つとしてうたうに至っている[2]。

そして2003年6月、東京都観光まちづくり推進協議会を立ち上げ、上野と臨海を対象にそれぞれ観光まちづくり検討会において、ユーザーを中心に見た、賑わいを軸とした都市再生の議論を始めているのである。都の観光まちづくりの検討対象として、歴史も文化も、居住者像もまったく異なった上野地区と臨海地区とを選んで、今年度のモデル的な検討を始めている。まずは臨海地区から見てみよう。

臨海地区の賑わい戦略

オフィスが建ち並ぶ副都心として当初計画された臨海地区は、その後、紆余曲折を経て、現在では年間3,700万以上の人が訪れる東京の一大観光名所となった感がある。しかし進出企業とその内容を見る限り、それぞれのサプライサイドの思惑で消費者ニーズを想定して個別に開発を試みるという、大型施設の集合体という域を出ていないと批判されても仕方がない。当初計画の大幅変更が根底にあるので、致し方がないともいえるが、とてもユーザー中心に将来像が描かれているとは言い難い。

ところで、臨海地区というといかにも若いカップルのデートスポットと

いう印象を持たれている方が多いと思うが，デックス東京ビーチでの調査によると来訪者で最も多いのは30代で，20代と40代が次に多いという。つまり，家族連れが長時間安心して過ごすことのできるまちとして，お台場周辺が考えられているのだ。

今回，三つのホテルおよび駐車場2カ所でアンケート調査が行われたが，その速報結果を見る限り，上記調査地点では，最も多いのは首都圏在住の20代のカップル，次いで同じく30代のカップルとなっている。もっとも，ファミリー層の多い人気スポットでアンケートを実施したとしたら，もっと年齢層は異なっていたかもしれな

写真3-5　臨海地区（お台場と呼ばれることが多いが，正式には臨海地区は台場・青海・有明の3地区からなっている）のウエストプロムナード（テレコムセンターから北に向かって延びる臨海地区の主要歩行者専用路の一つ）近くのデッキ風景。ここは単なる通路ではなく，新しい都市生活のスタイルを発信する舞台である。

い。交通手段や場所によっても臨海の持つ意味が世代ごとに異なっているのだろう。二人連れは夜景がきれいだということを評価している一方，ファミリー層は子供連れで利用しやすいことをあげている。

しかし共通していえることは，臨海地区がちょっと先の未来をのぞき見ることのできる場として期待を持って見られていることである。もっと先の未来を驚きとともに演出してみせるテーマパークではなくて，近未来の自分たちのライフスタイルを膨らませることができる場面を提供してくれるところとして評価されているようだ。そこでは来訪者は単なる観客であるのではなく，こうした舞台で生活を演じ，登場人物のひとりでもある。

そこから，臨海地区の観光まちづくりの基本コンセプトがまとめられた。曰く，「舞台都市」の実現。舞台裏の充実とともに様々な舞台を提供することによって，新たな余暇やビジネスのあり方を提案し，私たちのライフスタイルを豊かにすることに寄与する，これが臨海地区の観光まちづくりのあり方だろうというコンセンサスが醸成されてきた。

これまで様々な思惑の狭間で翻弄されてきた感のある臨海地区の将来イメージを，臨海の住み手とそこでの働き手，そしてそこに訪れるビジターの舞台という「生きられた空間」として捉え直すことによって，今後臨海地区において実施しなければならない施策の方向もおのずと見えてくる。例えば，ペデストリアン・デッキを単に通行の空間と見なすだけでなく，ここが舞台となるような多彩なアクティビティを保障する仕掛けが課題となる。そうした仕掛けの実現へ向けて，各主体の役割分担も明確になってくる。これも一つの都市再生だろう。

上野地区の賑わい戦略

　上野地区の課題は臨海とはまったく対照的である。歴史と文化は上野のどこに行っても充満している。むしろそれらをどうやってわかりやすく括り，博物館や美術館の集中する上野の山ゾーンだけでなく，周辺のこれまた魅力的な地域と結ぶかという課題である。現状では，JR上野駅の公園口から上野公園にやってきた来訪者の過半数が，目的の展覧会などを見終わったら，またJR上野駅の公園口から帰ってしまうという。地区内外の回遊性の確立が最大の課題なのである。

　上野の山下にはアメ横などの商店街があり，周辺には谷中，湯島，浅草，秋葉原など全国区の見所が目白押しであるにもかかわらず，そこまで足を延ばすビジターはごくわずかだという。

　しかしだからといって，歩く歩道を上野公園内に設置したら人が山下まで自動的に流れてくれるというものでもないだろう。各地区が固有の魅力を磨かなければならないのはもちろんであるが，核となる上野公園が都市の貴重な緑空間であると同時に結節点としての賑わい空間として輝きを放つように再整備することが全体の基本となるのではないか，というのが私の意見である。

　1868年の上野戦争によって荒廃した寛永寺の境内地を明治初年に公園として整備されたのが今の上野公園の原型である。以降，万国勧業博覧会の会場として用いられるなど，曲折を経て，現在のかたちになっている。かつて不忍池は不忍競馬（1884～1892年）のトラックとして使用されたこともある。図3-6を見ると，池の周りの空間がまさしく舞台として機能していた時代が活き活きと伝わってくる。今日，草競馬を復活させるのは不可能だろうが，少なくとも池と池の周りの周回路とその周辺の空間とをもっと緊密にデザインし直すことは必要ではないかと思える。少なくともその手始めとして，縁日などの時期を見計らって，仮設でもいいので周回路再生のプロジェクトを起こすことは試みられていい。

図3-6　東京上野不忍岡競馬会之図（重清画）。1884年，1884－1892年に開催されていた不忍池周回の競馬場の浮世絵（出典：東京都江戸東京博物館編『博覧都市 江戸東京展』（財）江戸東京歴史財団，1993年，p.73）

もっというと，不忍池周辺は都内でも貴重な広い空が見渡せる場所である。つまり，周辺に高層建築がほとんど建っていないのだ。それが池の水面の広がりをいやがうえにも強調し，オアシスとしての不忍池を大都市の中に配置することに成功している。

不忍池は東京の貴重なオープンスペースである。不忍池は，寛永寺の庭園であることから広く都民の庭園へとその役割を変えてきた。琵琶湖を擬した池とその中の竹生島に見立てた弁天島，これを見渡せる京都・東山をまねた清水堂の舞台づくり──こうしたテーマパーク的庭園がそのまま，地区のへそのような公園となった。まわりの建物も池を囲むように建っている。こうした空間の構成こそ，今後受け継ぎ再生させることによって，都市をさらに情趣深い意味空間とすることができる。そのためには不忍池の周辺が高層ビルで埋められてはいけない。そうした高層建築がぽつぽつと建ち始めたことが気になる。こうした傾向が加速されなければいいのだが……。

上野の山自体も今のままで良いと思っている人は少ないだろう。かつては荘厳な境内地を想起させたであろう公園中心部も，今では多くの美術館等が立ち並び，それぞれの脈絡もはっきりしないまま，樹林のあちこちに散在するという状態である。少なくとも建物の正面が遠方から望見できるのは，東京国立博物館と最近正面の樹木が整理されて見通しがきくようになった科学博物館のみである。ちなみに上野公園内には美術館・博物館相当施設が合計8館，周辺には13館もある[3]。上野公園をもっと見通しよくして，こうした施設を少なくとも予感させるようなオープンスペースとして再生させる必要があるだろう。鬱蒼たる樹林は，いまのところホームレスの恰好の居場所として活用されているだけでしかない。

さらにいうと，上野公園を代表すべきシンボルとしての西郷南洲公の銅像周辺の改善がある。**写真3-6**は「（大東京）上野公園入口」と題された

写真3-6　絵はがき「（大東京）上野公園入口」

写真3-7 「上野公園入口」の現在の様子，この光景は上野地区の戦後のヤミ市処理の経緯を象徴的に物語っている。

戦前の絵はがきである。今，現地にこうしたシンボリックなエントランス空間はない。絵はがきに紹介されている見事な斜面は今では飲食店や土産物店などのファサードとして占領されて，どこにでもある無性格な風景になり下がっているのだ（**写真3-7**）。

上野公園の再生とは，この絵はがきに見られるような見事な公園風景を再生することではないのか。こんな魅力的な空間が甦ったならば，絵はがきにあるようにおのずと人々はここへ集まってくるだろう。山上と山下とが西郷さんの銅像スポットによってつながれることになるのだ。これこそ象徴的な上野の回遊戦略である。

加えて，JR上野駅公園口から上野動物園に向かう途中で，右手に国立博物館を望むあたり，すなわち最も来訪客が集中するオープンスペースのあたりが手がかりに乏しくあまりに殺風景だと思うのは私だけだろうか（**写真3-8**）。このあたりに魅力的なロトンダ風のキオスクのパヴィリオンがあり，上野公園の案内情報が得られるとしたら……，いやそれだけではなく，オープンカフェが店開きして，家族連れが落ち着けるようにすると，広場の雰囲気もぐっと親密なものになるのではないだろうか。

公園内の施設設置や商業行為の規制が魅力的な都市空間再生のネックとなっているとするならば，そうした規制こそ緩和されるべきだろう。特定の事業者に有利になりすぎるというのなら，透明で公正な業者選定を行い，適正な使用料をとるなど，ハードルを越える仕組みは考えれば出てくるものである。こうしたことの積み重ねが空間に命を与えるものである。「生きられた空間」こそが，都市に再生をもたらすのだ。

「生きられた空間」としての都市
──コモンズからの都市再生

「生きられた空間」とは，個々人の体験に基づいた，血の通った空間のことである。そこには都市生活者のアクティビティがある。都市再生の論議はこうした「生きられた空間」を基礎に行われるべきである。

都市のオープンスペースは往々にして「管理」の視点から論じられがちである。

写真3-8 上野公園の中央部，手がかりのない茫漠とした広場の光景。奥に東京国立博物館が見える。

さもなければ都市空間の「演出」の問題として見られがちである。両者はまったく異質な視点のように見えるが，空間の供給者の視点という点では共通している。

　今日必要なのは，冒頭にも紹介したように，ユーザーの視点，すなわち空間を「生きる」行為者の視点である。その地点から都市のオープンスペースを見ると，それは都市のコモンズにほかならない。都市空間に着目した賑わいからの都市再生とは，都市のコモンズの再生問題なのである。ここには，何をもって都市は都市たるべきことが可能かという深遠な，しかし平明な都市哲学がある。これを忘れた都市再生論は，結局は都市をいたずらに喰い物にすることにしかつながらないのである。

注
(1) 国土交通省総合政策局観光部監修『新たな観光まちづくりの挑戦』ぎょうせい，2002年，21頁。
(2) 東京都都市計画局総合計画部都市整備室編『東京の新しい都市づくりビジョン─都市再生への確かな道筋─』2001年，pp.101-105
(3) 例えば，公園内には西洋美術館，東京都美術館，上野の森美術館，奏楽堂，上野動物園などがあり，湯島方面には下町風俗資料館，黒田清輝記念館，横山大観記念館，旧岩崎邸など，桜木・谷中方面には大名時計博物館，朝倉彫塑館，竹久夢二美術館，弥生美術館などがある。

（2003年9月）

コモンズとしての都市

都市空間の再生へ向けて
(1) 問題を抱えた日本の都市空間

　傑出したジャパノロジストであるアレックス・カーはその著書『犬と鬼』の中で，日本という「ひょっとすると世界で最も醜いかもしれない国土」についてショッキングな告発を行っている。

　例えば，日本を旅した米マスコミのアンカーマンが電車の窓から見える景色に幻滅し，「味もそっけもない効率一点張りのゴミゴミした眺めは見るのもつらく，トンネルに入るとほっとしたほどだ」[1]と語ったエピソードを冒頭に紹介している。公共事業による「建設中毒」，そして各種の規制がおかしな形態の建物を助長し，混沌とした都市景観をもたらす。「自動販売機が氾濫し，電線が上空を覆い，日本の街並みを特徴づける雑然とした眺めが生まれる。くつろげる公園も，落ち着いた街路も少なく，ごたごたと立ち並ぶビルもやはり看板や電線で覆われている。」[2]日本の風景は，戦災とそれに続く戦後の経済成長のなかで無惨にも蹂躙されてしまったというのである。

　こうした問題意識は中央政府も共有するところとなってきた。2003年7月に国土交通省から発表された「美しい国づくり政策大綱」はその前文において，これまでの都市施策を振り返り，戦後の復興や高度経済成長などによって日本の社会資本は量的には充足されてきたものの，「我が国土は，国民一人一人にとって，本当に魅力あるものとなったのであろうか？」と自問している。続けて次のように述べている。「都市には電線がはりめぐらされ，緑が少なく，家々はブロック塀で囲まれ，ビルの高さは不揃いであり，看板，標識が雑然と立ち並び，美しさとはほど遠い風景となっている。四季折々に美しい変化を見せるわが国の自然に比べて，都市や

写真3-9　消波ブロックで「防禦」され尽くした越前海岸の漁村。美しい国定公園のイメージからほど遠い。

田園，海岸における人工景観は著しく見劣りがする。」[3]

問題は都市の美観だけではない。〈衣〉や〈食〉と比較して，日本の〈住〉環境がはなはだ劣悪であることは周知の事実であるし，歩道のない狭い道路に通過交通が入り込み，多くの場合，歩行者の最低限の安全確保すら困難な状態であることもほとんどの人が体験している。

幕末から明治の始めにかけて訪日した多くの外国人が賞賛してやまなかったわが国の都市や農村の美しい風景はどこへ行ってしまったのか。便利で豊かな工業製品に囲まれていながら都市の生活空間はなぜ，狭小で貧しくなってしまったのか。

いかに現実の都市空間が貧困にあえいでいるとしても，将来に向けて改善のメカニズムが機能しているのであれば光明も見出すことができるともいえる。しかし，残念ながら現実はそうはなっていない。

これは，日本において公共性の源泉が「お上」にあることと関係しているといえる。国民国家として西欧列強に追いつくための施策として都市の基盤整備が優先されたのである。人民は主権者ではなかった。したがって，人民の居住環境を整備することは優先課題として捉えられることはなかったのである。

戦前の都市近代化路線はもとより，戦後の民主化のなかでも，道路や港湾などの公共事業は，それぞれ独自の整備五カ年計画などによって国レベルの行政計画で実施内容が規定されてきた。政治家の背後での関与が公然の事実となり，一方，地方議会の承認など地方政府によるチェックの仕組みはなかった。技術官僚が主導し，政治家が利益誘導する全国レベルでの行政計画が一人歩きしてきたのである。地元に最も密着しているべき都市計画は，つい最近まで，国の機関委任事務であり，自治体固有の事務ではなかった。

(2) 変化のための変曲点に到達

しかし，こうした仕組みはここ数年，大きな変革の中で見直しを余儀なくされてきた。その背景には次の諸現象がある。

第一に，バブル経済以後，従来のフロー重視の都市開発からストック重視・環境保全型の都市政策へと転換が進行しつつあるという点である。逼迫した財政がこうした傾向を結果的に後押ししている。

第二に，とりわけ1998年の特定非営利活動促進法（NPO法）以降顕著になってくるまちづくり関連のNPO法人の相次ぐ設立やまちづくり運動の隆盛など，都市経営を巡る多様な主体の出現である。各地で市民主体のまちづくりが繰り広げられるようになってきた。まちづくりにおけるボトムアップの合意形成のアプローチは，新たな公共のあり方を探ることにつ

ながる。コミュニティ・ビジネスや地域通貨など，これまでにない中間的な経済システムも提案されるようになってきた。

　第三に，2000年の地方分権一括法の施行による機関委任事務の廃止，都市計画の自治事務化に象徴される地方分権の推進である。都市空間を計画し，形成し，維持管理する権限と責任がようやく地方公共団体におりてきた。これからは，より身近な地域社会への分権も課題となっていくだろう。

　そして最後に，人口減少社会到来のインパクトである。拡大成長を無言の前提としてきた従来の都市計画は抜本的な変革を迫られる。

　都市空間を巡る制度や社会意識などが音を立てて変化しつつあるのだ。社会は，明治維新や戦災に匹敵する一世紀に一度か二度しかないような巨大な変曲点に差しかかりつつある。

　こうした重要な時期に，空間を中心とした都市の再生について，足もとから検討する必要がある。出発点は，都市空間の持つ公共性に着目しつつ，もう一度原論に立ち戻って，都市空間の形成の原理を再確認することである。そしてコモンズとしての都市という視点から，都市の再生について新しいビジョンを得ることを目指したい。

都市空間を規定するもの
(1) 都市空間の三つの原理——居住原理・経済原理・統治原理

　都市空間の成立と変容のメカニズムには三つの異なった原理が働いていると考えることができる。すなわち，居住・経済・統制の原理である。それらはいかなるものであるか。

　第一に，都市は生活の場である。自然発生的に形成された古くからの居住地区や道，広場などは，まずもって都市での生活を支える空間として機能してきた。都市における居住者集団のあり方が都市の空間的な基盤を規定してきたのである。都市空間のあり方は，したがって，都市における集住の形式に依存している。道路の幅や敷地の間口・奥行きなどは，自然発生的に決まっている場合でも計画的に設定されている場合でも，都市における生活の様相を反映しているといえる。周辺地形との関係における都市の立地選定のあり方も，集住体としての都市の指向に左右されている場合が多い。

　都市では単独で生活することはできない。圏域の大小はあるにせよ，自らが属するコミュニティのルールに従いながら，合意と協力のもとに自分たちの生活環境を維持し，向上させていくための日常的な営みが欠かせない。同時に，それぞれの地域は特性に応じた固有の居住環境を保有しており，これらを継承し，向上させる努力が都市空間を特色のあるものにして

いる。つまり，地区レベルでの合意と共生が都市を造る基盤となってきたのである。

　住居地域や区画道路，各種の公共施設，公園や広場などのオープンスペース，郊外の自然や農地など，計画的意図を持って形成された都市空間においても，市民生活を支えるフレームとしての都市空間の性格は変わらない。そこで重要なのは，やはり合意と共生のルールなのである。いかに住みこなすか，いかに使いこなすかがすべての基本である。これを「都市空間の居住原理」と呼ぶことにしよう。

　第二に，都市空間は，都市における商業・交易を支える空間である。目抜き通りやオフィス街，各地の商業空間など，商業業務活動を支える空間としての都市空間はあらゆる都市に偏在している。そこでの土地利用は，複数の競合する可能性の中から選択されるという競争の原理が貫徹している。都市が非農業者を中心にした集住体である以上，都市空間のこうした性格は普遍的である。都市の立地自体も商業・交易において有利な地点が選ばれることも多い。

　都心のオフィス街の活動は，高い密度の建築空間として表現されることになる。それは具体的な都心空間の風景として表現されている。路線型の商店街は，古来から，日常生活を営むために必要な商業活動のあり方の一つの解を示してきた。こうした世界では，公平で公正な競争が，結果的に魅力あふれる都市空間を醸成することにつながるという，健全な競争原理が都市を造ってきたといえる。これが都市空間の第二の側面である。これを「都市空間の経済原理」と呼ぼう。

　第三に，都市空間は，経済原理で立ち上がってくる空間を相互に調整し，一定のルールのもとに公共的な主体によって規制されなければならない。その意味で現実の都市空間は規制の統治の結果を表現しているといえる。当たり前に見える日常の都市風景も統治の（あるいは統治失敗の）結果なのである。

　同様に，都市の象徴的な空間は政治的な覇権が自ら表現した都市の姿であるということができる。長安や奈良，京都のような坊城制の都城，各国の王宮や王宮前広場，パリのシャンゼリゼ通りやロンドンのザ・マル，ワシントンのナショナル・モールに代表されるようなデザインされた幹線街路を思い浮かべると，それらが都市を創り出

写真3-10　ルーブル宮と凱旋門とを結ぶパリの都市軸。これはひとつの政治空間である。

した政治形態や軍事機構を反映した空間であることがよく理解できる。

このことは，具体的な都市空間の形状だけではなく，都市の立地や主要な都市施設の意図的な配置，覇権を権威づけるための数々の空間的な仕掛けなどからも読み取ることができる。都市のスカイラインや眺望なども，政治的な空間的配慮の結果として意味を帯びていることが往々にしてある。例えば城下町における城郭の見え方は，多くの場合，当地の実際的な手段としての城郭から城下を見通す視線と統治の象徴としての城郭の見え方の時代的変遷の結果である。規律と権力による統制が都市を造ってきたのである。

日常と非日常の都市空間においてそれぞれ別のかたちで立ち現れてくるとはいえ，両者に共通しているのは望むと望まないとにかかわらず風景は統治されている，あるいは少なくとも統治が関与しているという点である。これを「都市空間の統治原理」と名付けよう。

都市空間はこうした三つの異なった形成原理が作用して形成され，発展してきた複合体であるということができる。もちろん，歴史的な変遷の中で，都市空間の形成原理は輻輳し，変化していくものではあるが，基本的な三つの原理が存在することは変わりがない。

これら三つの空間形成原理は，並立して存在するというよりも，いくつかの層をなして，現実の都市空間を創り出しているといえる。都市は何をおいても他者との集住の場であるので，合意と共生の居住原理が基底に存在している。そのうえに健全な競争による商業・交易などの経済原理に基づく空間が重なり，さらにこれらを統御するように規律と権力による統制という統治原理が近代的な都市機能を保障している。

都市空間の居住原理・経済原理・統治原理という見方は，西尾勝氏が都市社会のあり方とそこでの課題を克服する仕組みとしてあげている，共感・連帯・協働システム，交換・競争・取引システム，そして強制・制裁・支配システムという三つのシステムと符合している[4]。西尾氏はそれぞれのシステムの典型例として，自発的結社の行動原理，資本主義経済体制下の市場メカニズム，そして近代国民国家の統治システムを例示している。

都市空間の構成原理を，こうしたより普遍的な都市社会システムの一つの現れとして理解することもできる。とりわけ次に述べるように，都市空間を公と私のせめぎ合いの場，すなわち経済原理と統治原理の相克の場として考えるのではなく，対立の構図を超える視座をより根源的な居住原理のうちに見出すことを本論の主眼としている。

(2) 三つの原理相互間の相克

ここでは近代以降の都市のあり方に話題を限定して，都市空間の三つの

構成原理が，重層化しつつ，都市の再生という局面で，どのような作用を果たしてきたかという点について振り返ってみると，そこには一つの傾向があることに気づく。

すなわち，都市空間の基底的な構成原理である居住原理が，経済原理のもとで必然的に重層化され，変容し，さらに都市全体に対して公の名の下に法的規制が課され，制度化され，統治原理が貫徹していく，という傾向である。さらに，統治原理は常に居住原理によってチェックされ，都市空間は再び居住原理のもとで問い返されることになる，という螺旋状に事態が進展していくという傾向である。

本来的に共感・連帯・協働に裏付けられた，他者とともに住むというシステムが都市空間の出発点としてあった。これが，どのような経済活動に適した立地であるかといった判断基準から評価され，交換・競争・取引のシステムのなかで変容し，そしてそれらが近代的都市計画といった一定の強制・制裁・支配のシステムのもとで，著しく不合理となることがないように競争の場が設定されてきた。

例えば，自然発生的な都市はどこでも道路が狭く，不定形であり，建物は混み合っている。パリの中世以来の地区であるマレ地区でも，ニューヨークのマンハッタンの南部でも，北アフリカのイスラム都市の旧市街であるメディナ地区でも，日本の農村でも漁村でも，自然発生的なほとんどの歴史都市はそのような姿をしている。

しかし，それはその都市が無計画にできていることを意味しているわけではない。道路幅は人間や牛馬の通行に合わせたスケールで造られており，個々の建物はほぼ共通した間取りを持ち，中庭側で居住性能を確保するという仕組みを共有しており，それぞれの都市なりのしっかりとした構成原理がある。祭祀のための空間が用意されており，伝統的な市場空間もあるだろう。すなわち，「偶然にできていそうなスタイル，なにげない風情，自然発生的な見かけも，計算し尽くされたデザインの結果である。」(5)なぜなら，これらの都市は居住原理によってできているからである。

ところが，経済原理をもとに都市空間を見ると，別の姿が見えてくる。土地利用の可能な選択肢の中で，いかにして単一の解を選び取っていくかという判断の総和が現今の都市空間であるということになる。今

写真3-11　島根県吉田村（現南雲市）の山あいの集落風景。自然発生的な集落のデザインのなかに緊密な周辺環境との応答のかたちを感じ取ることができる。

日の日本に例を取ると，都市の土地は，その土地に許容された最大容積率に基づいた土地利用と建物の形態へと導かれる。容積率はその土地で建築可能な延べ床面積を表現しているので，地価も容積率によって決まることになる。多くの場合，経済原理は居住原理とは異なっているので，両者が映し出す空間の様相にはギャップが生じる。そのギャップは，ある時には徐々に進行する土地利用の変化として深く静かに拡がっていく。また，ある時には厳しい摩擦を生じることになる。

両者の相克は世界中のどの都市においても見ることができる。1960年代から1970年代にかけて日本各地で繰り広げられた日照権を巡る争いは，その典型的な例の一つといえる[6]。現在，各地で起きている景観破壊に対する裁判闘争も，居住者にとって守るべきものとして認識されるに至った地域の風景が高層マンションなどによって侵害されることに対する異議申し立てとして，日照権の成立段階と似たプロセスをたどっているように見える。

いずれの場合も，居住原理によって構築されてきた都市空間に，経済原理に基づく開発が挿入されることによって引き起こされた問題であるという点が共通している。それぞれの敷地は，居住者にとっては生活環境の基盤であると同時に処分可能な資産であるという相異なった側面がある。住み手は居住者であると同時に資産保有者である。その相克が開発と保全を巡る論争を引き起こすことになる。

（3）統治原理としての近代都市計画

このような紛争を回避し，調停するための強制・制裁・支配システムとして，近代都市計画が生まれてきた。

ニューヨーク市における総合的なゾーニング規制（1916年）の誕生は，その前年40階建て，延べ床面積120万平方フィートという当時としては前例のない巨大オフィスビルであるエクイタブル・ビルディングが建てられたことを契機としている。ブロードウェイ沿いにそそり立つこの建物は，それまでとは桁外れの交通量を発生させることが予想されたことから，広域的な密度規制，土地利用規制の必要性が現実味を持ってきたのである。

経済原理だけで都市空間を埋め尽くすことに対す

写真3-12　ニューヨーク市ブロードウェイ120番地に建つエクイタブル・ビルディング。容積率3,000％に達するこのボザール様式のオフィスビルは，1930年に市のランドマークに指定された。（出典：Weisman, W., A New View of Skyscraper History in the Rise of an American Architecture, Praeger, 1970，小林克弘『ニューヨーク―摩天楼都市の建築を辿る』丸善，1999, p.59）

る危機感が都市計画による統制へとニューヨークを向かわせることになった。ゾーニングという規制手法はその後，1926年の連邦最高裁のいわゆるユークリッド判決によって規制の合憲性が認められ，以降，燎原の火のようにアメリカ各地に瞬く間に拡がっていくことになる。

　ゾーニング規制は，もう一方では用途の混在を防止することにねらいがある。アメリカ都市計画史上重要な意味を持つオハイオ州ユークリッド村を舞台としたこの裁判は，工業化が進展しつつあった当時のクリーブランド郊外の村において住宅地区としての性格を守ろうとしたゾーニングが結果的に地価の下落を招いたこと（当時，当該地区では工業地域の方が住居地域よりも地価が高かった）の可否を争ったものであった。

　本論の用語法を用いるならば，都市空間の居住原理とは異なる経済原理に基づく開発を適正な限度内に納まるように法的に規制するという統治原理の合憲性が問われたのである。都市計画規制の公共性を巡る議論はこれ以降，今日に至るまで，様々な局面で議論されることになる。

　統治原理に基づく都市空間の典型は，新世界におけるスペイン植民都市のグリッド状の道路パターンに見ることができる。また，アメリカのグリッド都市は別の意味で都市空間の統治原理を体現している。例えばマンハッタン島南部の狭く曲がりくねった中世的な道路パターンが18世紀末に一転して格子状の道路パターンに転換する原動力となったのは，道路を公共財と見なす考え方であり，その基底には，独立革命の後に生まれたパブリック概念があったといわれている[7]。

　一方，19世紀末のイギリスで拡がった開発規制条例によって形成された住宅地，いわゆるバイロウ・ハウジングは，統治原理によって形成された都市空間の典型の一つであるが，出来上がった空間は規格化され，単調だとして評判が悪い。20世紀初頭から建設が始まったロンドン郊外のハムステッド田園郊外（ガーデンサバーブ）やウェルウィン田園都市は，バイロウ・ハウジングへのアンチテーゼとして有名である。これらの都市の設計にあたった建築家レイモンド・アンウィンが理想としたのは中世の農村集落の風景だった[8]。そこには居住の共感・連帯・協働のシステムが体現されていたからである。つまりアンウィンは，統治原理ではなく居住原理によって住区をつくることを目指したのである。

　このように都市空間の居住・経済・統治の三原理の間には，螺旋状に進展する相互掣肘関係とでもいうべき力学が存在する。

まちづくりがもたらす新しいコモンズ
(1) 居住原理からの再点検を

　都市空間の三つの原理の螺旋状の関係を概観していえることは，もともと居住原理から出発した都市の空間が，経済原理と統治原理との間で相克を繰り返しながらも，主要な場面において居住原理からの再チェックを怠ってはこなかったということである。都市の根本は多様な人々が集住することであるから，それは当然のことではある。

　また，居住原理が前提として想定している都市居住者は，都市大衆と呼ばれるようなアトム化したばらばらの個人ではない。都市居住者は，住んでいる地域や抱えている関心によって相互に一定の圏域を形成し，対外的な諸関係を取り結んでいる人々の集まりである。そこには広い意味での地域社会というべきものが存在している。そうした居住者像から出発して都市空間へと至るボトムアップ型の視点が，居住原理のあり方の特徴である。

　これに対して，経済原理や統治原理が前提としている都市生活者は経済的な主体として自立した個人であり，相互に競合し合う存在である。これらの個々人を公正かつ平等に扱うことが肝要であり，種々のバランスのもと交換・競争・取引システムおよび強制・制裁・支配システムが都市空間をトップダウンで覆うことになる。

　現在求められているのは，再び地域社会から出発して都市空間に血肉を取り戻すことである。住みやすく（livable）かつ他者と混じり合えるような社会的な（sociable）空間，すなわち本来の意味でのコモンズを実現するという視点が必要なのである。今日の視点で都市の再生を考える際に必要なことは，住むに値する都市を実現するために，都市空間の居住原理に立ち返ってもう一度都市を点検し直すことである。

　都市の再生に関するJ.ジェイコブスの古典『アメリカ大都市の死と生』において重視されている歩道や近隣公園，多様性といった都市の価値は，すべて居住原理に由来している。著者が都市の多様性を保障するためにあげた都市のあるべき姿としての有名な四条件，①土地利用の混在，②ブロックの小規模化，③新旧の建物の混在，④高密度居住は，いずれも豊かな都市生活を実現させるために必要とされた条件であった。まさしく居住原理をもとにして都市を復権すべきことをこの告発の書は，早くも1961年の時点で力説しているのである[9]。全米でスラムクリアランスがブルドーザーのように猛威をふるっていた時代である。

　そして居住原理からの都市再生の重要性は，土地利用のルールに関してまでも規制緩和を求めるような新しいかたちでのクリアランスが問題視されている21世紀初頭の日本においても共通している。

（2） 日本型都市計画とまちづくり

　個々の土地利用が経済原理のみで決定され，その結果として都市の空間形成に広域的かつ長期的な視点が欠落するのを防止するために，資本主義の発達と軌を一にして生成してきたのが近代都市計画による強制・制裁・支配システムであった。近代都市計画のシステムとは，公共の福祉という名の下に都市居住者の土地利用や建物形態を総合的に規制・統治していく仕組みである。

　それ以前の都市づくりが都市施設としての城や王宮，教会や広場，市壁や街道を整備していくことが中心であったのと比較して，近代の都市計画は，公共施設整備もさることながら，公共性の視点に立って，都市における諸活動を安全性や快適性，効率性などの観点から規制を課していくことにその特徴があった。

　19世紀における都市計画の出発点は，都市部の劣悪な居住環境のもとで発生する伝染病を予防すること，および郊外の良好な住宅地の居住環境を保全することという，対照的な起源を有している。しかし，居住原理をおびやかす外的要因（そのほとんどは経済原理に起因している）に対して統治原理を適用するという点においては，両者には共通点があった。20世紀に入って，先述したように，より一般的な都市の密度規制の観点が導入されていったが，これも公共性の観点から，都市の活動自体までも制約することが許容されていくという歴史であるといえる。

　しかし，日本の都市計画はやや異なった起源を有していた。すなわち，急速な近代化を実現するために，都市の形態を整えていくための事業を実施するところに主眼が置かれ，居住原理を尊重するような施策は優先順位が低かった。居住原理から出発する欧米の近代都市計画とそこが異なっている。ここに日本型都市計画の特色がある。

　かつて芳川顕正東京府知事が市区改正意見書（1884年）において「道路橋梁及河川ハ本ナリ水道家屋ハ末ナリ」と述べたことに象徴されるように，元来，市区改正においてはインフラ整備が先であって住宅整備はその後だという意識が強かった。都市計画事業がまず実施され，その後に環境改善を担うべき都市計画規制が課せられるという順序が近代当初からあった[10]。わが国では都市計画は，何よりもまず事業を実施するシステムとして発達してきたのである。

　日本型都市計画は国家の要請によって開始され，国家の姿を整えていくために国家が実施する事業であった。都市計画の決定権は計画高権と呼ばれ，国家が有する権利であった。戦後長らく都市計画の行政事務が機関委任事務であったことの意味もここにある。居住の論理を貫徹することが比

較的容易な用途地域制ですら，1919年に成立した旧都市計画法では都市施設として扱われていた（旧都市計画法第10条第1項）。ゾーニングというコントロール手法が「施設」であるというのは奇異な印象を受けるが，日本が近代都市という姿を整えていくための手駒の一つとして当時ゾーニングがあったと推測すると納得がいく。

日本型都市計画の公共性とは，したがって，国家的観点に立った公共性である。居住原理との緊張関係を有しない純粋培養的な統治原理がまかり通っていたのである。それは決してコモンズとしての都市を意識したものではなかった。

(3) まちづくりの展開

1960年代から始まる日本的な「まちづくり」の展開は，こうした事態に対する無意識的な異議申し立てとして位置づけることができる。

都市居住者側からのボトムアップによってより身近な部分でまちを住みよくしていく活動としてのまちづくりがうたわれるようになって，すでに40年以上が経過している。まちづくりは，1960年代に市街地再開発に反対する住民運動や住工混在地区での工場の地区外移転を求める運動などを出発点として，次第により広い地域の環境向上へ向けたボトムアップ型運動の総称として広まっていった。町づくりや街づくりなどと表現せず，「まちづくり」とひらがな書きされることが一般的である。物理的な空間の改善にとどまらず，地域コミュニティの強化や「ひとづくり」などのソフトな活動まで視野に入れているからである。今日では，まちづくりは次のように定義できる。「まちづくりとは，地域社会に存在する資源を基礎として，多様な主体が連携・協力して，身近な居住環境を漸進的に改善し，まちの活力と魅力を高め，「生活の質の向上」を実現するため一連の持続的な活動である。」[11]

まちづくりのこうした内実は，一般に都市計画と呼ばれているものと比較して，目指している空間のありようはそれほど違わないように見える。しかし，公的主体が公共の福祉の名の下に自ら計画し施行する都市計画と，地縁でつながっているコミュニティや関心を共有するソサエティが主体となって活動が繰り広げられるまちづくりとでは，基本的なアプローチが異なっている。それを関連するキーワードの対で示したものが**表3-1**である。

表で明らかなように，まちづくりが意識的にも無意識的にも前提としているのが，それが空間であれ，社会資本としての制度であれ，コモンズとしての場であるのに対して，日本型都市計画における前提は，公平で平等に取り扱うべき均質化した空間であり，分断化された個々人である。一方が居住原理をもとに居住者の視点による漸進的な活動であるのに対して，

表3-1 まちづくりと日本型都市計画のアプローチの違い

まちづくり	vs.	日本型都市計画
住民によるガバナンス	vs.	法によるガバナンス
活動基盤としてのコミュニティ	vs.	法治の対象としてのアトム化した個々人
性善説に立つ運動	vs.	性悪説に立つ管理
アマチュアリズム・ボランティア	vs.	プロフェッショナリズム
ヨコツナギの地域中心主義	vs.	タテワリの専門領域中心主義
ボトムアップ	vs.	トップダウン
規範と合意	vs.	規則と強制
慣習法的	vs.	成文法的
漸進的	vs.	構造的
創意工夫	vs.	前例踏襲
透明で裁量的	vs.	公平で平等的
プロセス中心で柔軟	vs.	アウトプット中心で剛直
開放的	vs.	閉鎖的
最高レベルを目指す	vs.	最低レベルを保障する
固有で個性的，境界があいまい	vs.	標準的で画一的，境界が明快
統合的アプローチ	vs.	分析的アプローチ
変化を起こすように機能	vs.	変化が起きる時に機能
住民主体	vs.	住民参加

もう一方は統治原理が貫徹した管理のシステムなのである。

ただし，日本型都市計画の問題点は，本来，統治原理が立脚していたはずの居住・経済の両原理の制御という立場を当初から持たずに成立してきた点である。統治原理のよって立つ主体が，主権を持った人民であるというより，かつては「お上」であり，現在では都市整備を進める行政組織自身だからである。

こうした構図を変革し，都市空間をもう一度住民の手に取り戻す努力としてまちづくりが進められてきた。まちづくりが前提としている居住原理の復権のなかに，日本における都市再生の可能性を見出すことができる。それは都市空間の公共性をもう一度見つめ直すことであり，公共空間の集合体として都市を再認識することである。

コモンズとして都市を捉えることから出発しなければならない。

(4) まちづくりと新しい公共性

まちづくりの対象は，環境破壊から地域の住居を守るという反公害の運動から，歴史的な町並みの保全や特産品による地域おこし，地域防災や住環境の改善などへと次第に拡がっていった。いずれも居住原理を前面に掲げた運動である点に特徴があった。

1980年代の後半あたりからは，福祉や国際交流などへも戦線が拡大し，多様な側面から地域の個性を活かした活動がまちづくりとして展開されるようになってきた。従来型の都市計画の範疇には納まりきれない，豊かな地域づくりへと目標が拡大していった。

さらに近年では、まちづくり組織としての自立を図るための仕組みや地域自治のための制度づくりへと関心を拡げてきている。

このことは単なる活動領域の拡大を超えた、重要な問題を提起している。まちづくりが居住原理に依拠した住民によるガバナンスを推進する運動であることから一歩出て、統治原理に基づく新しい公共性の確立へと向かいつつあることを示唆している。

NPO法人に対する各種の支援措置の充実や、自治体のまちづくりに関連した条例や協定などを制定する動きが拡がってきている。こうした活動を通して、それぞれの地域に合った地元主体の新しい公共の姿を地域ごとに模索している姿が映し出されてくる。新しいローカル・ルールをまちづくりの延長上に確立していこうという動きである。

しかしそのことは、**表3-1**の右半分に見られるような日本型都市計画の公正・平等主義とその結果招来してしまうことになる画一性に与することにもなりかねない。例えば、公園の公共性を硬く保持しようとするあまり、オープンカフェや各種のフェアへの使用を厳しく制限することにつながってしまい、みんなのための公園が結果的に使い勝手の悪い、誰のものでもない公園に変質してしまうといったことが、これまでいろんな場面で起きてきた。新しいガバナンスの姿は、こうした硬直化をもたらしかねないのである。

ローカル・ルールはいかに身の丈に合ったローカルなものだとしても、ルールであることには変わりがない。強制・制裁・支配システムが貫徹しなければ意味がない。都市空間の居住原理から統治原理への外延的な拡大に伴って、活き活きとした人間活動全般にわたるまちづくり特有の魅力が機械的な冷たい制度論の中に取り込まれてしまう危険性もなくはないのである。

(5) 都市風景として現れるもの

都市風景を例にとって見てみよう。

これまで地域住民の自発的な合意によって維持されてきた良好な景観が存在するようなところでは、まちづくりの根幹に、それぞれの建物は私有物であったとしても、それらが創り出す風景は公共のものであるという思想があった。これこそ都市空間の居住原理による発想である。風景をコモンズとして受容する感性を鍛えるプロセスこそまちづくりだからである。

しかし、このような風景を維持保全することは、地域住民の善意に頼っているだけでは難しい。不特定多数に対して地区の規範を保持することを求めるのであれば、景観協定や景観条例による地区指定など、統治原理を背景とした法的な制度が必要になってくる。

一方で，ローカルなルールを定めようとすると，それは一律的なものにならざるを得ない。形態や意匠に関して柔軟な裁量の余地を残していると，実際の発動が難しいという実務的な問題に突き当たる。**表3-1**で見た，左側の柔らかさから右側の事前確定的な硬さへの変質が避けられないのである。

こうしたジレンマを克服して，統治原理まで一歩踏み込んだ新しい次元のまちづくりを実現させることは可能なのか。そのことが今，問われている。思うに，その答えは，ルールの内容にあるのではなく，ルールのあり方に見出せるのではないだろうか。つまり，答えはルールを合意するに至るプロセスをマネジメントすること，すなわち合意形成の仕組み自体にあるといえる。

合意形成のプロセスを透明にして公表すること，そのことによって公正で平等を旨とする従来型の行政施策から抜け出すことが可能である。こうした仕組みこそ，新しい時代のコモンズである。

(6) 文化の孵卵器としての都市

都市空間は都市活動の単なる容器として存在しているだけではない。都市とは，そこで展開する諸活動を規定し，人間の認識のあり方をも規定する。ひとは都市を通じて，他者と共に生きることを学ぶのである。地域社会の外部に他者が存在し，そうした他者と共生しながら市民生活を送っていく場として都市がある。都市は民主主義の学校である。そして，都市空間はその教室なのである。

都市はまた，新しい思想や文化を生み出す舞台でもある。舞台には舞台装置が欠かせない。都市空間は新しい理念を生成するための装置として重要でもある。その時に触媒として機能するのが他者の存在である。文化的背景が異なる他者と出会うためには，それ相応の場が必要である。その場を用意するのが都市である。そして，都市が提供する場は単なる無機質のものではなく，場の空間のあり方そのものが他者との関係を，ひいては文化そのもののあり方をも規定してしまうのである。

例をあげよう。伝統的な都市型住宅としての町家の内部空間は，形式上は私的空間でしかない。しかし，町家にはトオリニワやロージなどと呼ばれる土間空間が共通している。土間は現代住宅の玄関とは異な

写真3-13 伝統的な町家の土間空間。右手に見える居室部分と連続して，奥の空間とはやや切れている。セミ・パブリックな空間の好例。富山市八尾町の町家。

り，部外者が土足のまま自由に出入りし，家人はここで他者と各種の応対ができる空間である。話が長引けば来訪者は上がり框に腰掛けて会話を続けることができる。履き物を脱いで上がり込むほどかしこまることなく，しかし，道ばたでの挨拶よりも落ち着いて，井戸端会議の延長のような気分で話し込むことができる。

これは，土間が井戸端のようなものとして感受されているからである。パブリックな公道でもなく，プライベートな畳の間でもない，セミパブリックな中間領域として土間は捉えられる。こうしたセミパブリックな空間を住宅に内在させているところが町家の最大の特長である。土間空間は都市内のコミュニティを円滑に機能させることに大いに寄与している。町家が都市型住宅といわれるゆえんである。

土間の奥にはダイドコロ空間が続いているので，土間はすべてがセミパブリックな空間であるわけではないが，セミパブリックな土間部分とさらに奥の私的な土間部分とは通常，もう一つの扉で仕切られている。セミパブリックな土間空間は独立しているのである。セミパブリックな土間空間を確立させることによって，町家は都市のコミュニティを受容する器として完成に導かれた。

このように，都市型住宅とは，単に住宅がユニットとして町並みを形成するようにその形態が工夫されているというだけではなく，都市的生活をサポートする機能を実体的な空間として供給している住宅である。セミパブリックな土間空間はこの要件を満たしている。

しかしながら，これを都市型生活の需要を満たす単なる回答例と考えてはいけない。間口が狭く奥行きが長い敷地の形状や木造軸組構法という日本の伝統的な建築技術，町場の建築物に対する本二階建てや瓦葺きに関する制限など，近世における各種の統制という制約のなかで工夫され，編み出されていった創造的でかつ日本固有の空間構成法なのである。

都市全体にとっても，地域社会を活き活きと機能させるには町家の土間空間にあたる空間が必要である。それは，都市を統治する為政者が意図した大きな公共空間であるというより，地区の居住者ための小さな公共空間として，歩行者中心の狭く曲がりくねった道や横町，突き当たりの路地，鎮守の杜やお寺の境内，日だまりの原っぱや河原……などであろう。それだけではない。大規模な広場や公開空地，公園や大通りにしても，来訪者や居住者によっていかに使いこなされるか，いかに「生きられた」空間として認知されるかが，重要になる。

ここにコモンズとしての都市の今日的な課題がある。

都市の空間は，まず何よりも都市居住者が使うための空間である。それ

は統治のための舞台装置ではない。市場原理が貫徹する冷酷なアリーナでもない。この当たり前の事実から私たちは出発しなければならない。

都市の公共空間を使うという行為は，使い手に共有されるべき有形無形の作法を要請する。それ自体，歴史の中で育まれてきた目に見えない都市固有の文化でもある。その文化は都市の公共空間のあり方が規定してきたのである。居住原理から出発するということは，住むための作法としての統治のシステムを，統治者ではなく住み手の側から，新たに構築し直すことにつながる。そのシステムこそ都市のコモンズである。

都市空間は，社会資本としての諸制度を新たに実現するための市民共有の場でもあるのだ。

注
(1) アレックス・カー (2002) p.22。同様の厳しい指摘は，松原隆一郎『失われた景観——戦後日本が築いたもの』PHP新書，2002年でも見ることができる。
(2) 『同上』，p.204
(3) 国土交通省「美しい国づくり政策大綱」2003年7月11日発表，前文。
(4) 西尾勝「分権改革による自治世界形成」，西尾勝・小林正弥・金泰昌共編 (2004) p.136
(5) 原広司 (1998) p.8
(6) 日照権の成立過程に関しては，例えば，『ジュリスト増刊 特集日照権』1974年1月を，具体的な地域の動きに関しては，例えば，武蔵野百年史編さん室編『要綱行政が生んだ日照権』ぎょうせい，1997年を参照。
(7) 今田高俊・金泰昌編 (2004) における寺尾美子氏の発言 (pp.182-185)。典拠は Hendrik Hartog, Public Property and Private Power, The Corporation of the City of New York in American Law, 1730-1870, The University of North Carolina Press, 1983
(8) 西山康雄 (1992)。
(9) J.ジェイコブス (1977) pp.172-173
(10) 石田頼房 (2004) pp.69-71
(11) 佐藤滋「まちづくりとは何か—その原理と目標」，日本建築学会編 (2004) p.3

参考文献
1) アレックス・カー『犬と鬼』講談社，2002年
2) 石田頼房『日本近現代都市計画の展開1868-2003』自治体研究社，2004年
3) 今田高俊・金泰昌編『公共哲学13 都市から考える公共性』東大出版会，2004年
4) 宇沢弘文他編『都市のルネサンスを求めて』東大出版会，2003年
5) 宇沢弘文他編『21世紀の都市を考える』東大出版会，2003年
6) J・ジェイコブス著，黒川紀章訳『アメリカ大都市の死と生』鹿島出版会，1977年
7) 西尾勝・小林正弥・金泰昌共編『公共哲学11 自治から考える公共性』東大出版会，2004年
8) 西村幸夫『都市保全計画—歴史・文化・自然を活かしたまちづくり』東大出版会，2004年
9) 西村幸夫他編『都市工学講座 都市を保全する』鹿島出版会，2003年。
10) 西山康雄『アンウィンの住宅地計画を読む—成熟社会の住環境を求めて』彰国社，1992年

11）日本都市計画学会編『まちづくり教科書第一巻 まちづくりの方法』丸善，2004年
12）林泰義編著『新時代の都市計画2 市民社会とまちづくり』ぎょうせい，2000年
13）原広司『集落の教え100』彰国社，1998年
14）蓑原敬編著『都市計画の挑戦—新しい公共性を求めて』学芸出版社，2000年

（2006年1月）

人が地域をつくり，地域が人をつくる

東京集中とスローライフ

　近年，東京都内の各地で再開発プロジェクトが進行し，都心のスカイラインが大きく変わりつつある。例えば，2002年9月現在，汐留では200mを超す電通本社ビルをはじめとして超高層のオフィスビルなど，合計13棟からなる就業人口約6万人のオフィス街が立ち上がりつつある。東品川では，これまでに完成した品川インターシティの3棟に続いて7棟が建設中である。丸の内では新しい丸ビルがオープンし，丸の内仲通りの人の流れが大きく変わった。さらに，東京駅周辺だけでも旧国鉄本社跡地や日本工業倶楽部会館周辺，八重洲の北口と南口周辺などで再開発が進行中である。

　開発ラッシュはオフィスビルに限ったことではない。20階建ての超高層マンションは2000年に首都圏で30棟，約7,500戸が完成し，過去最高を記録しているが，それ以降前年を上回る建設ラッシュが続いている。

　そのうえに，2002年4月に成立した都市再生特別措置法によって東京都心部の広い範囲に都市再生緊急整備地域が指定され，規制の緩和と諸施策の迅速かつ集中的な実施が目論まれている。さらに建築基準法の改正によって，総合設計制度による容積率の1.5倍までの緩和が定型的な審査で迅速に行われるなどの制度が導入され，都市の高層化がバブルの時代にもなかった速度で一挙に進みつつある。

　また，地価の下落と，高層ビルの建設ラッシュが相まって，東京都心部への人口回帰は着実な動きとして定着してきた。東京のみならず三大都市圏における人口の転入超過数も1995年以降一貫して増加傾向にある。中でも投資と資本の東京集中は群を抜いており，東京一人勝ちの様相が鮮明になってきた。

　他方，こうした一極集中とは対蹠的に，1980年代半ばにイタリアで起こったスローフード運動が日本でも共感を呼び，ファーストフードの反対概念として生まれたスローフードを生活全般にまで広げたスローライフの運動として各地で展開されるようになってきた。最近，岩手県の増田寛也知事が「がんばらない宣言」をして話題となったが，これは楽しい田舎暮らしをする県としてのいわばスローライフ宣言である。

バブル崩壊以降，理想の田舎暮らしを求めて新規就農者の数は年々増え続けている。農文協が雑誌『現代農業』の増刊として1998年に刊行した『定年帰農―6万人の人生二毛作』は異例の話題作となった。副題の6万人とは，『現代農業』によると，1995年に新規就農者が10万人を初めて超えたがその6割が60歳以上だという事実から命名されている。定年帰農という言葉もすっかり定着し，定年帰農を扱った本も今では30冊を超えている。

このように今日，東京集中とスローライフや田舎暮らしの見直しという両極にあるような現象が同時並行的に進行しつつある。こうした社会現象をどのように説明したらいいのだろうか。その背景にある思想やものの見方にどのような関連があるのだろうか。

ライフスタイルとしての郊外
(1) ツリー型地域ネットワークの時代

近世以来の日本の地域システムは，自律した藩の中で都市―農村関係が形成され，これが集合して国が成り立つという形式をとっていた。いわゆる封建主義である。もちろん三都があり，五街道が機能していたが，都市間に明確な序列があるわけではなかった。宿場町はいわば双六的な連鎖として捉えられていたといえる。

近代における鉄道交通の発達は，全国規模での都市の再編と序列化を進めたため，東京を頂点として，地方中枢都市，地方中核都市，地方の中都市，小都市，そして農村に至るツリー型の地域ネットワークが形成され，その後も長く機能してきた。人も物も金も情報も，こうしたツリー型構造に沿って流れていた。生活様式も理念型として都市型と農村型とがあり，両者の濃淡の中にそれぞれの規模の都市が位置していたということができる。人や物，情報そしてお金の流通システムがこうしたツリー型の地域構造を規定してきたのである。そしてほかならぬこの地域のヒエラルキーが，農村から中小都市，中小都市から大都市への，人と物の集中のルートでもあった。

(2) 郊外型ライフスタイルの出現と席巻

しかし，こうした地域構造は1970年頃から徐々に，しかし広範に変化してくる。三大都市圏への人口流入は急速に減少し始め，一人当たり所得の地域格差も大きく改善に向かい始める。

これはちょうど日本においてモータリゼーションが本格化していく時期にあたる。人の流れも物流も，自動車交通の発達によって，新しいシステムへと大きく移行していった。都心型商業の典型といえる百貨店の旗手三越が小売業売上高日本一の座をスーパーのダイエーに譲ったのは1972年

だった。これは，ショッピングは豊富な商品情報に接することができる愉楽であると見なす考え方から，ショッピングはより安価な商品を求める消費者の合理的行動であると考える見方への象徴的な転換であった。都心の文化的価値よりも郊外の経済的価値の方が重視されたのである。

　この時期はまた，ロードサイドショップが出現してくる時期でもある。日本初のロードサイドショップは1969年に甲州街道沿いにオープンした村内家具店のホームセンターであるといわれているが，これ以降，ファミリーレストランや紳士服やスポーツ用品のディスカウントショップが郊外に続々つくられるようになる。

　小田光雄は著書『〈郊外〉の誕生と死』において，郊外型ライフスタイルと密接な関係にある各業態がいつごろ日本に出現したかというあたりの事情を詳しく記している[1]。例えば食では，すかいらーく（1970年），ロイヤル（1971年），ロッテリア（1972年），デニーズ（1975年）が郊外に出現し，衣では，紳士服の青山商事（1974年），アオキインターナショナル（1974年）が，そしてカー用品では，オートバックスセブン（1974年）といった具合である。これらはほとんどアメリカからヒントを得て輸入された新しい経営スタイルである。

　アメリカ型食生活の象徴ともいえるファーストフードの登場もまた，この時期である。ウィンピー（1970年），ケンタッキー・フライド・チキン（1971年），ミスタードーナツ（1971年），マグドナルド（1971年），ダンキンドーナツ（1971年），デイリークィーン（1972年）が日本の消費者の前に姿を現し，さらにファミリーマート（1972年），セブン・イレブン（1974年），ローソン（1975年）など，主なコンビニエンスストアもこの時期に生まれている。

　つまり，今日我々の日常生活に深く入り込んでしまっている消費スタイルの多くが1970年代前半に勢揃いし，その大半が郊外という舞台に登場しているのだ。郊外でのライフスタイルが時代の主流となり，経済を動かすトレンドとなる契機であった。郊外寄りに人口の重心が移動したのであるから，こうしたプレーヤーの出現は当然のなりゆきだったのである。

　自動車社会の普及は，とりわけ地方の中小都市を直撃する。物流のうえでは大都市と農村部とを結ぶ結節点としての役割がバイパスされてしまい，生活様式の面ではすべての消費者は大都市と直結することができるようになるからである。大半の都市では，1960年前後をピークに人口減少に転じている。

　同時に，あらゆる規模の都市において中心部の空洞化が始まる。商業も住宅も郊外へ向かう時代が始まるのである。都心商店街の再生の問題は

1990年代後半に至って大きな世論となり，いわゆる中心市街地活性化法（1998年）の制定に至るが，その萌芽はすでに1960年代にさかのぼることができる。

こうして郊外型ライフスタイルが1970年代に出現し，瞬く間に国内ほとんどの地域を席巻してしまったのである。

(3) 実体を伴わない「郊外」型ライフスタイル

しかし奇妙なことに，郊外型ライフスタイルが日本の都市社会の多くを席巻したにもかかわらず，また，その立役者ともいうべき核家族が「庭付き一戸建て」という郊外型住宅のプロトタイプを共有していたにもかかわらず，それらに見合った魅力的な郊外はついに日本では形成されなかった。もちろんいくつかのニュータウンや高級な一戸建て住宅地ではアメリカ的な意味での「郊外」と呼ばれるような住宅地も実現されはしたが，こうした傾向が一般化することはなかった。

例えば，わが国における市街化区域の総面積は2001年3月末時点で1,437,970haであるのに対して，「都市計画の母」とも呼ばれる代表的な都市計画事業である土地区画整理事業の総面積は施工中のものまで含めても全国で364,021.4ha，DID（人口集中地区）面積の約25％にとどまっているのである。計画的な市街地形成のための努力にもかかわらず，それをはるかに上回る規模で都市の縁辺部には一戸建て住宅が虫食い的に広がり，とりわけ大都市の周辺部はかつての農地を連鎖的に転用しながら，不十分な都市基盤の上に無秩序かつ無性格な地域が広がることになった。

(4) 急激な都市化と都市計画の未整備

その背景には，移民の急増によって都市が急成長した19世紀のアメリカを除く欧米のどの時代と比較してもはるかに急激な都市化の進行と，これに対処する都市計画行政の未整備があった。不十分な都市計画事業費に弱い都市計画規制や行政スタッフの不足が加わり，日本では都市計画は理想の都市を実現するための実質的なツールとはなり得なかった。計画の実現は局部的な事業にだけ集中する結果となり，広範な都市郊外の実質的なコントロールは棚上げにされたといっても過言ではない。確かに，5次にわたる全国総合開発計画の計画論や首都圏整備計画の近郊整備地帯，国土利用計画法に基づく土地利用基本計画などに見られるように広域的な計画のツールや地区制度はなくはないが，具体的な規制力を持ったものではなかった。

より深くには，家屋敷を構えるという武士住宅に見られる住生活の一つの理想像を日本人が潜在的に持っていたこと，日本の都市自体，画然と農村から分離されることがなく，農村部にも「町並み地」と呼ばれる文字通

り都市化することを許容する仕組みが内在していたということがあるかもしれない。

　戦後の農地改革は広範な自作農を創設したが，大都市近郊のこうした農地は生産基盤としての農用地というよりも農家経営のための資産と考えられるようになり，農用地の転用に制度的な歯止めはなかなかからなかった。都市の基盤を整える暇もなく農地転用によるスプロールが場あたり的な市街化を助長し，後追い的に道路や下水道，学校や公園などの都市施設を供給しなければならないという時代がごく最近まで続いていたのである。

　総人口の伸びがほぼ止まった今日においても，多くの都市においてそうした「郊外」をいまだに引きずっている。都心の空洞化と無性格な郊外の出現は，農村部の人口減少と並ぶ大きな課題である。こうした郊外には住に見合った職はなく，すべて母都市に依存することになる。

　郊外は初めから自立できない体質を有していたのである。地価が都心部からの時間距離によってほとんど決まってしまうという経済の構図が，象徴的にそのことを表している。

　要するに戦後，都市の縁辺部に庭付き一戸建ての集合地帯は（主として自然発生的に）形成されはしたが，豊かな郊外の環境は形成されなかったのである。日本の都市計画は，郊外づくりに失敗した。こうした事情は他のアジア諸国も同様だ。一方で，郊外型のライフスタイルだけは確実に日本各地に浸透していった。実体としての郊外像を持たないライフスタイルばかりの郊外の蔓延という奇妙な事態を生み出したのである。

(5)　「見えない郊外」

　今ではすっかり死語になってしまったが，かつて「団地族」という言葉があった。1955年に創設された日本住宅公団が50年代後半から都市近郊に量産した公団住宅団地に由来する。1958年の週刊誌にすでに団地族の特集記事がある[2]。当時の広辞苑には「団地」として「近代的な集団住宅の建っている土地。『一族』」とあり，モダンなライフスタイルを標榜する郊外のホワイトカラーの核家族が団地族の典型像であったといえる。

　確かに日本住宅公団が建設する団地はダイニングキッチンという新しい居室を生み出し，ステンレス流し台付きの台所という標準型を成立させ，ユカザ（床座）ではなくイスザ（椅子座）の生活を推進することに決定的な影響力を持っていた。しかし，団地における新しい生活の提案は主として住宅の内部に限られ，新しい外部空間を生み出すには至らなかった。団地族は新しい郊外という空間像を創り出すには至らなかったのである。

　公団のような大規模な住宅地でさえ「郊外」の典型を生み出し得なかっ

写真3-14 どこにでもあるような巨大広告塔が立ち並ぶ光景。ちなみにこれは福岡空港のターミナルビルの向かい側である。来訪客をこのどこでもない風景が迎えて（？）くれるのである。

たとすると，一般のスプロール的な住宅地が典型的な郊外型住宅地を提起できなかったのも無理はない。人々の関心は建物の外部空間から離れ，インテリアやそこに置かれる家庭電化製品（例えば，いわゆる「三種の神器」）など，急速に内向きになっていった。ライフスタイルの問題は，地域社会の問題であるというよりも圧倒的に生活必需品の問題として語られた。

一時，都市の記号論的解釈から「見えない都市」ということがファッショナブルに語られたが，見えないのは広く都市一般であるというよりも，端的に「郊外」であったということができる。理念としての，そして生活様式としての「郊外」はあったが，それは「見えない郊外」だった。わずかにロードサイドショップが織りなす光景に，目に見える郊外の実体を垣間見ることができる。しかし，何という乱雑な景色しか郊外は創り出せなかったことか。

「見えない郊外」を現出させてきた外部空間への無頓着こそが，日本近代の最大の都市問題の一つである。すべての意識は内向きに，インテリアや生活用品に向かったのである。それなりにお洒落なインテリアと無惨なエクステリアを持つロードサイドショップ群がその典型である。

情報化社会の地域構造とは
（1） 郊外から自律分散型の地域構造へ

コンビニエンスストアの雄，セブン・イレブンが，小売業売上高トップの座をスーパー最大手のダイエーから奪うのは2001年である。百貨店からスーパーへの覇権の交代が，物流のあり方や都心から郊外への重心の移動を象徴的に表しているように，スーパーからコンビニエンスストアへのさらなる覇権の交代は，新しい流通の考え方や地域のあり方を象徴的に表している。すなわち，規模の利益に傾斜した一元的な統治機構に基づく巨大化した流通システムによる「より安い」買い物から，自律分散型物流システムに立脚する「より時間のかからない」買い物へと，消費者の嗜好が変化してきたのである。

それにしてもコンビニエンスストアの急成長ぶりには目を見張るものがある。1974年に日本第1号店をスタートさせたセブン・イレブンは10年後の1984年度には2,299店舗，売上高3,867億円，20年後の1994年度には

5,905店舗，売上高1兆3,923億円，そして2001年度には9,060店舗，売上高2兆1,140億円へと一直線の右肩上がりで業績を伸ばしてきている。コンビニエンスストアを中心とした日本フランチャイズチェーン協会によると，2000年のフランチャイズチェーンの総売上高は約17.7兆円，これに対して日本百貨店協会加盟店の売上高の合計は8兆円，スーパーを中心とする日本チェーンストア協会の総売上16兆円となっている。

　買い物を娯楽と考えていた百貨店時代のツリー型の地域システムと比較すると，コンビニ時代は自律分散型ネットワークの地域システムを前提としているといえる。そしてこれは，インターネットによる情報化社会の到来と軌を一にしている。物流ネットワーク（例えば，セブン・イレブンでは店舗ごとに1日平均10回の配送を実現している）とPOSに代表される商品情報のコンピュータによる管理はコンビニエンスストアを支える基盤である。コンビニエンスストアは，確かに情報化社会の申し子なのである。

　インターネットの発達によって通信コストはほとんど無視できるまでに下がり，我々は世界史上初めて時間距離も物理的距離も克服することが可能な時代を迎えることになった。すべての地域は等しく情報の発信地かつ受信地となり得るようになった。すべての地域が例外なく広く外部世界に対して，自己アピールをすることが手軽にできるようになった時代に人類史上初めて突入したのである。

　大都市―地方中核都市―地方中小都市―農村部，のツリー型のヒエラルキーは過去の遺物であるどころか，むしろ旧来のインフラとして新しいインフラ整備の障害となる場合さえ出現してきた。すべての情報は相対化され，ネットワーク化される。ツリー型の地域構造はほとんど意味をなさなくなってきたのである。

(2)　求められる地域の個性

　しかし，そのことは地域が画一化したり，無個性化することではない。情報空間が均一になってきた分，実際の地域空間は他と差別化することによってしか生き残れなくなってくる。地域は，これまでの尺度とは異なる新しい魅力によって測られることになる。自然や文化，歴史などの豊かさ，さらには医療や教育福祉などの高度なサービスなど，地域には新しい魅力が求められる。

　従来，地域の魅力は，都市の規模に見合った都市的サービスの存在によって測られることが多かった。商業でいうならば，百貨店時代は，買回り品から最寄り品まで，それぞれの商圏人口に基づいた業種がそれぞれの都市に階層的に立地していた。スーパー時代に入って都心の空洞化が始まり，コンビニ時代では，商業核といった考え方では捉えきれない行動パタ

ーンを考慮に入れなければならなくなった。

　ただしこうしたツリー型の業種構成がまったくなくなってしまったわけではない。老舗の専門店や都心のデパートの多くは，現在も厳然とこうした魅力を有しているだろう。これが都心の魅力の有力な源であることは疑いない。しかしその場合でも，都心を構成する魅力の内容は変化しつつある。都心を都心たらしめているのは単なる集積としての商業ではなく，文化的産業としての店舗や諸施設なのであり，さらにいうと都市の文化的ライフスタイルそのものである。非ツリー型社会における都市にとって最も必要なのは，各種都市的機能の工夫のない単純な組合せではなく，それぞれの都市固有の魅力，吸引力を生み出す特色ある文化情報の発信なのである。

(3) 地域づくりのいくつかの傾向

　ここまで来ると，冒頭の資本の東京集中とスローライフブームとが現在の日本で同時に起こっていることの理由も見えてくる。つまり，おのおのの地域が独自の魅力を武器にして個性を主張しようとしている姿が，一方では東京のミニバブル的様相となり，他方では農村回帰としての新しいルーラリズムとなって現れているのである。

　情報化社会の新しい地域経営のあり方として，地域の魅力を戦略的手段とした地域マネジメントということが決定的に重要になってきた。IT革命のまっただ中でデジタルな情報という無性格なツールを扱っているからこそ，手作りの工芸や歴史の重さ，手つかずの自然や安全な食といったアナログで具体的な魅力に惹かれる人が多くなってきているのだろう。こうした地域の総体的な環境を再評価し，住むに値する地域をつくっていこうというのが今日の地域づくりの目指すところである。

　地域づくりやまちづくり，むらおこしや島おこしなど，1960年代から様々な表現が用いられるが，目指すところはいずれも魅力的な生活環境を守り，獲得することにある。ここで地域づくりのこれまでの流れを，小売業の百貨店時代，スーパー時代，そして現代のコンビニ時代の区分に沿って見直してみるとおもしろいことに気づく。1970年前後までの百貨店時代は，地域づくりでは行政主導の地域開発の時代だった。住宅団地や工業団地を造成することが，地域の明るい未来へつながっていると信じることができた時代である。背後には，全国総合開発計画などのような裏付けとなるマスタープランがあった。

　それに続くスーパー時代は，官民の地域づくりが運動として次第に力をつけてくる時代である。当初は行政計画に対する反対運動という姿勢をとることも多かったが，次第に官民の協調へと舵を切ってきた。いずれの場

合も，確固とした組織を背景に強力なリーダーのもと運動を展開するというスタイルは共通していた。「見えない郊外」に対抗するかのように，ありうべき地域像を希求する運動だったのである。これは新しいマスタープランを描くための運動といってもいい。

一方，今日のコンビニ時代の地域づくり運動では様相が異なっている。現在の地域づくり運動の目標は，具体的な地域像の実現であるよりも，むしろその地域で生活することにいかに満足できるかという点に移行しつつあるようだ。生活しがいのある地域のあり方が求められている。モノよりもヒトやコトに関心があるといってもいいかもしれない。ここではすでにマスタープランは不要である。なぜなら活動の成果が結果として地域をつくっていくのであって，マスタープラン構想のもとに活動を行っているわけではないからである。

このような傾向は地域づくりグループの名称にも表れている。函館の元町倶楽部や保土ヶ谷400倶楽部，足利未来倶楽部，赤煉瓦倶楽部・舞鶴など，最近「倶楽部」と名乗る団体が増えている。文字通り倶（とも）に楽しむことに主眼があるので，堅い会則や会費などは設けていないことも多い。文字通り自律分散型の個人の緩やかな集合体である。従来のように運動の目標があり，カリスマ的なリーダーがいるというのではなく，個人同士の肩の凝らないネットワーク関係を基礎として，楽しく充実して，かつ安心して暮らしていくこと，すなわち自己実現を図る手段としての地域づくりが目指されているのである[3]。

（4） 選択して住む時代へ

これまで地域づくりに関わる個人にとって，地域とは，大都市は別として，自ら選び取って居住している場所というよりは，たまたま生まれ育った土地であるという理由や，様々ないきがかりで住み着くことになるなど，与件としての居住地であった。そこにどう折り合いをつけるかが地域問題であった。だからこそ，マスタープランのような意識的な将来ビジョンが必要だった。

こうした感覚が今，変わりつつある。大都会へ向かう若者は依然として多いが，一方で田舎暮らしを目指す中年や定年者も増えつつある。都市と農村との関係も，お互いに住民を奪い合う関係から，グリーンツーリズムやアグリビジネスといった農村の新しい活性化に始まり，環境教育の場として農村を活かす「田んぼの学校」などの活動，里山保全のための都市住民の活動や「棚田オーナー制度」などに見られるように，両者を認め合い，自分の生活を充実させながら，連携と交流に活路を見出そうという関係に変わってきている。

地域は自らの生活の舞台として選び取った土地であり，そこで生活していくことに決めた場所なのである。たとえ，それが親譲りの土地であったとしても，意識的に新たに生きることを決断した故郷である。元・掛川市長の榛村純一氏はこれを「随所の時代」の「選択土着民」と呼んでいる[4]。自覚した土着民の地域づくりが「地方の時代」ではなく「随所の時代」を切り拓くというのである。そしてIT革命がこうした自律分散型の地域づくりを様々な側面で支援してくれる。

(5) 人が地域をつくり，地域が人をつくる

生き甲斐のための地域づくりが求められる時代では，地域は住むに値するだけの魅力を保持していなければならない。種々の魅力で競い合う地域間の競争はこれからますます激しさを増していくだろう。画一化から地方の自立性と独自性を強調する地方分権化の制度改革の時代にあって，その傾向はますます強くなる。地域の魅力とは，単に誰の目にも明らかな歴史や伝統，風景だけではない。地域に住む魅力的な人の集まりが地域の魅力となることだって少なくない。

地域を感性でおもしろくする工夫が必要である。その工夫には敏感な目や耳が必要である。そしてその工夫は，人それぞれの個性やライフスタイルに根ざしている。町並みや美しい風景などのわかりやすい地域づくりの手がかりでさえも，自分たちの財産だと意識しなければただの景色でしかない。地域の個性は意識化されなければ資産となり得ない。そのためには地域を凝視する目を持った人が重要となってくる。

地域の魅力とは，つまるところ，その地域を愛し，誇りに思う人の魅力である。人が地域をつくっているからである。そしておもしろいことに，魅力的な地域には例外なく魅力的な人が住んでいる。魅力的な地域そのものが，地域に目を向ける契機を住み手に提供してくれるからだろう。その意味では地域が人をつくるのである。これからの自律分散型の社会の中で，地域における個人の役割はさらに大きくなっていく。

注
(1) 小田光雄『〈郊外〉の誕生と死』（青弓社，1997年）pp.62-108
(2) 『週刊朝日』1958年7月20日号
(3) 西村幸夫『町並みまちづくり物語』（古今書院，1997年），pp.3-4。これを筆者は「倶楽部の時代」と呼んだ。
(4) 榛村純一『地球田舎人をめざす』清文社，1993年，p.8

(2003年3月)

初出一覧

第 1 部
■「都市風景」の生成
　『ランドスケープ研究』2005年10月号
　(原題「「都市風景」の生成――近代日本における風景概念の成立」)
■ 都市の風景とまちづくり
　『日本建築学会総合論文誌』2005年2月号
■ 美しい都市景観形成へ向けて
　『新都市』2001年1月号
■ 転換点にある日本の都市景観行政とその今後のあり方
　『都市問題』2003年7月号
■ 景観緑三法制定の意義
　『新都市』2004年7月号
■ 景観法をまちづくりに活かすために
　『自治体法務研究』2005年8月号
　(原題「景観法とまちづくり」)
■ 景観法をめぐる近年の動き
　『都市問題研究』2006年3月号
■ 景観まちづくりの課題と展開
　『都市＋デザイン』2007年1月号
■ なぜ景観整備なのか，その先はどこへいくのか
　『住宅』2007年7月号
■ 都市における景観アセスメントの現段階
　『環境アセスメント学会誌』2007年2月号
■ オホーツクの「風景おこし」
　『都市＋デザイン』2004年1月号
　(原題「市民主体の風景おこしへ向けたきっかけづくり――オホーツクの経験から」)
■ 路上の青空は誰のものか
　『美しい都市づくりのすすめ』(財)日本都市センター，2006年3月刊
　(原題「路上の青空は誰のものか――無電柱化をめぐる一考察」)

第 2 部
■ 歴史・文化遺産とその背後にあるシステム
　『環境情報科学』2006年4月
　(原題「歴史・文化遺産とその背後にあるシステム――世界文化遺産の思想を中心に」)
■ 都市アメニティの保全方策
　『不動産学会誌』2004年9月号
　(原題「都市アメニティの保全方策について」)
■ 都市空間の再生とアメニティ
　『環境経済・政策学 第2巻　環境と開発』岩波書店，2002年10月刊
■ 町並み保全型まちづくり
　日本建築学会編『町並み保全型まちづくり』丸善，2004年3月刊
■ 都市保全計画という構想
　『UP』2004年10月号

■ 欧米先進国の都市保全施策と日本への示唆
　『公園緑地』2006年9月号
　（原題「欧米先進国の都市保全施策」）
■ 世界遺産とまちづくり
　『地域開発』2007年4月

第3部
■ 本当の都市のルネサンスとは何か
　『地方自治職員研修』2007年4月号
■ 都市再生：欧米の新潮流と日本
　『環境と公害』2002年1月号
■ 都市環境の再生―都心の再興と都市計画の転換へ向けて
　『地域再生の環境学』岩波書店，2006年5月刊
■「生きられた空間」と都市再生―賑わいのある都市空間の創造
　『公園緑地』2003年9月
　（原題「「生きられた空間」と都市再生―賑わいのある都市空間の創造へ向けて」）
■ コモンズとしての都市
　『都市の再生を考える7　公共空間としての都市』岩波書店，2006年1月刊
■ 人が地域をつくり，地域が人をつくる
　『現代社会学への誘い』朝日新聞社，2003年3月刊

（いずれも収録にあたって必要最低限の加筆をおこなった。）

# 索　引

あ

愛郷運動　5
愛知県　95
会津若松市　69
アイディア・コンペ　104
青葉通り　231
青森県　88
アカウンタビリティ　25
アクティビティ　156
アグリビジネス　154, 267
朝日町　153
芦屋市　88
芦屋市緑豊かな美しいまちづくり条例　16
安心院町　154
阿蘇山　232
網走　105
尼崎市　129
アマチュアリズム　9, 52
アムステルダム宣言　205
アメニティ　29, 127, 128, 130, 132〜136, 139〜143, 145〜166, 148〜149, 152〜157, 211
アメニティ・ソサエティ　137〜139
アメニティ形成基本計画　148
アメニティ形成特別推進地区　148, 152
『アメニティと都市計画』　135
アメ横　238
アメリカ　37, 179, 204〜206, 208, 249
『アメリカ大都市の死と生』　250
綾町　156
歩いて暮らせるまちづくり　226
アルド・ロッシ　159
アレックス・カー　242
アンサンブル　178

い

生きられた空間　235, 237, 240, 256
イギリス　37, 156, 175, 176, 205, 207, 249
イギリス都市計画　134〜136, 157
意見書　218
意思決定プロセス　101
イスラム都市　247
イタリア　37, 159, 207, 259
イタリア共和国憲法　22
市川市　233
一人協定　132
一之江境川親水公園沿線景観地区　85
一丁倫敦　4, 40
田舎暮らし　267
委任条例　32, 60, 61
『犬と鬼』　242
犬山市　56, 62
犬山城　62
茨城県建築士会　62
茨城の暮らしと景観を考える会　62
違反建築物　41, 68
岩木山　232
岩切章太郎　15
岩手県　259
岩手山　232
石見銀山　156, 183, 187, 188
石見銀山協働会議　188, 189
『石見銀山行動計画―石見銀山を未来に引き継ぐために』　188
イングランド　136, 139, 175
イングランド歴史的記念物王立委員会　139
イングリッシュ・パートナーシップ　206
仁寺洞　174
インセンティブ　130, 132, 179, 181
インターネット　265
インターネットアワード自治体部門地域活性化センター賞　104
インテグリティ　122, 126
インドネシア　174

う

上野　236, 238〜240

上野駅　238, 240
上野公園　238〜240
上野動物園　240
ウェルウィン田園都市　249
ウサギ小屋　19, 20, 211
歌川広重　2
美しい国づくり政策大綱　63, 64, 98, 99, 173, 242
裏配線　112, 114, 115
裏原宿　20
ヴィクトリアン・ソサエティ　139
ヴェドゥータ　13

え

英国考古学会　139
『英国の都市農村計画』　135
エクイタブル・ビルディング　248
エコミュージアム　153
エジソンランプ会社　116
SRB　207
江戸川区　36, 85
江戸名所百景　2, 10
NPO法人　243, 254
えひめ景観計画ガイドライン　62
愛媛県　58, 61
Fプラン　36, 178, 207
エリア・マネジメント　233
Lプラン　36, 178, 207
遠景デザイン保全区域　89

お

OECD　25, 154
OECD環境委員会　210
OECD都市政策セミナー　20
OECD都市問題特別グループ　19
OECD都市レビュー　21, 22
オイルショック　29
オイルランプ　116
欧州風景条約　207
近江八幡(市)　58, 60, 71〜73, 80, 83
近江八幡市景観法による届出行為等に関する条例　60
近江八幡市風景づくり条例　60, 62
大磯町　58
大垣市美しいまちづくり条例　16
大阪府　95

大田市　188
大手町・丸の内・有楽町地区　131
大原総一郎　169
大森町　156
大山千枚田　124
沖縄県　95
沖の島　185
荻町　187
屋外広告物　22, 67, 136, 145, 146, 224
屋外広告物規制　137
屋外広告業者の登録制度　129
屋外広告物の規制　139
屋外広告物の許可区域　129
屋外広告物法　43, 129, 145
尾崎行雄　39, 40
オーセンティシティ　80, 120〜122, 126
オーセンティシティに関する奈良ドキュメント　121
汚染負荷量賦課金　115
小田内通敏　5
お旅まつり　10
小樽(市)　88, 156
小田原市　58, 60, 61, 69, 87
小田原市都市景観条例　61
尾道市　61, 85〜87
オーバーストア　225
小布施　156
オホーツク　109
オホーツク委員会　104
オホーツク21世紀を考える会　104
オホーツクの町なみ再発見　104
オホーツクファンタジア　104, 108
オホーツクまちなみコンペティション　104
表参道　20, 129
表参道地区地区計画　129
小矢部市をきれいにするまちづくり条例　16
オランダ風景画　13
オルムステッド　136

か

絵画館　89
海岸整備　65
海岸法　37

索　引　273

快適性　156
開発圧力　127
開発規制　177
開発規制条例　249
開発行為　130
界隈プラン　177
科学博物館　239
各務ヶ原市　62, 85
確認処分　97
確認申請　41
確認訴訟　68
角館　231
神楽坂　155
加古川市　88
鹿児島　232
鹿児島県与論町　16
河川整備に関する景観形成ガイドライン　64
河川法　37
神奈川県　58, 95
金沢(市)　54, 145, 161, 173, 232
金沢市伝統環境保存条例　143
金沢市における伝統環境の保存および美しい景観の形成に関する条例　130, 143
カナレット　13
鎌倉(市)　88, 173, 183
神岡　69
上湧別(町)　104～106, 108, 109
かみゆうべつ20世紀メモリープロジェクト　107
かみゆうべつレンガ地図　107
唐津市　69
川越(市)　165, 232
川端五兵衛　71, 72, 80, 81, 83
寛永寺　238, 239
環境アセス(メント)　31, 55, 65, 91, 94～96, 98, 128, 179, 181
環境影響評価　65, 94, 95
環境影響評価項目　100
環境影響評価書案　100, 101
環境影響評価条例　100
環境影響評価制度　148
環境影響評価法　91, 94, 95
環境学習　16
環境基本法　36, 65, 94, 95
環境計画　16
環境省　65, 96
環境破壊　29, 193
環境美化　16
環境保全　37
環境要素　95
観光　230, 236
観光振興　114
観光地　156
観光まちづくり　187, 236, 237
観光立国行動計画　91
観光立国推進基本計画　91
観光立国推進基本法　91
観光ルネサンス事業　70
勧告　31, 32
感性　121, 122
官庁営繕事業における景観形成ガイドライン　64
関東大震災　5, 17
カンポレージ　13
管理協定　46
外壁の後退距離　50
街路景観　116, 117
街路事業　64
街路風景　74
ガス灯　116
月山　232
合掌造り　186
ガーデンサバーブ　249
ガバナンス　254
ガラッソ法　207

き

キーワード　80
機関委任事務　33, 243, 244
『季刊まちづくり』　74
規制改革　47
規制改革・民間開放推進会議　92
規制改革・民間開放推進3ヵ年計画　92
規制緩和　19, 30, 92, 133, 155, 208, 224, 235
規制強化　133
既成市街地　180
基線　105
木曾妻籠　231

既存不適格　68, 130
北兵村　106
北山杉　124
記念的建造物　3, 123
記念物地区　178
寄付金　132
基本計画　36, 48, 167
基本的事項　96, 102
基本的事項改定に関する技術検討委員会　94
キャブ（システム）　110, 113
キャブシステム研究委員会　110
旧中湧別駅舎　105
旧函館公会堂　147
共感・連帯・協働システム　246, 249
強制・制裁・支配システム　246～248, 250, 251, 254
競争原理　245
協定区域隣接地　132
京都（市）　32, 50, 60, 89, 90, 129, 144, 147, 173, 229, 230
京都市景観・まちづくりセンター　62
京都市市街地景観条例　29
京都市市街地景観整備条例　130
京都府　95
共同性　83
郷土保護運動　5
許可制　128, 177
居住原理　244～253, 257
切絵図　78
近畿圏及び中京圏の保全区域に関する　144
近景デザイン保全区域　89
近郊整備地帯　212, 262
近郊地帯　211
近郊緑地特別保全地区　131, 144
近郊緑地保全区域　144
近代都市計画　248, 251
岐阜県　95
岐阜県景観基本条例　59
義務づけ訴訟　68
行政事件訴訟法　68
行政指導　34, 97, 147
行政手続法　34
行政不服の申立て　218
行政法規　82

く

クオリティ・オブ・ライフ　35
国木田独歩　5
国立（市）　27, 28, 33～35, 67, 68, 129, 154
国立マンション事件　82
熊野古道　183
熊本　232
クラーク　13
倉敷（市）　32, 169, 232
倉敷市伝統美観保存条例　15
倉敷都市美協会　169
倶楽部　267
倉吉　156, 231
郡上八幡　69
グランドワーク　139
グリーンツーリズム　153, 267
グリーンベルト　211
グリッド都市　249

け

計画規制　56, 69, 181
計画協議　181
計画許可　136
計画高権　251
景観アセス（メント）　65, 97～99, 100, 101, 181
景観アドバイザー　31, 65, 99
景観運動　67
景観影響評価書　99
景観価値　92
景観ガイドライン　99
景観規制　22, 25, 50, 51, 83, 92, 168, 177
景観規制誘導措置　92
景観基本計画　148
景観協議会　31, 62
景観協定　24, 43, 132, 254
景観行政　22, 29, 56, 58, 59, 64, 68
景観行政団体　43, 53, 58, 59, 62, 63, 85, 91, 219
景観計画　43, 48, 53, 56, 60～63, 66, 67, 71, 77, 83, 85, 87, 88, 91, 180
景観計画区域　61, 66
景観計画重点区域　61
景観形成　22, 58, 63, 64, 66, 67, 97, 98

索　引

景観形成ガイドプラン　59
景観形成ガイドライン　64, 99
景観形成基準　23, 31
景観形成規制・誘導マニュアル　59
景観形成基本計画　31
景観形成基本方針　59
景観形成事業推進費　66
景観形成施策　59
景観形成地域　128
景観形成地区　31, 162
『景観形成の経済的価値分析に関する検討報告書』　92
景観形成方針　31
景観構造図　56
景観コントロール　33
景観資源　95
景観室　63
景観シミュレーション　88
景観市民運動全国ネット　67
景観重要建造物　46, 47, 128, 131
景観重要樹木　46, 128
景観条例　30, 31, 36, 43, 44, 60, 83, 88, 96, 130, 142, 148, 166, 168, 178, 254
景観審議会　31, 69, 97
景観整備　8, 15, 16, 21, 23, 48, 50, 66, 91, 98, 99, 110, 231
景観整備機構　43, 44, 53, 62, 63, 132
景観整備方針　65, 98, 99
景観施策　60, 70, 98
景観阻害要因　55
景観訴訟　68
景観地区　39, 40～43, 48, 61, 85～87, 128, 131
景観デザイン　94
「景観に関する環境影響評価の今後のあり方」　94
景観に配慮した防護柵の整備ガイドライン　64
景観認識　72, 83
景観配慮　62, 90, 97, 99
景観破壊　224
景観評価　98, 99
景観評価システム　99
景観分析調査　77
景観法　9, 39, 41, 43, 44, 46, 47, 49～51, 53～55, 58, 59, 61～64, 66～68, 71, 81, 83, 85, 91, 92, 98, 101, 128, 130, 132, 133, 163, 168, 173, 207, 219
景観保全　35, 69
景観マスタープラン　142
景観まちづくり　21, 24～26, 73, 81
景観まちづくり課　63
景観まちづくり審議会　33, 101
景観利益　27, 28, 34, 82
景観緑三法　39, 44, 46～49
経済原理　244～251
景勝地　176, 177
形態意匠　41, 50, 53, 57, 87, 178
形態規制　22, 96, 178
建設管理計画　207
建設省営繕局　14
『建設白書』　20
建設法典　178, 207
建設リサイクル法　130
建築確認　22, 25, 34, 41, 42
建築確認申請　25, 97
建築確認制度　43, 57
建築学会　39
建築基準法　5, 25, 32, 34, 36, 37, 39, 41, 42, 50, 69, 70, 130～132, 147, 171, 181, 219, 259
建築規範　23
建築協定　24, 129, 132, 148
建築許可　22, 24, 25
建築許可制度　41, 42
建築形態規制　156
建築差止訴訟　68
建築指導　34, 35
建築条例　32, 178
建築條例案起稿委員会　40
建築審査　22
建築的・都市的・景観的文化財保護区域（ZPPAUP）　177, 207
建築的・都市的文化財保護区域（ZPPAU）　207
建築デザイン　97, 137
建築物規制　22
建築物の敷地面積の最低限度　41
建築物の高さの最高限度　85
建築面積の最低限度　129

建蔽地　48
建蔽率　22, 31, 33, 35, 43, 50, 146, 168, 180
憲法　7, 97
迎賓館　69, 89
下水道事業　64
ゲートウェイプラザ　202
減価償却　179
原告適格　68
現状変更　128, 130, 176
『現代農業』　260
減歩　212

こ

広域地方計画　178
公害　210, 253
郊外型商業施設　224
郊外型ライフスタイル　261, 262
公害健康被害補償制度　115
郊外コミュニティ　204, 205
郊外住宅団地の再生　225
『＜郊外＞の誕生と死』　261
交換・競争・取引システム　246, 247, 250
公共　218
公共空間　10, 116
公共交通機関　195, 227, 228
公共事業　49, 63, 63, 98, 99, 142, 228, 232, 242
公共性　7, 10, 72, 81, 113, 115, 116, 228, 243, 249, 251～254
公共的　116
公共の福祉　137, 251, 252
広告物取締法　5
高層ビル　239
高層マンション　27, 34, 35, 59, 67, 68, 129, 154, 224, 229, 248
公団住宅団地　263
耕地整理　5
公聴会　33
交通弱者　226
公的賃貸住宅　226
高度経済成長　7, 29
高度経済成長期　170
高度成長　3
高度成長期　29

高度地区　32, 35, 39, 69, 87, 129, 146, 147
高度利用地区　88
神戸市　60
神戸市都市景観条例　29
公法　34
公法的　37
航路標準整備事業景観形成ガイドライン　64
港湾景観形成ガイドライン　64
港湾整備　65
港湾法　37
古器旧物　3
古記念物協会　139
国土交通省　63, 65, 92, 98, 99, 167, 173, 242
国土交通省景観室　85
国土交通省所管公共事業における景観評価の基本方針（案）　98
国土利用計画法　262
国宝保存法　142
『国有財産の有効活用に関する報告書』　91
古建築保存協会　139
古社寺保存会　3, 142
古社寺保存金制度　142
個人情報　97
小菅村　58
古蹟認識デー　174
国会議事堂　69
国家環境政策法　37, 179
国家損害賠償訴訟　68
国家歴史保全法　179
国庫補助事業　113, 131
固定資産税　130
古都保存法　144, 180
こまちなみ保存　54
小松市　10
コミュニティ開発一括補助金（CDBG）　204
コミュニティ・ディベロップメント・トラスト　139
コミュニティ・ビジネス　244
コモンズ　6, 7, 9,～11, 83, 196, 240～242, 244, 250, 252～257
コロンビア世界博覧会　136

索　引

コンジョイント分析　92
コントロール先導型　30
コンパクト都市　156
コンバージョン　174
コンビニエンスストア　261, 264, 265
合意形成　44, 52, 77, 96, 98, 99, 101, 128, 164, 181, 243, 255
合憲性　134, 137, 140, 179, 249
五鹿山　109
五個荘町　156

さ

再開発　156
再開発等促進区　88
埼玉県　58
さいたま市美しいまちづくり景観条例　16
最低限の敷地規模　35
坂口安吾　6
佐賀市　69
佐倉　231
桜島　232
差止訴訟　68
里山　46, 144
産業遺産　185
産業革命　4
3項道路　70
三種の神器　264
サンタバーバラ　137
三位一体の改革　66
財産権　7, 21, 31, 44, 82, 97, 127, 168
財産税　179
材料　120, 121
ザ・マル　245
暫定リスト　185, 186

し

シアーズセンター　199
CATV線　116
CG　99
シーニックバイウェイ　70
汐留　259
汐留シオサイト・タウンマネジメント　233
塩見縄手地区　85
市街化区域　115, 262

市街化調整区域　225
市街地景観　29
市街地景観条例　147
市街地景観整備条例　147
市街地建築物法　5, 14, 39, 40, 50, 147
市街地再開発　252
市街地再開発事業　64
市街地像　23
視覚公害　115
シカゴ　136
色彩　22
敷地面積の最低限度　85, 86, 129
市区改正　3, 4
市区改正意見書　251
市区改正条例　212
市区改正審査会　4
資源マップ　169
資産価値評価システム　222, 223
資産評価　55, 223
静岡市　88
史蹟保存　5
史蹟名勝天然紀念物保存協会　5
史蹟名勝天然紀念物保存法　123
自然環境を守る住民憲章　187
自然風景保全条例　144
市町村マスタープラン　144
指定制　176
指定文化財　184
信濃川　231
不忍競馬　238
不忍池　238, 239
シビック・トラスト　138, 140
シビックアメニティーズ法　176
シビル・ミニマム　52, 171
渋谷区　129
島根県　188
シミュレーション　98, 101
市民活動団体支援制度　233
市民参加　48, 215
市民参画　44
市民ワークショップ　99
社会経済システム　121〜124, 126
社会資本整備審議会　45, 90
社会資本整備重点計画　91
斜面緑地保全区域　145
斜面緑地保全条例　145

斜面林　46
シャンゼリゼ通り　245
州環境政策法　180
修景ガイドライン　31
修景美化条例　16
周知の埋蔵文化財包蔵地　180
周辺域　176
周辺環境　120
州レジスター　179
首都景観問題　14
首都圏近郊緑地保全法　144
首都圏整備委員会　15
首都圏整備計画　211, 262
首都建設委員会　14
『首都の景観対策について』　15
商業地域　56, 131, 225
承継効　132
詳細都市計画　34
商店街　156
湘南CX　85
消費スタイル　261
昭和の町並み　142, 142
職住共存特別用途地区　129, 229, 230
植生　23
助言　31, 32
ショッピング　261
ショッピングセンター　195, 224
所得税　179
白壁(地区)　27, 28, 34
白川郷　186, 187
白川郷荻町集落の自然環境を守る住民憲章　187
白地区　33, 225
白米の千枚田　145
シンガポール　174
シングル・リジェネレーション・バジェット(SRB)　206
新宿御苑　129
新宿区　77, 87, 129
新宿通り　77
新電線共同溝　111
新電線類地中化五ヵ年計画　110
シンボルロード整備事業　29
新丸ビル　131
信頼性　121
J・ジェイコブス　250

自家用広告物　146
自主条例　8, 32, 33, 44, 60, 61, 132, 180
事前確定的　255
事前協議　25, 32, 44, 53, 55, 88, 97, 101, 130, 148
自治事務　33, 244
自治体管路方式　113
自治体内分権　44
自動車重量税　115
Gプラン　178, 207
住生活基本計画　91
住生活基本法　91
住宅金融公庫　132
住宅・建築物等整備事業に係る景観形成ガイドライン　64
住宅団地　195
住民監査請求　218
住民憲章　132
住民説明会　32, 218
重要伝統的建造物群保存地区　32, 143, 180, 187
重要文化財　184
重要文化財建築物　131
重要文化的景観　67, 71, 91
準都市計画区域　33
準備書　95
城郭　3
城下町　246
ジョージアン・グループ　139
定禅寺通り　231
譲渡所得税　130
条例制定権　32
自律分散型　265
人口減少社会　215, 244
人口集中地区　115

す

水郷景観　124
水郷風景計画　60
吹田市　129
数値化　52
スカイライン　7, 87, 88, 246, 259
スクリーニング　95, 96, 100
スクールゾーン　73
スケッチパース　99

スコーピング　95, 96
裾野　232
ステークホルダー　219
スーパー　264
スーパーブロック　199〜201
スプロール　180, 210, 263, 264
スペイン植民都市　249
スラムクリアランス　250
スローフード　259
スローライフ　260, 266
逗子市　88

せ
性悪説　52, 53
性善説　53
生存権的容積　221
生態系　23
政令市　147
世界遺産　120, 123, 183, 185〜187, 189
世界遺産委員会　183
世界遺産条約　120, 121, 123, 124
世界遺産条約履行のための作業指針　122
世界遺産特別委員会　183
世界自然遺産　122
世界文化遺産　120〜123
世界文化遺産暫定リスト　183
セブン・イレブン　264, 265
セミパブリック　256
1990年計画（登録建造物及び保全地区）法　176
戦後復興　6
戦災　3
戦災前　6
浅層埋設方式　112
選択土着民　268
戦略アセス　181
戦略的アセスメント　219
全国総合開発計画　262, 266
全国町並み保存連盟　80, 162

そ
総合設計制度　88, 259
相続税　46, 47, 130, 131, 171
相続税の適正評価　131

そうばくずし　166
ソウル　174
ソーシャル・ミックス　205
ゾーニング　25, 90, 136, 137, 163, 179, 221, 222, 229, 249
曾根達蔵　40
ソフトパワー　17
ソフトロー　132
ゾーニング規制　248, 249
ゾーニング条例　179
属性　121

た
大気汚染　115
『対日経済政策報告書』　19
対日都市レビュー　19
大量生産　193
台湾　174
タウンウォッチング　73
高山　69, 161, 231
宝探し　153
竹富島　166, 232
竹富町　166
武基雄　15
田毎の月　145
大宰府市　32, 129, 166
辰野金吾　39
建付減価　222
建付増価　223
建物利用　25
立山連峰　232
タテワリ　9, 52, 63
棚田　66, 123
棚田オーナー制度　144, 267
田山花袋　4
丹下健三　15
田んぼの学校　267
第一種低層住居専用地域　35
大規模建築物等景観形成指針　88
大規模商業施設　222, 225
大規模店舗立地法　37
大工技術　121
大山　232
太政官　3
第二次首都圏整備計画　211
ダイニングキッチン　263

大丸有エリアマネジメント協会　233
ダウンゾーニング　32, 221
ダニエル・リベスキンド　209
ダム建設　65
団地族　263

ち

地域エゴ　217, 218
地域開発　3〜5
地域活性化　114
地域コミュニティ　53, 214
地域資産　164, 166, 189
地域社会　250
地域住宅計画　29
地域地区制　46
地域通貨　244
地域都市計画PLU　177
地域文化財　143
地域マネジメント　266
茅ヶ崎市　69
地区計画　35, 46, 46, 47, 68, 129, 148, 166
地区詳細計画　23, 36, 178, 207
地形　23
地方計画当局　175, 176
地方公共団体　43, 44
地方整備局　63
地方中核都市　260
地方中枢都市　260
地方分権　33, 44, 51, 55, 244
地方分権一括法　33, 244
『中央官衙計画報告』　14, 15
中央集権　66
中核市　147
中心市街地　155, 194, 195
中心市街地活性化　208
中心市街地活性化法　262
中心市街地再生　203, 224
超高層ビル　223
超高層マンション　229, 230, 259
眺望　17, 23, 69, 246
眺望景観　69, 87, 88, 95, 223
眺望景観創出条例　89, 90
眺望景観保全区域　88, 89
眺望景観保全地域　89, 90
眺望地点　100

眺望点　69, 88, 109
眺望風景の保全　60
眺望保全　87
千代田区　101, 131
千代田区景観まちづくり条例　33, 101, 147
千代田区景観まちづくり審議会　101

つ

筑波山　232
妻籠（宿）　161, 185
ツリー型　260, 265, 266
ツリー型地域ネットワーク　260
都留市まちをきれいにする条例　16

て

TDR　131, 132, 179, 181
『帝都と近郊』　5
定年帰農　260
テーマパーク　237
テクノクラート　216
テクノプラザ地区　85
ディスインセンティブ　130
ディスカウントショップ　261
デイビッド・チャイルズ　209
デザイン・ガイドライン　148, 152, 202
デザイン・コントロール　142, 203
デザイン審査（制度）　130, 137
デザイン・レビュー　97, 152
出羽三山　185
田園景観　21
電気事業者　115
電信事業者　115
電線管理者　113
電線共同溝　111, 114, 115
電線共同溝の整備等に関する特別措置法　113
電線共同溝法　113
電線（類）地中化　91, 110, 113〜116
電線類地中化五ヵ年計画　110
電柱　110, 116,
電灯　116
電灯会社　116
伝統環境保存区域　143
伝統的景観　97

索引　281

伝統的建造物　130
伝統的建造物群保存地区　15, 22, 24, 29, 67, 123, 128, 130, 143, 154, 161, 162, 177
伝統的建造物群保存地区背景保存条例　32
伝統的建造物群保存地区保存条例　15
伝統的建造物群保存地区保存対策調査　164
伝統美観保存条例　32
電力会社　116
電話線　116

と

討議デモクラシー　214, 218
東京　259, 260, 266
東京駅　131, 259
東京駅丸の内駅舎　132
東京国立博物館　239, 240
東京市建築條例案　39
東京地裁　27
東京都　69, 88, 236
東京都観光まちづくり推進協議会　236
『東京の三十年』　4
統治原理　244, 246, 247, 249～255
東北縦貫線整備事業　100
登録建造物　142, 175
登録制　176
登録制度　142, 179
登録文化財　184
登録有形文化財　142, 180
遠野　156
時を超え光り輝く京都の景観づくり審議会最終答申　90
特定街区　25, 88, 131
特定非営利活動促進法（NPO法）　243
特定目的会社　115
特定用途制限地域　33, 129, 225
特別用途地区　32, 33, 43, 129, 146
特別緑地保全地区　46, 128, 131
特例容積率適用区域　131
都市・地域整備局　63, 64
都市アメニティ　127, 128, 130, 132, 133
都市型住宅　230, 255, 256

都市環境　9, 20, 41
都市環境再生　157, 213
都市観光　236
都市競争力　19, 20
都市空間　29, 34, 74, 75, 77, 162
都市経営　224
都市計画　3, 15, 33～37, 42～44, 46, 48, 49, 51～56, 63, 69, 83, 90, 94, 96, 136～138, 144, 146, 148, 152, 166, 170～173, 175～178, 180, 210～221, 243, 244, 251～253, 262, 263
都市計画規制　56, 127, 141, 249, 251, 262
都市計画行政　53, 56, 262
都市計画区域　33, 69, 144, 225
都市計画決定　25
都市計画審議会　219
都市計画事業　56, 251, 262
都市計画全国規制（RNU）　22, 42
都市計画道路　56, 69
都市計画法　5, 7, 34, 36, 37, 39, 46, 50, 129, 131, 147, 181, 212, 222, 225, 251
都市計画マスタープラン　48
都市景観　14, 19～21, 23～26, 28～31, 34～37, 65, 77, 91, 95, 99, 114, 148, 159, 160, 178, 181
都市景観基本計画　31
都市景観行政　28～30, 33～35, 37
都市景観形成　21, 22
都市景観形成型　30
都市景観形成建築　142
都市景観条例　8, 16, 23, 29, 30, 61, 97, 142～144, 148
都市経済学者　19, 23
都市公園　45
都市公園事業　64
都市公園整備　65
都市構造　74
都市国家　177
都市災害　114
都市再開発　138
都市再開発公社（URA）　174
都市（の）再生　34, 152, 157, 192, 197, 198, 204～206, 208, 228, 235, 237, 253

都市再生緊急整備地域　259
都市再生特別措置法　48, 259
都市再生特別地区　88
都市再生ビジョン　45, 90
『都市再生へ向けて』　206
都市施設　251, 263
都市政策　20, 21, 171
都市整備　19, 24
都市整備に関するガイドライン　64
都市像　97
都市大衆　250
『都市づくりビジョン』　236
都市ディスアメニティ　127
都市デザイン　19, 30, 205, 206
都市農村計画法　134, 175, 176
都市のルネサンス　193, 195
都市美　5, 14, 15, 136
『都市美』　161
都市美運動　17, 136
都市美協会　5, 160, 161
都市美空間　90
都市美研究会　5
都市風景　2〜11, 14, 17, 18, 20, 245, 254
都市保全　176
都市保全計画　170〜172, 174
豊島区　148, 151, 152
豊島区アメニティ形成条例　148
都市魅力　20, 25
都市問題タスクフォース　205
都市緑地法　45, 128, 132
都市緑地保全地区　144
都市緑地保全法　128, 144
都心　156
都心回帰　155
都心再生　233
栃木　231
土地基本法　36
土地区画整理　5
土地区画整理事業　64, 212, 262
土地占有計画POS　177
橡内吉胤　5, 160, 161
土地利用　25
土地利用規制　96, 168, 219, 248
土地利用基本計画　262
土地利用計画　178, 207, 211, 225

鳥取県　63
トップダウン　250
都道府県条例　96
届出制　128
富浦エコミューゼ　153
富浦町　153
富岡製糸場　185
鞆の浦　154
富山　232
富山県　88
取消訴訟　68
屯田市街地　105
屯田兵　109
屯田兵村　105, 106
ドイツ　36, 37, 43, 177, 180, 207
ドイツ連邦建設法典　22
道路管理者　113, 115, 116
道路事業　65
道路整備緊急措置法　227
道路整備特別会計　227
道路デザイン指針　64
道路特定財源　115, 117, 227, 228

な

内藤町地区地区計画　129
長崎県　95
中山道　185
中湧別　105
長野県　60
長野県景観条例　88
長野県妙高高原町　16
長浜　156
名古屋地裁　27, 28
ナショナル・アメニティ・ソサエティ　139
ナショナル・トラスト　203, 204
ナショナル・トラスト運動　133, 144
ナショナル・ミニマム　29, 36, 51, 171
ナショナル・モール　245
ナショナル・レジスター　179
奈良県落書きのない美しい奈良をつくる条例　16

に

新潟　231

新潟県入広瀬村　16
二十世紀協会　139
二十世建築　185
ニセコ町　88
日南海岸　15
日光市　58
日照権　29, 248
日本型都市計画　251, 252, 254
日本住宅公団　263
日本チェーンストア協会　265
『日本都市風景』　5, 160
『日本の文化的景観―農林水産業に関連する文化的景観の保護に関する調査研究報告書』　126
日本百貨店協会　265
日本フランチャイズチェーン協会　265
『日本文化私観』　6
ニューアーバニズム　205
ニューヨーク　198, 199, 202, 203, 247, 248
ニューヨークタイムズ　198
庭付き一戸建て　262, 263
認定　57
認定制度　41, 42

ね
ネオ・クラシシズム　205

の
農家民宿　154
農山漁村地域　124
農地　225
農地改革　263
農地転用　263
農用地　263
農林水産業　124
軒下(に)配線　112, 114, 115
軒高　22

は
背景保存地区　32
廃仏毀釈　3
ハイマートシュッツ　5
萩市　58, 166
白山　69, 185, 232

函館(市)　69, 147, 231
函館市函館山山麓地域における建築物の高さに係る指導要綱　147
函館ハリストス聖公会復活聖堂　147
函館山　147
秦野市　88
八丈島　16
八幡文化圏　185
ハムステッド田園郊外　249
葉山町　69
阪神淡路大震災　114
パークアンドバスライド　186
パタン・ランゲージ　24
パブリック　81, 256
パブリック概念　249
パラダイムシフト　213
パリ　247
パイロウ・ハウジング　249
バッテリーパーク　208
バッテリーパークシティ　200〜202
バーナード・チュミ　198
バブル経済　3, 8, 243
バーマン判決　137
パームビーチ　137
バラック　6
万国勧業博覧会　238

ひ
東品川　259
非建蔽地　48
彦根城　183
飛騨古川　156
人と自然との豊かな触れ合い　94〜96, 102
姫路のまちを美しくする条例　16
ヒューマンスケール　173
評価書　95
平泉(町)　58, 183
平塚市　69
平戸市　15
弘前　232
広重　10
広場　256
ピーター・アイゼンマン　198
美観　5, 15, 40, 41
美観規制　21, 23, 24, 25, 134, 136,

137, 140
美観地区　　5, 15, 32, 39, 40, 50, 85, 96,
　　128, 146, 147
美観地区景観条例　　32
ビジネス改善地区（BID）　　204, 233
ビジュアル・シミュレーション　　99
ビスタ　　69
美的基準　　23〜25
美の里作りガイドライン　　64
Bプラン　　36, 78, 207

ふ

ファーストフード　　261
風紀地区　　39
風景　　12, 80, 207, 243, 246, 249, 254,
　　268
風景おこし　　109
風景画　　12〜14, 18
『風景画論』　　13
風景基本計画　　37
風景基本構想　　178
風景基本法　　36
風景計画　　36, 37, 60, 61, 178, 207
風景形成基準　　61
風景資産　　60
風景づくり　　104, 105, 108, 109
風景づくり委員会　　60, 62
風景づくり協定　　60
『風景の誕生』　　13
風景法　　207
風景枠組み計画　　178
風致地区　　5, 32, 39, 50, 66, 96, 129,
　　146, 147,
風致保存条例　　15
フォトモンタージュ　　99, 100
福岡市　　129
福山市鞆　　154
藤沢市　　85
富士山　　69, 185, 232
富士宮　　232
富士吉田　　232
不動産価値　　133
不動産鑑定　　222, 223
不動産鑑定士　　55
不動産市場　　223
不動産評価　　55, 56

不動産文化財　　126
不服審査請求　　22
フランス　　37, 42, 176, 177, 207
フランチャイズチェーン　　265
フランドル風景画　　13
フリーダム・タワー　　209
古川（町）　　166, 231
ふるさと眺望点　　88
プライベート　　256
プロジェクト先導型　　30
プロフェッショナリズム　　52
ブリューゲル　　12
文化遺産　　120, 123, 160
文化遺産保護　　179
文化財　　66, 67, 95, 122, 123, 142
文化財保護　　166, 176, 177, 179, 180
文化財保護条例　　142
文化財保護法　　15, 29, 66, 123, 124,
　　128, 142, 143, 161, 180, 181
文化情報　　231
文化審議会文化財分科会　　183
文化庁　　67, 126, 183
文化的景観　　66, 67, 123, 124, 126,
　　141, 185
文化的景観保存地区　　128
文化的情報源　　121
豊後高田市　　142
分別解体　　130

へ

平均支払意思額　　92
壁面後退距離　　146
壁面線　　22, 35
壁面線の位置　　41
壁面線の位置の制限　　129
壁面線の後退　　85
壁面線の後退距離　　168
ヘドニック法　　92
遍路道　　185
北京　　174
米国ナショナル・トラスト　　203

ほ

法治　　52, 54
法治主義　　9
方法書　　95

索 引

法隆寺　6
補完性の原則　224
保全活用計画PSMV　177
保全地区　176, 177
保全マスタープラン　166
保全緑地　47
北海道　70, 95
北海道開拓　105
骨寺村荘園遺跡　67
HOPE計画　29
ポリスパワー　137
防火地区　39
傍聴者　33
ボトムアップ　51, 53, 57, 243, 250, 252

ま

マスタープラン　166〜169, 267
まちづくり　51〜54, 63, 83, 84, 91, 134, 137, 141, 152, 153, 155, 159, 161, 164, 166, 168, 170, 186〜189, 243, 251〜255, 266
まちづくり運動　81, 152, 154〜156, 161, 162
まちづくりNPO　155, 217
「町づくり規範」　165
まちづくり協議会　233
まちづくり協定　24, 132, 154
まちづくり憲章　132, 166
まちづくり推進課　52
まちづくりファンド　70
町並み　7, 80, 81, 160〜163
街なみ環境整備事業　29
街なみ整備促進事業　29
町並み保全　161, 162, 168
町並み保全運動　152
町並み保全型(の)まちづくり　159, 160, 162〜164, 167〜169
町並み保存運動　7, 81, 153
町並み保存連盟　162
街並み誘導型地区計画　131, 152
町家　81, 174, 255, 256
松江市　15, 58, 85
松本市　32, 69, 147
松本城　147
松本城周辺高度地区　147

真鶴町　58
真鶴町まちづくり条例　32
丸亀市　32, 69
丸の内　4, 40, 131, 231, 259
丸の内仲通り　259
丸の内MY PLAZA　131
マレ地区　247
万代橋　231
マンハッタン　247, 249

み

三国湊　160
三島市　88
身近なまちづくり支援街路事業　29
三井本館　131
密度規制　35, 96, 248, 251
三徳山　185
水戸市　129
緑の基本計画　46, 48
南兵村　106
宮崎県沿道修景美化条例　15
宮崎交通　15
三好学　5
魅力　17, 19, 20
魅力再生　226
民家再生　174
民主主義の学校　255
民治　52, 54
ミンチ解体　130
民主主義　9

む

無形文化遺産　120
無形文化遺産条約　126
『武蔵野』　5
無電柱化　56, 110, 112, 113, 115, 117
無電柱化推進計画　111
無電柱化率　91, 112
むらおこし　154
村上市　165

め

明治維新　3
明治神宮絵画館　69
明治生命館　131
名勝　123, 145, 174

メインストリート　203
メインストリート・センター　203
メインストリート・プログラム　204, 206
メディナ　247

も
木造建築物　121
木造軸組構法　256
モータリゼーション　260
モデル事業　29, 131, 167
モニュメント　10, 23
盛岡　173, 232
門前町特別用途地区　129
モンタージュ写真　98

や
靖国通り　77
谷中　155
柳川（市）　15, 124
山梨県　58

ゆ
優遇措置　128
有形文化遺産　120
誘導容積制度　221
檮原町　58
ユークリッド・ゾーニング　222
ユークリッド判決　249
ユークリッド村　249
ユネスコ　126, 183
湯布院　156

よ
容積率　7, 22, 31, 33, 35, 43, 47, 56, 127, 131, 132, 168, 171, 180, 220, 221, 248, 259
用途地域　31, 35, 43
用途地域指定　221
用途地域制　251
ヨーロッパ　205, 207, 208
ヨーロッパ・アーバンルネサンス年　205
横須賀市　88
ヨコツナギ　9, 52, 63, 64
横浜（市）　30, 155

芳川顕正　251
吉田村　247

ら
ライフスタイル　21, 167, 263, 264, 266, 268
ランドマーク　10, 17

り
リチャード・マイヤー　198
立体公園　46
諒解達成型　215, 216
緑化推進　44
緑化率　129, 180
緑地協定　132, 148
緑地整備機構　132
緑地整備計画　178, 207
緑地保全　44
緑地保全地域　46, 128
緑地保全地区　45, 46, 128, 131
緑化地域　46
緑化率　46
臨海地区　236, 237
臨海副都心　236

る
累積的ゾーニング　222, 225
ルーラリズム　266
ルーラル・アメニティ　154

れ
レイモンド・アンウィン　249
歴史・文化遺産　120, 121, 126
歴史地区　55, 179
歴史地区ゾーニング　137
歴史的・文化的遺産　95
歴史的・文化的景観　95
歴史的環境　29, 141, 152, 153, 170, 174
歴史的環境保全　15, 96, 172
歴史的建造物　47, 131, 141, 142, 171, 175, 223
歴史的地区環境整備街路事業　29
歴史的なたたずまいを継承した街並み・まちづくり協議会　69
歴史的（な）町並み　7, 81, 141, 159,

160, 163, 232, 253
歴史的風土特別保存区域　144
歴史的風土特別保存地区　131, 144
歴史的文化的町並みの保存継承に係る融
　　資制度　132
歴史的町並み保存　29
歴史的モニュメント　176〜178
歴史文化遺産　142, 143
煉瓦　106〜108
連邦建設法典　36, 43, 178
連邦最高裁　179
連邦自然保護法　178, 207

ろ

ロウワー・マンハッタン開発公社
　　（LMDC）　209
ローカル・アメニティ・ソサエティ
　　137〜140
ローカル・ルール　30, 31, 36, 54, 81,
　　82, 166, 168, 254
路地　194, 256
六本木ヒルズ　8
ロードサイドショップ　224, 261, 264
ロードスペース懇談会　110
ロバート・スターン　198

わ

ワークショップ　76, 77
ワールドトレードセンタービル　198
　　〜202, 208, 209
ワールドファイナンシャルセンター
　　199
若狭　185
輪島市　145
ワンコインバス　228

MEMO

著者紹介

西村 幸夫（にしむら ゆきお）

1952年 福岡市に生まれる
東京大学工学部都市工学科卒業，同大学院修了。
明治大学助手，東京大学助教授を経て，1996年より
東京大学教授。この間，アジア工科大学助教授（バンコク），MIT客員研究員，フランス国立社会科学高等研究院客員教授などを歴任。
専門は都市計画。工学博士。

主な著書

『都市保全計画』（東大出版会），
『環境保全と景観創造』『西村幸夫 都市論ノート』（鹿島出版会），
『路地からのまちづくり』『都市美』『都市の風景計画』
『日本の風景計画』『証言・町並み保存』（編著，学芸出版社），
『町並みまちづくり物語』（古今書院），
『まちづくり学』（編著，朝倉書店），など

西村幸夫 風景論ノート
景観法・町並み・再生

2008年3月20日　第1刷発行 ©
2012年2月10日　第2刷

著　者　　西村　幸夫

発行者　　鹿島　光一

発行所　　鹿島出版会
　　　　　104-0028 東京都中央区八重洲2丁目5番14号
　　　　　Tel. 03(6202)5200　振替 00160-2-180883
　　　　　無断転載を禁じます。
　　　　　落丁・乱丁本はお取替えいたします。

DTP：開成堂印刷　　印刷・製本：壮光舎印刷
ISBN 978-4-306-07263-3 C3052　　Printed in Japan

本書の内容に関するご意見・ご感想は下記までお寄せください。
URL：http://www.kajima-publishing.co.jp
E-mail：info@kajima-publishing.co.jp

関連図書のご案内

西村幸夫 都市論ノート
景観・まちづくり・都市デザイン

西村幸夫 著
A5・208頁　定価(本体2,900円+税)

かつての「まちづくり」に活かされた工夫は、歴史的景観、自然環境、小都市の町並みに学ぶ点が多い。都心の景観保全、これからの都市風景、アジア都市等、自己ノートとして啓蒙する斬新な「都市論」書。

主要目次
- 第1部 景観・都市デザインを考える
建築から都市へ／都市再開発と町並み景観の保全／風景計画の「いま」と「これから」／丸の内の景観問題／歴史的環境の受容と建築設計／都市計画におけるアジアの視点／アジア諸国との比較で見た日本の都市計画／東南アジア都市からの展望
- 第2部 まちづくりを工夫する
歴史景観をまちづくりに活かす／水辺の歴史を活かしたまちづくり／「かわ」と「まち」のかかわり／まちづくりと地域デザイン／地域に密着した都市デザイナー・プランナーは可能か

第3部 町並み・歴史的環境を保全する
「保存すべきものとしての建築」の登場／戦前の歴史的環境保存論と保存制度／「地域の歴史的資産」という概念の生成／歴史的環境保全におけるオーセンティシティ／町並み景観の保全整備条例の動向／歴史的環境保全と景観整備／町並みの整備と観光／都市計画の眼から見た遺跡と遺跡整備／世界遺産委員会京都会議の到達点

環境保全と景観創造
これからの都市風景へ向けて

西村幸夫 著
A5・328頁　定価(本体4,200円+税)

歴史や文化を見据えた都市計画こそ必定である。新まちづくりを支援する歴史的環境保全の思考の枠組みと、景観創造へ向かうこれからの行政施策を、論理的・実践的に展開。(日本不動産学会著作賞受賞)

主要目次
- 1.イギリス・アメリカにおける歴史的環境保全──英国シビック・アメニティ法と保全地区制度／英国の環境保全運動／米国の都市計画制度と歴史的環境保全の系譜
- 2.わが国の歴史的環境保全と景観コントロールの現段階──日本の歴史的町並み／都市デザインと景観コントロール／環境学習へ向かうまちづくり
結章　都市風景の恢復へ

鹿島出版会　〒104-0028　東京都中央区八重洲2-5-14　tel. 03-6202-5200　fax. 03-6202-5204　http://www.kajima-publishing.co.jp　E-mail:info@kajima-publishing.co.jp